ASCENSÃO E QUEDA DOS DINOSSAUROS

STEVE BRUSATTE

ASCENSÃO E QUEDA DOS DINOSSAUROS

Tradução de
CATHARINA PINHEIRO

5ª edição

EDITORA RECORD
RIO DE JANEIRO • SÃO PAULO
2024

CIP-BRASIL. CATALOGAÇÃO NA PUBLICAÇÃO
SINDICATO NACIONAL DOS EDITORES DE LIVROS, RJ

B924a
5ª ed.

Brusatte, Steve
Ascensão e queda dos dinossauros: uma nova história de um mundo perdido / Steve Brusatte; tradução de Catharina Pinheiro. – 5ª ed. – Rio de Janeiro: Record, 2024.

il.
Tradução de: The rise and fall of the dinosaurs
Inclui índice
ISBN: 978-85-01-11510-2

1. Dinossauros. 2. Paleontologia. 3. Répteis fósseis. I. Pinheiro, Catharina. II. Título.

18-54268

CDD: 567.91
CDU: 568.19

Copyright © Stephen (Steve) Brusatte, 2018

Título original em inglês: *The rise and fall of the dinosaurs*

Nas imagens do encarte, onde não houver crédito especificado, as fotografias são cortesia do autor.

Todos os direitos reservados. Proibida a reprodução, armazenamento ou transmissão de partes deste livro, através de quaisquer meios, sem prévia autorização por escrito.

Texto revisado segundo o novo Acordo Ortográfico da Língua Portuguesa.

Direitos exclusivos de publicação em língua portuguesa para o Brasil adquiridos pela
EDITORA RECORD LTDA.
Rua Argentina, 171 – 20921-380 – Rio de Janeiro, RJ – Tel.: (21) 2585-2000, que se reserva a propriedade literária desta tradução.

Impresso no Brasil

ISBN 978-85-01-11510-2

EDITORA AFILIADA

Seja um leitor preferencial Record.
Cadastre-se em www.record.com.br
e receba informações sobre nossos
lançamentos e nossas promoções.

Atendimento e venda direta ao leitor:
sac@record.com.br

Para o senhor Jakupcak, meu primeiro e melhor professor de Paleontologia, para a minha mulher, Anne, e para todos os outros que estão preparando a próxima geração.

SUMÁRIO

Linha do tempo da Era dos Dinossauros	8
PRÓLOGO: A era dourada da descoberta	9
1. O surgimento dos dinossauros	17
2. A ascensão dos dinossauros	47
3. Os dinossauros se tornam dominantes	77
4. Os dinossauros e a separação dos continentes	105
5. O tirano dos dinossauros	135
6. O rei dos dinossauros	161
7. Dinossauros com tudo sob controle	189
8. Os dinossauros alçam voo	219
9. A extinção dos dinossauros	251
EPÍLOGO: Depois dos dinossauros	279
AGRADECIMENTOS	287
NOTAS SOBRE FONTES	293
ÍNDICE	325

LINHA DO TEMPO DA ERA DOS DINOSSAUROS

ERA PALEOZOICA	ERA MESOZOICA								ERA CENOZOICA	
Permiano	*Triássico*			*Jurássico*			*Cretáceo*		*Paleoceno*	*Período*
	Inferior	Médio	Superior	Inferior	Médio	Superior	Inferior	Superior		Época
	252-247	247-237	237-201	201-174	174-164	164-145	145-100	100-66		Era (Milhões de anos atrás)

PRÓLOGO

A ERA DOURADA DA DESCOBERTA

Poucas horas antes do amanhecer em uma manhã fria de novembro de 2014, saí de um táxi e abri caminho em direção à estação de trem de Beijing. Eu segurava minha passagem enquanto lutava para avançar no meio de uma multidão de milhares de pessoas que tomavam o transporte para o trabalho àquela hora da manhã, começando a ficar nervoso à medida que o horário de partida do meu trem se aproximava. Eu não fazia ideia de para onde ir. Sozinho, com um vocabulário mísero de chinês, tudo que podia fazer era tentar identificar os caracteres pictográficos da minha passagem nos símbolos das plataformas. A visão em túnel se estabeleceu, enquanto eu subia e descia escadas rolantes, passando por bancas de jornal e botecos onde se vendia macarrão, como um predador à caça. Minha maleta — com câmeras, um tripé e outros equipamentos científicos — balançava ao meu lado, passando por cima de pés e se chocando contra pernas. Gritos raivosos pareciam se dirigir a mim de todas as direções. Mas não parei.

O suor já empapava minha jaqueta felpuda de inverno, e o ar me faltava em meio à fumaça de diesel. Um motor ganhou vida em algum ponto à minha frente, e um apito soou. Um trem estava prestes a partir. Desci os degraus de concreto que levavam aos trilhos e, para meu grande alívio, reconheci os símbolos. Finalmente. Era o meu trem — o que me levaria no sentido nordeste para Jinzhou, uma cidade do tamanho de Chicago na velha Manchúria, a algumas centenas de quilômetros da fronteira com a Coreia do Norte.

Nas quatro horas que se seguiram, tentei encontrar algum conforto enquanto passávamos por fábricas de concreto e milharais indistintos. De vez em quando, eu cochilava um pouco, mas não conseguia dormir muito tempo. Estava excitado demais. Um mistério me aguardava ao final da viagem — um fóssil com que um fazendeiro se deparara enquanto fazia sua colheita. Eu já vira algumas fotos de má qualidade, enviadas pelo amigo e colega Junchang Lü, um dos caçadores de dinossauros mais famosos da China. Nós dois concordamos que parecia importante. Talvez até um Santo Graal — uma nova espécie, uma criatura preservada de forma tão imaculada que pudéssemos ter uma ideia de como era quando viva, dezenas de milhões de anos atrás. Mas precisávamos vê-la pessoalmente para termos certeza.

Quando Junchang e eu saímos do trem em Jinzhou, fomos recebidos por um grupo de autoridades locais, que pegou nossas malas e nos acomodou em duas SUVs pretas. Fomos levados até o museu da cidade, um prédio indistinto nos limites da zona urbana. Com a seriedade de uma reunião de políticos de alto escalão, fomos conduzidos sob as luzes fortes de neon por um longo corredor até uma sala anexa com algumas mesas e cadeiras. Sobre uma mesa pequena, havia um pedaço tão grande de rocha que parecia que as pernas da mesa estavam começando a entortar. Um dos habitantes locais falou em chinês com Junchang, que, por sua vez, virou-se para mim com um aceno rápido de cabeça.

"Vamos", ele disse, em seu inglês de um sotaque curioso, uma combinação da cadência chinesa da sua infância com o arrastado texano adquirido durante sua pós-graduação na América.

Nós dois nos aproximamos juntos de uma mesa. Eu podia sentir os olhares de todos, um silêncio intimidador pairando sobre a sala à medida que nos aproximávamos do tesouro.

Diante de mim, estava um dos fósseis mais bonitos que eu já vira. Era um esqueleto mais ou menos do tamanho de uma mula, seus ossos cor de chocolate destacando-se em meio à cor pálida do calcário ao redor. Um dinossauro, com certeza, seus dentes afiados como faca, suas garras pontiagudas e uma cauda longa que não deixava dúvida de que se tratava de um primo próximo do temido *Velociraptor* de *O parque dos dinossauros*.

Mas não era um dinossauro qualquer. Seus ossos eram leves e ocos, suas pernas, longas e magras, como as de uma garça, seu esqueleto elegante, a marca de um animal ativo, dinâmico e rápido. E não havia apenas ossos, mas uma penugem cobrindo o corpo inteiro. Penas espessas que pareciam pelos na cabeça e no pescoço, penas longas e ramificadas na cauda e grandes penas, como as usadas para escrever, nos braços, alinhadas e dispostas em camadas para formar asas.

Esse dinossauro tinha todas as características de uma ave.

Cerca de um ano depois, Junchang e eu descrevemos o esqueleto como uma nova espécie, que chamamos de *Zhenyuanlong suni*. É um entre cerca de quinze novos dinossauros que identifiquei na última década, enquanto desenvolvia uma carreira na paleontologia que me tirou das minhas raízes no meio-oeste americano para um trabalho acadêmico na Escócia, com muitas paradas no mundo inteiro para encontrar e estudar dinossauros.

O *Zhenyuanlong* é diferente dos dinossauros sobre os quais aprendi na escola, antes de me tornar um cientista. Ensinaram-me que os dinossauros eram brutamontes grandes, escamosos e burros, tão despreparados para o meio ambiente que só se arrastavam de um lado para outro, matando o tempo enquanto aguardavam sua extinção. Fracassos evolucionários. Becos sem saída na história da vida. Bestas primitivas que vieram e se foram muito antes de os seres humanos entrarem em cena, em um mundo primordial tão diferente de hoje que poderia muito bem ter sido um planeta alienígena. Os dinossauros eram curiosidades em museus, ou monstros de filmes que nos assombravam em pesadelos, ou objetos do fascínio infantil, completamente irrelevantes para nós na atualidade e indignos de qualquer estudo sério.

Mas esses estereótipos são erros absurdos. Eles foram derrubados nas últimas décadas, à medida que uma nova geração reunia fósseis a uma proporção sem precedentes. Em algum lugar do mundo — dos desertos da Argentina à desolação congelada do Alasca —, uma nova espécie de dinossauro acabou de ser encontrada, o que acontece, em média, uma vez por semana. Pense bem: um novo dinossauro... a cada... semana. Isso corresponde a cinquenta novas espécies por ano — entre elas, o *Zhenyuanlong*. E não são só novas descobertas, mas também novas maneiras de estudá-las — novas tecnologias que ajudam os paleontólogos a entenderem a biologia e a evolução dos dinossauros de formas que nossos ancestrais teriam achado inimagináveis. A tomografia computadorizada está sendo usada para estudarmos o cérebro e os sentidos dos dinossauros, os modelos computacionais nos contam como eles se movimentavam e os microscópios potentes podem até revelar a cor que alguns tinham. Entre outras coisas.

Tem sido um grande privilégio fazer parte de coisas tão excitantes — como um dos muitos jovens paleontólogos do mundo inteiro, homens e mulheres de diversas origens que cresceram na era da franquia *Jurassic Park*. Somos muitos pesquisadores de 20 a 30 e poucos anos, trabalhando juntos e com nossos mentores da geração anterior. A cada nova descoberta que fazemos, a cada novo estudo, aprendemos um pouco mais sobre os dinossauros e sua história evolucionária.

Essa é a história que contarei neste livro — o relato épico sobre de onde vieram os dinossauros, como eles chegaram ao domínio, como alguns se tornaram colossais e outros desenvolveram penas e asas, transformando-se em aves, e depois como o resto deles desapareceu, no final das contas pavimentando o caminho para o mundo moderno, e para nós. Com isso, quero contar como montamos o quebra-cabeça dessa história usando as pistas fósseis que temos e dar uma ideia de como é ser um paleontólogo com a missão de caçar dinossauros.

Acima de tudo, porém, quero mostrar que os dinossauros não eram alienígenas, nem fracassos, e que, certamente, não são irrelevantes. Eles foram notavelmente bem-sucedidos, prosperando por mais de 150 milhões de anos e produzindo alguns dos animais mais fantásticos que já viveram — incluindo as aves, há cerca de 10 mil espécies de dinossauros modernos. Sua casa era a nossa casa — a mesma Terra, sujeita aos caprichos do clima e das mudanças ambientais com os quais precisamos lidar, ou lidaremos no futuro. Eles se desenvolveram em um mundo em constantes mutações, sujeito a erupções vulcânicas monstruosas e choques com asteroides, e no qual os continentes estavam em movimento, os níveis do mar constantemente se alteravam e a temperatura sofria mudanças drásticas. Eles se tornaram supremamente bem-adaptados aos seus ambientes, mas, no final, a maioria foi extinta por não ter conseguido lidar com uma crise súbita. Sem dúvida, há uma lição aí para todos nós.

Mais do que tudo, a ascensão e a queda dos dinossauros é uma história incrível, de uma era em que bestas gigantes e outras criaturas fantásticas dominavam o mundo. Eles caminharam sobre o mesmo chão sob os nossos pés, seus fósseis agora sepultados nas rochas — as pistas que contam esta história. Para mim, ela é uma das narrativas mais importantes da história do nosso planeta.

STEVE BRUSATTE
Edimburgo, Escócia,
18 de maio de 2017

1

O SURGIMENTO DOS DINOSSAUROS

"BINGO", MEU AMIGO GRZEGORZ NIEDŹWIEDZKI gritou, apontando para uma separação com a espessura de uma lâmina de faca entre uma faixa fina de lamito e uma camada mais grossa de rocha mais áspera logo acima. A pedreira que estávamos explorando, próxima à minúscula vila polonesa de Zachełmie, já fora uma fonte do disputado calcário, mas fazia muito tempo que estava abandonada. O cenário ao redor era composto de chaminés deterioradas e outros restos do passado industrial da região central da Polônia. Os mapas nos diziam, equivocadamente, que estávamos nas Montanhas de Santa Cruz, um trecho triste de montanhas antes grandiosas, mas agora desgastadas por centenas de milhões de anos de erosão. O céu estava cinza, os mosquitos picavam, o calor era refletido pelo solo da pedreira, e as únicas outras pessoas que víamos eram dois transeuntes que provavelmente haviam se perdido.

"Isto é a extinção", Grzegorz disse, um grande sorriso enrugado na barba rala, resultado de muitos dias de trabalho de campo. "Muitas pegadas de répteis grandes e primos mamíferos embaixo, mas que depois desaparecem. E, acima, não vemos nada por algum tempo, e então, dinossauros."

Podíamos estar vendo algumas rochas em uma pedreira com mato crescido, mas, na verdade, o que tínhamos diante de nós era revolução. As rochas registram a história; elas contam histórias de um passado muito antigo, anterior ao surgimento do homem na Terra. E a narrativa diante de nós, escrita em rochas, era chocante. A mudança nas rochas, talvez visível apenas para os olhos muito treinados de um cientista, documenta um dos momentos mais dramáticos na história da Terra. Um pequeno instante em que o mundo mudou, um marco sucedido há cerca de 252 milhões de anos, antes de nós, antes dos mamutes lanosos, antes dos dinossauros, mas que reverbera até hoje. Se as coisas tivessem se desdobrado de forma um pouco diferente na época, quem sabe como seria o mundo moderno? Isso é como nos perguntarmos o que poderia ter acontecido se o arquiduque não tivesse sido atingido.

SE ESTIVÉSSEMOS NESTE mesmo lugar 252 milhões de anos atrás, durante uma fase que os geólogos chamam de Período Permiano, o cenário mal poderia ser reconhecido. Nada de fábricas arruinadas ou outros sinais de pessoas. Nenhum pássaro no céu, camundongos passando correndo pelos nossos pés, arbustos floridos nos espetando ou mosquitos se alimentando nos nossos cortes. Todas essas coisas só apareceriam mais tarde. Nós também estaríamos suando, contudo, porque era quente e insuportavelmente úmido, provavelmente mais insuportável do que Miami no verão. Rios caudalosos desciam as Montanhas de Santa Cruz, que na época eram montanhas de verdade, com picos nevados erguendo-se dezenas de milhares de pés até as nuvens. Os rios percorriam vastas florestas de coníferas — ancestrais dos pinheiros e dos cedros atuais — desaguando em uma grande bacia que cercava as montanhas, pontilhadas por lagos que enchiam nas épocas chuvosas, mas secavam quando as monções cessavam.

Esses lagos compunham o sistema sanguíneo do ecossistema local, alimentando buracos que se tornavam oásis do calor causticante e dos ventos. Todos os tipos de animais se reuniam ao redor, mas não eram animais que reconheceríamos hoje. Eram salamandras pegajosas maiores do que cachorros, vagando às margens da água e de vez em quando agarrando algum peixe que passasse. Bestas quadrúpedes troncudas chamadas pareiassauros também frequentavam o lugar, sua corcunda, seu tronco pesado e aparência bruta em geral fazendo-os parecerem répteis loucos marcando impedimentos como bandeirinhas. Coisinhas pequenas e gorduchas chamadas dicinodontes procuravam comida no meio da sujeira como porcos, usando suas presas afiadas para arrancar raízes saborosas. Quem dominava o lugar eram os gorgonopsídeos, monstros do tamanho de ursos que reinavam no topo da cadeia alimentar, arrancando entranhas de pareiassauros e a carne de dicinodontes com seus caninos semelhantes a sabres. Essas criaturas esquisitas mandavam no mundo logo antes dos dinossauros.

Depois, no seu interior, a Terra começou a tremer. Você não teria sentido nada na superfície, até os tremores a atingirem, cerca de 252 milhões de anos atrás. Estava acontecendo a 50, talvez até 100,

O SURGIMENTO DOS DINOSSAUROS

quilômetros de profundidade, no manto, a camada intermediária do sanduíche composto de crosta, manto e núcleo da estrutura do planeta. O manto é uma rocha sólida que é tão quente e se encontra sob uma pressão tão intensa que, ao longo de grandes períodos geológicos de tempo, pode fluir como geleca extraviscosa. Na verdade, o manto tem correntes, como um rio. São essas correntes que determinam o sistema de esteiras da tectônica de placas, as forças que rompem a crosta externa em placas que se movimentam uma em relação à outra ao longo do tempo. Não teríamos montanhas, oceanos ou uma superfície habitável sem as correntes do manto. Contudo, de vez em quando, uma das correntes se rebela. Porções quentes de rocha líquida se libertam e começam a serpentear até a superfície, eventualmente saindo através dos vulcões. Damos-lhes o nome de pontos quentes. Eles são raros, mas Yellowstone é exemplo de um ativo atualmente. O suprimento constante de calor das profundidades da Terra é o que alimenta Old Faithful e os outros gêiseres.

O mesmo acontecia ao final do Período Permiano, mas em uma escala continental. Um ponto quente maciço começou a se formar sob a Sibéria. Os fluxos de rocha líquida atravessaram o manto até a crosta e saíram dos vulcões. E não eram vulcões comuns como aqueles a que estamos acostumados, montes em forma de cone que passam décadas adormecidos e ocasionalmente explodem com muitas cinzas e lava, como o monte Santa Helena ou o monte Pinatubo. Eles não entravam em erupção como as misturas de vinagre e bicarbonato de sódio que muitos de nós já fizemos como experiências para feiras de ciências. Não, esses vulcões não passavam de grandes aberturas no chão, muitas vezes com quilômetros de comprimento, que cuspiam lava continuamente, ano após ano, década após década, século após século. As erupções do final do Permiano duraram algumas centenas de milhares de anos, talvez até alguns milhões. Havia algumas explosões eruptivas maiores seguidas de períodos mais tranquilos de um fluxo mais lento. Em geral, elas expeliam lava o suficiente para cobrir muitos milhões de quilômetros quadrados das regiões norte e central da Ásia. Mesmo hoje, mais de um quarto de bilhão de anos depois, as rochas negras de basalto que endureceram a partir dessa lava cobrem quase 3 milhões de metros quadrados da Sibéria, quase o tamanho da Europa Oriental.

Imagine um continente queimado por lava. É o desastre apocalíptico de um filme B. Basta dizer que todos os pareiassauros, dicinodontes e gorgonopsídeos que moravam na Sibéria e arredores foram exterminados. Mas foi pior ainda do que isso. Quando vulcões entram em erupção, eles não expelem apenas lava, mas também calor, poeira e gases tóxicos. Ao contrário da lava, essas coisas podem afetar o planeta inteiro. Ao final do Período Permiano, elas eram os verdadeiros agentes da danação, e iniciaram um efeito em cadeia de destruição que duraria milhões de anos e modificaria irreversivelmente o planeta.

A poeira invadiu a atmosfera, contaminando correntes de ar de alta altitude e se espalhando pelo mundo, bloqueando a luz do Sol e impedindo a fotossíntese. As antes verdejantes florestas de coníferas morreram; com isso, nem os pareiassauros nem os dicinodontes tiveram mais plantas para comer, e, consequentemente, os gorgonopsídeos não tiveram mais carne. As cadeias alimentares entraram em colapso. Parte da poeira caiu, atravessando a atmosfera, e se combinou a gotículas de água para formar chuva ácida, o que exacerbou a situação já grave no solo. À medida que mais e mais plantas morriam, a paisagem tornou-se deserta e instável, levando à erosão maciça, com deslizamentos em faixas inteiras de florestas apodrecidas. Foi por isso que o fino lamito da pedreira de Zachełmie, uma rocha típica de ambientes dominados por paz e tranquilidade, de repente deu lugar a rochedos mais ásperos, tão característicos de correntes em rápido movimento e tempestades corrosivas. Incêndios florestais percorreram a terra ressequida, tornando a sobrevivência de plantas e animais ainda mais improvável.

Mas esses foram apenas os efeitos de curto prazo, as coisas que aconteceram em questão de dias, semanas e meses após um derramamento particularmente grande de lava expelida pelas fissuras siberianas. Os efeitos de longo prazo foram mais mortais. Nuvens sufocantes de dióxido de carbono foram liberadas com a lava. Como sabemos muito bem hoje, o dióxido de carbono é um potente gás estufa, que absorve radiação na atmosfera e a reflete para a superfície, aquecendo a Terra.

O CO_2 cuspido pelas erupções siberianas não aumentou o termostato em apenas alguns graus; ele causou um efeito estufa desenfreado que cozinhou o planeta. Mas também houve outras consequências. Embora grande parte do dióxido de carbono tenha ido para a atmosfera, outra grande parte também se dissolveu no oceano. Isso produziu uma cadeia de reações químicas que tornou as águas oceânicas mais ácidas, algo muito ruim particularmente para criaturas marítimas com superfícies frágeis, que se dissolvem com facilidade. É por isso que não tomamos banho com vinagre. Essa reação em cadeia também tirou grande parte do oxigênio presente nos oceanos, outro problema sério para qualquer criatura que vivesse na água ou perto dela.

Poderíamos passar páginas descrevendo esse drama, mas a questão é que o final do Período Permiano foi um tempo muito ruim para se estar vivo. Foi o pior episódio de mortes em massa da história do nosso planeta. Cerca de 90% das espécies desapareceram. Os paleontólogos têm um termo especial para eventos como esse, em que grandes números de plantas e animais morrem no planeta inteiro em um curto espaço de tempo: extinção em massa. Houve cinco extinções em massa particularmente severas nos últimos 500 milhões de anos. A que ocorreu 66 milhões de anos atrás, no final do Cretáceo, que varreu os dinossauros da face da Terra, sem dúvida é a mais famosa. Chegaremos a ela mais tarde. Por pior que tenha sido a extinção do final do Cretáceo, ela não chegou nem perto de ser tão ruim quanto a do final do Permiano. Aquele momento, há 252 milhões de anos, registrado pela rápida mudança do lamito para rochas ásperas na pedreira polonesa, foi o mais próximo que a Terra chegou de ver a vida ser completamente apagada.

Mas, depois, as coisas melhoraram. Elas sempre melhoram. A vida é resiliente, e algumas espécies sempre conseguem superar até as piores catástrofes. Os vulcões passaram alguns milhões de anos em erupção, e então pararam quando o ponto quente perdeu força. Não mais castigados por lava, poeira e dióxido de carbono, os ecossistemas gradualmente foram se estabilizando. As plantas voltaram a crescer e se diversificaram. Voltaram a fornecer alimento para os herbívoros, que forneceram alimento para os carnívoros. As teias alimentares se restabeleceram. Levou pelo menos 5 milhões de anos para essa recuperação se realizar e, quando da sua conclusão, as coisas melhoraram, mas agora eram muito diferentes. Os antes dominantes gorgonopsídeos, pareiassauros e seus contemporâneos jamais voltariam a caçar à beira dos lagos da Polônia ou em nenhum outro lugar, enquanto os impetuosos sobreviventes tinham a Terra inteira só para si. Um planeta quase deserto, uma fronteira ainda não colonizada. Ocorrera a transição do Permiano para o próximo intervalo do tempo geológico, o Triássico, e as coisas jamais seriam as mesmas. Os dinossauros estavam prestes a fazer sua grande entrada.

COMO UM JOVEM paleontólogo, eu ansiava por entender exatamente como o mundo mudou como resultado da extinção ocorrida ao final do Permiano. O que morreu e o que sobreviveu? Por quê? O quão rápido os ecossistemas se recuperaram? Que novos tipos de criaturas jamais imaginadas emergiram da escuridão pós-apocalíptica? Quais aspectos do nosso mundo moderno foram forjados nas lavas permianas?

Só há uma maneira de começar a responder a essas perguntas. Você precisa sair à procura de fósseis. Se um assassinato foi cometido, um detetive começa estudando o corpo e a cena do crime, procurando impressões digitais, cabelos, fibras de tecido ou outras pistas que possam contar a história do que ocorreu e levar ao culpado. Para os paleontólogos, as pistas são os fósseis. Eles são a moeda do nosso campo, os únicos registros de como organismos há muito extintos viveram e se desenvolveram.

Fósseis são qualquer sinal de vida antiga, e eles têm muitas formas. Os mais conhecidos são ossos, dentes e carapaças — as partes duras que formam o esqueleto de um animal. Depois de ter sido enterrado em areia ou lama, essas partes duras são gradualmente substituídas por minerais e transformadas em rochas, deixando um fóssil. Às vezes, coisas moles como folhas e bactérias também podem se fossilizar, com frequência produzindo impressões na rocha. O mesmo às vezes se aplica às partes moles de animais, como pele, penas ou até músculos e órgãos

O SURGIMENTO DOS DINOSSAUROS

internos. Mas, para que essas coisas se tornem fósseis, precisamos de muita sorte: o animal precisa ter sido enterrado tão rápido que esses tecidos frágeis não tenham tido tempo para se deteriorar ou serem comidos por predadores.

Tudo que descrevi acima é o que chamamos de corpo fóssil, ou partes reais de uma planta ou animal que se transformam em pedra. Mas há outro tipo: os vestígios, que registram a presença ou o comportamento de um organismo, ou preservam algo que um organismo produziu. O melhor exemplo é uma pegada; outros são marcas de dentes, coprólitos (fezes fossilizadas), ovos e ninhos. Eles podem ser particularmente valiosos, pois podem nos contar como animais extintos interagiam entre si e com seu ambiente — como se movimentavam, o que comiam, onde viviam e como se reproduziam.

Meu principal interesse são os fósseis pertencentes aos dinossauros e aos animais que os antecederam. Os dinossauros viveram durante três períodos da história geológica: o Triássico, o Jurássico e o Cretáceo (que compõem a Era Mesozoica). O Período Permiano — quando aquele grupo esquisito e maravilhoso de criaturas vagava pelos lagos poloneses — veio logo antes do Triássico. Muitas vezes pensamos nos dinossauros como seres antigos, mas, na verdade, eles são relativamente novos na história da vida.

A Terra se formou há cerca de 4,5 bilhões de anos, e as primeiras bactérias microscópicas desenvolveram-se algumas centenas de milhões de anos depois. Durante aproximadamente 2 bilhões de anos, foi um mundo bacteriano. Não havia plantas nem animais, nada que pudesse ser facilmente visto a olho nu, se já existíssemos. Então, em algum momento por volta de 1,8 bilhão de anos atrás, essas células simples desenvolveram a capacidade de se agruparem em organismos maiores e mais complexos. Uma era glacial global — que cobriu quase o planeta inteiro com geleiras, até os trópicos — estabeleceu-se e passou, deixando para trás os primeiros animais. Eles a princípio eram simples — sacos moles de gosma, semelhantes a esponjas e águas-vivas, até inventarem carapaças e esqueletos. Há cerca de 540 milhões de anos, durante o Período Cambriano, essas formas com esqueleto explodiram em diversidade, tornaram-se abundantes, começaram a comer umas às outras e a formar ecossistemas complexos nos oceanos. Alguns desses animais formaram esqueleto de ossos — foram os primeiros vertebrados, que pareciam lambaris. Mas eles também continuaram se diversificando, e, em algum momento, alguns tiveram as nadadeiras transformadas em braços, ganharam dedos e deixaram a água com destino à terra, isso há cerca de 390 milhões de anos. Foram os primeiros tetrápodes, e seus descendentes incluem todos os vertebrados que vivem em terra na atualidade: as rãs e as salamandras, os crocodilos e as cobras, os dinossauros e nós.

Conhecemos essa história por causa dos fósseis — milhares de esqueletos, dentes, pegadas e ovos encontrados por todo o mundo por gerações de paleontólogos. Somos obcecados pela expectativa de encontrar fósseis, e conhecidos por atravessar (às vezes, estupidamente) grandes distâncias para descobrir novos fósseis. Pode ser em uma mina de calcário na Polônia, ou em um barranco atrás do Walmart, em meio a um monte de pedregulhos em alguma construção, ou nas paredes rochosas de um aterro sanitário. Se há fósseis a serem encontrados, pelo menos alguns paleontólogos aventureiros (ou estúpidos) enfrentarão calor, frio, chuva, neve, umidade, poeira, vento, inseto, fedor ou zona de guerra que tente impedi-lo.

É por isso que comecei a fazer viagens à Polônia. Minha primeira visita foi no verão de 2008, aos 24 anos, depois de ter concluído o mestrado e antes de iniciar meu Ph.D.: fui estudar alguns novos fósseis de répteis intrigantes que haviam sido encontrados alguns anos antes na Silésia, a faixa de terra no sudoeste da Polônia que por anos foi disputada por poloneses, alemães e tchecos. Os fósseis foram mantidos em um museu em Varsóvia, tesouros do Estado polonês. Lembro-me do zunido enquanto me aproximava da estação central da capital em um trem atrasado proveniente de Berlim, sombras da noite cobrindo a pavorosa arquitetura da era de Stalin em uma cidade reconstruída a partir das ruínas da guerra.

Quando saí do trem, observei a multidão. Alguém deveria estar lá segurando uma placa com meu nome. Providenciei minha visita por

O SURGIMENTO DOS DINOSSAUROS 27

meio de uma série de e-mails com um professor polonês muito idoso, que a muito custo convenceu um de seus alunos da pós-graduação a ir me receber na estação e me levar até o quarto de hóspedes onde eu me acomodaria no Instituto Polonês de Paleobiologia, apenas alguns andares acima de onde os fósseis eram guardados. Eu não fazia ideia de quem era a pessoa pela qual deveria procurar, e como o trem atrasara mais de uma hora, concluí que o estudante voltara para o laboratório, deixando-me sozinho para me virar no crepúsculo de uma cidade desconhecida, com algumas poucas palavras em polonês no glossário do meu guia.

No exato momento em que eu estava começando a entrar em pânico, vi uma folha branca de papel agitada pelo vento com meu nome rabiscado às pressas. O homem que a segurava era jovem, com um cabelo cortado à escovinha no estilo militar e entradas que começavam a aumentar, como as minhas. Seus olhos eram pretos e estavam semicerrados. Seu rosto apresentava uma barba rala, e ele parecia um pouco menos branco do que a maioria dos poloneses que eu conhecia. Quase bronzeado. Havia algo vagamente sinistro nele, mas isso mudou no instante em que ele percebeu que eu me aproximava. Ele abriu um sorriso largo, pegou minha mala e apertou minha mão com firmeza: "Bem-vindo à Polônia. Meu nome é Grzegorz. Que tal jantarmos?"

Nós dois estávamos cansados. Eu, da longa viagem de trem; Grzegorz, por ter passado o dia trabalhando na descrição de um novo lote de ossos fossilizados que ele e sua equipe de assistentes universitários haviam encontrado no sudeste da Polônia semanas antes, daí o bronzeado que ele exibia. Mas acabamos bebendo várias cervejas e conversando por horas sobre fósseis. Esse cara tinha o mesmo entusiasmo desavergonhado que eu tinha por dinossauros, além de muitas ideias iconoclastas sobre o que acontecera depois da extinção ao final do Permiano.

Grzegorz e eu rapidamente nos tornamos amigos. Ao longo da semana, estudamos fósseis poloneses juntos, e então, nos quatro verões que se seguiram, voltei à Polônia para trabalho de campo com Grzegorz, com frequência acompanhados pelo terceiro mosqueteiro do grupo, o jovem paleontólogo britânico Richard Butler. Durante esse período, encontramos muitos fósseis e tivemos algumas novas ideias sobre o ponto de partida evolucionário dos dinossauros nos dias emocionantes que se seguiram à extinção do final do Permiano. No curso daqueles anos, vi Grzegorz deixar de ser um estudante universitário ávido, mas ainda um pouco acanhado, para se tornar um dos principais paleontólogos da Polônia. Alguns anos antes de completar 30 anos, ele descobriu, em um ponto diferente da pedreira de Zachełmie, uma pegada fossilizada de uma das primeiras criaturas a terem saído da água para a terra há cerca de 390 milhões de anos. Sua descoberta foi publicada na capa da *Nature*, um dos principais periódicos científicos do mundo. Ele foi convidado para uma audiência especial com o primeiro-ministro da Polônia e fez uma palestra TED. Sua expressão dura — não suas descobertas fósseis, mas *ele* — adornou a capa da versão polonesa da *National Geographic*.

Ele havia se tornado um tipo de celebridade científica, mas, acima de tudo, Grzegorz gostava de enfrentar a natureza à procura de fósseis. Ele se autodenominava um "animal do campo", explicando que amava acampar e abrir caminho no mato muito mais do que as amenidades de Varsóvia. Não conseguia evitar. Crescera em Kielce, principal cidade da região das Montanhas de Santa Cruz, e começara a colecionar fósseis na infância. Desenvolvera um talento particular para encontrar um tipo de fóssil que muitos paleontólogos ignoram: vestígios. Pegadas, impressões de mãos, rastros de caudas: marcas deixadas por dinossauros e outros animais ao se movimentarem pela lama ou pela areia, fazendo o que faziam em sua rotina de caçar, esconder-se, procriar, socializar, alimentar-se e matar o tempo. Ele era absolutamente apaixonado por pegadas. Um animal tem só um esqueleto, mas pode deixar milhões de pegadas, como ele sempre fazia questão de me lembrar. Como um agente da inteligência, ele conhecia todos os melhores lugares para encontrá-las. Afinal de contas, aquele era o seu quintal. Foi um quintal e tanto onde crescer, pois aqueles lagos sazonais cheios de animais que cobriam a área durante o Permiano e o Triássico eram ambientes perfeitos para a preservação de pegadas.

Durante quatro verões, nós nos entregamos ao amor de Grzegorz pelas pegadas. Richard e eu o seguíamos enquanto ele nos levava a mui-

O SURGIMENTO DOS DINOSSAUROS

tos de seus sítios secretos, a maioria pedreiras abandonadas, trechos de rochas que emergiam em córregos e pilhas de lixo ao longo de valas das muitas estradas que estavam sendo construídas na área, onde operários descartavam as pedras que extraíam ao colocar o asfalto. Encontramos muitas. Ou melhor, Grzegorz encontrou. Tanto Richard quanto eu treinamos nossos olhos para identificar impressões frequentemente pequenas deixadas por patas de lagartos, anfíbios e ancestrais de dinossauros e crocodilos, mas nunca conseguimos competir com o mestre.

Os milhares de pegadas encontradas por Grzegorz ao longo de duas décadas de coleção, mais a ninharia das novas com que Richard e eu esbarramos, acabaram contando uma história e tanto. Havia muitos tipos de pegadas, pertencentes a uma grande quantidade de criaturas diferentes. E elas não pertenciam a apenas um momento no tempo, mas a uma sequência de dezenas de milhões de anos, a partir do Permiano, cruzando a grande extinção até o Triássico, chegando até mesmo à etapa seguinte do tempo geológico, o Período Jurássico, que teve início cerca de 200 milhões de anos atrás. Quando os lagos sazonais secavam, eram formados grandes trechos lamacentos que os animais atravessavam, deixando suas marcas. Os rios traziam continuamente novos sedimentos para cobrir a lama, enterrando-as e transformando-as em pedra. O ciclo se repetia ano após ano, então, hoje, há camadas de pegadas nas Montanhas de Santa Cruz. Para os paleontólogos, foi como tirar a sorte grande: uma oportunidade para vermos como animais e ecossistemas mudaram ao longo do tempo, particularmente depois da extinção cataclísmica do final do Permiano.

Identificar quais animais deixaram qual pegada em particular é relativamente simples. Comparamos o formato da pegada ao das patas dianteiras e traseiras. Quantos dedos em cada pata? Quais são mais longos? Para que lado eles apontam? São apenas os dedos que deixam marcas, ou as palmas das patas também deixam? As pegadas da esquerda e da direita ficam próximas, como se o animal andasse com os membros sob o tronco, ou distantes, produzidas por criaturas com membros mais afastados? Seguindo essa lista de checagem, geralmente conseguimos identificar a qual grupo o animal em questão pertence. Identificar uma espécie exata é quase impossível, mas distinguir pegadas de répteis de pegadas de anfíbios, ou as de dinossauros das de crocodilos, é bem fácil.

As pegadas pertencentes ao Permiano das Montanhas de Santa Cruz são muito diversas, e a maioria foi produzida por anfíbios, pequenos répteis e pelos primeiros sinapsídeos, ancestrais dos mamíferos que com frequência são, irritante e incorretamente, descritos como répteis semelhantes a mamíferos (embora, na verdade, não sejam répteis) em livros infantis e exibições em museus. Gorgonopsídeos e dicinodontes são dois tipos desses sinapsídeos primitivos. De acordo com todos os relatos, esses últimos ecossistemas do Permiano eram fortes — havia muitas variedades de animais, alguns pequenos e outros com mais de 3 metros de comprimento e pesando mais de 1 tonelada, desenvolvendo-se no clima árido às margens dos lagos sazonais. Não há, contudo, nenhum sinal de pegadas de dinossauros ou crocodilos nos lagos do Permiano, ou qualquer pegada semelhante às dos precursores desses animais.

Tudo muda na transição entre o Permiano e o Triássico. Seguir as pegadas através da extinção é como ler um livro misterioso em que um capítulo em inglês é sucedido por um em sânscrito. O final do Permiano e o início do Triássico parecem pertencer a dois mundos diferentes, o que é notável, pois as pegadas foram todas deixadas no mesmo lugar, exatamente no mesmo ambiente e clima. O sul da Polônia não deixou de ser uma área úmida de lagos alimentada por correntes que descem as montanhas com a transição do Permiano para o Triássico. Não, foram os próprios animais que mudaram.

Olhar para as primeiras pegadas do Triássico dá arrepios. Posso sentir o distante espectro da morte. Quase não há pegadas, apenas algumas marcas aqui e ali, mas muitas tocas projetando-se das profundezas das rochas. Parece que o mundo da superfície foi aniquilado, e quaisquer que tenham sido as criaturas que habitavam essa paisagem assombrada se escondiam no subsolo. Quase todas as pegadas pertencem a lagartos e parentes dos mamíferos pequenos, provavelmente não muito maiores do que uma marmota. Muitas das diversas pegadas do Permiano desapareceram, principalmente as produzidas pelos sinapsídeos protomamíferos maiores, e elas nunca ressurgem.

O SURGIMENTO DOS DINOSSAUROS

As coisas começam gradualmente a melhorar à medida que seguimos as pegadas avançando no tempo. Outros tipos de pegadas surgem, algumas ficam maiores, e as tocas tornam-se mais raras. O mundo estava claramente se recuperando do choque dos vulcões do final do Permiano. Então, cerca de 250 milhões de anos atrás, apenas 2 milhões de anos depois da extinção, um novo tipo de pegada começa a aparecer. Elas são pequenas, com apenas alguns centímetros de comprimento, mais ou menos do tamanho da pata de um gato. Elas são dispostas em rastros mais estreitos, as pegadas com cinco dedos posicionadas à frente das pegadas traseiras um pouco maiores, com três longos dedos centrais ladeados por dois dedos minúsculos. O melhor lugar para encontrá-las é perto de uma pequena vila polonesa chamada Stryczowice, onde você pode estacionar seu carro em uma ponte, abrir o caminho em meio a espinhos e arbustos, e explorar as margens de um riacho estreito cheio de rochas cobertas por pegadas. Grzegorz descobriu o local quando era jovem, e certa vez me levou até lá com orgulho, em um dia desagradável de julho de uma umidade obscena, com insetos, chuva e trovão. Após alguns minutos abrindo caminho entre as ervas daninhas, estávamos ensopados, meu caderno de campo deformado, com a tinta começando a escorrer das páginas.

As pegadas encontradas lá eram do animal de nome científico *Prorotodactylus*. Grzegorz não sabia ao certo que conclusão tirar delas. Elas sem dúvida eram diferentes das outras pegadas encontradas ao seu lado, e todas as pegadas pertenciam ao Permiano. Mas pertenciam a que tipo de animal? Grzegorz tinha o palpite de que elas podiam ter alguma relação com dinossauros, pois um velho paleontólogo chamado Hartmut Haubold registrara pegadas semelhantes na Alemanha na década de 1960 e argumentara que elas haviam sido produzidas pelos primeiros dinossauros ou por parentes próximos deles. Mas Grzegorz não estava convencido. Ele passara a maior parte do início da sua carreira estudando pegadas, e não passara muito tempo com esqueletos de dinossauros de verdade, então era difícil atribuir as pegadas a algum animal. Foi aí que entrei em cena. Para o mestrado, montei uma árvore genealógica dos répteis do Triássico, que mostrava a relação entre os dinossauros e outros animais da época. Passei meses em coleções de museus estudando ossos fossilizados e, por isso, conhecia a anatomia dos primeiros dinossauros muito bem. Assim como Richard, que escreveu uma tese de Ph.D. sobre o início da evolução dos dinossauros. Juntos, colocamos nossa cabeça para funcionar, com o objetivo de identificar o responsável pelas pegadas de *Prorotodactylus,* e chegamos à conclusão de que fora um animal muito parecido com um dinossauro. Anunciamos a nossa interpretação em um artigo científico publicado em 2010.

A dica, é claro, está nos detalhes das pegadas. Quando olho para os rastros do *Prorotodactylus*, a primeira coisa que me salta aos olhos é que são muito estreitos. Há apenas um pequeno espaço entre as pegadas da esquerda e da direita na sequência, apenas alguns centímetros. Só há uma forma de um animal produzir pegadas como aquelas: andando ereto, com os membros dianteiros e traseiros bem abaixo do corpo. Nós andamos eretos, então, quando deixamos pegadas na praia, as da esquerda e as da direita ficam muito próximas. O mesmo acontece a um cavalo — dê uma olhada no padrão das marcas das ferraduras deixadas por um cavalo a galope da próxima vez que visitar uma fazenda (ou que deixar uma grana nas corridas) e verá o que quero dizer. Mas esse modo de andar na realidade é muito raro no reino animal. Salamandras, rãs e lagartos se movimentam de maneira diferente. Seus membros dianteiros e traseiros alcançam pontos mais distantes nas laterais do corpo. Eles se espalham. Isso significa que os rastros são muito mais espaçados, com uma grande separação entre as pegadas esquerdas e direitas produzidas pelos membros abertos.

O mundo permiano era dominado por animais com rastros espalhados. Depois da extinção, porém, um novo grupo de répteis se desenvolveu, adotando uma postura ereta — os arcossauros. Foi um marco evolucionário. Andar com membros espalhados é normal para criaturas de sangue frio, que não precisam se movimentar muito rápido. Enfiar os membros sob o corpo, entretanto, abre um novo mundo de possibilidades. Você pode correr mais rápido, percorrer distâncias maiores, perseguir presas com mais facilidade e fazer tudo com mais eficiência, gastando menos energia, já que os membros co-

O SURGIMENTO DOS DINOSSAUROS

lunares se movimentam de modo sistemático, e não serpeando, como os de animais com rastros mais espalhados.

Talvez jamais saibamos exatamente por que alguns desses animais "espalhados" começaram a andar eretos, mas isso provavelmente foi uma consequência da extinção do final do Permiano. É fácil imaginarmos como essa nova postura deu aos arcossauros uma vantagem no caos pós-extinção, quando os ecossistemas lutavam para se recuperar dos vestígios vulcânicos, as temperaturas eram escaldantes e havia uma abundância de nichos a serem ocupados por quaisquer animais capazes de desenvolver formas de suportar esse inferno. Andar com postura ereta, ao que parece, foi uma das maneiras pelas quais os animais se recuperaram — e, aliás, evoluíram — depois de o planeta ter sido acometido pelas erupções vulcânicas.

Os arcossauros de caminhar ereto não só sobreviveram, mas prosperaram. De suas origens humildes no mundo traumático do início do Triássico, eles mais tarde se diversificaram para uma variedade notável de espécies. Muito cedo, eles se dividiram em duas linhagens principais, que travariam uma disputa evolucionária pelo resto do Triássico. Notavelmente, as duas linhagens sobrevivem até hoje. A primeira, a dos pseudosuchias, deu origem aos crocodilos. Para simplificar, eles geralmente são chamados de arcossauros semelhantes aos crocodilos. A segunda, a dos avemetatarsalias, desenvolveu-se em pterossauros (os répteis voadores com frequência chamados de pterodáctilos), dinossauros e, por extensão, nas aves que, como veremos, são descendentes dos dinossauros. Esse grupo é chamado arcossauro da linha das aves. As pegadas de *Prorotodactylus* de Stryczowice são alguns dos primeiros sinais dos arcossauros nos registros fósseis, rastros da tetravó de todo esse jardim zoológico.

Exatamente que tipo de arcossauro era o *Prorotodactylus*? Algumas particularidades nas pegadas contêm pistas importantes. Só os dedos dos pés deixam impressões, e não os ossos metatarsais que formam a arcada do pé. Os três dedos centrais ficam muito próximos, os dois outros reduzidos a membros subdesenvolvidos, e a parte anterior da pegada é reta e fina. Podem parecer apenas detalhes anatômicos, e é o que são em muitos aspectos. Mas, assim como um médico pode diagnosticar uma doença a partir dos seus sintomas, eu posso reconhecer esses traços como marcas registradas dos dinossauros e de seus primos mais próximos. Eles estão ligados a características únicas dos ossos dos pés dos dinossauros: o fato de serem digitígrados — ou seja, só tocarem o chão com os dedos ao caminharem —, o pé muito estreito em que ossos metatarsais e dedos se comprimem, os dedos laterais pateticamente atrofiados, a junta semelhante a uma dobradiça entre os dedos dos pés e os ossos metatarsais, refletindo o tornozelo característico de dinossauros e aves, que só podem se movimentar para a frente e para trás, sem a menor possibilidade de se virar.

As pegadas de *Prorotodactylus* foram produzidas por arcossauros semelhantes a aves, parentes muito próximos dos dinossauros. No jargão científico, isso torna o *Prorotodactylus* um dinossauromorfo, membro do grupo que inclui os dinossauros e seus primos mais próximos, ramos logo abaixo dos dinossauros na árvore genealógica da vida. Depois da evolução dos arcossauros, com sua postura ereta, a partir dos "espalhados", a origem dos dinossauromorfos foi o grande evento evolucionário seguinte. Esses dinossauromorfos não só tinham uma orgulhosa postura ereta, como também tinham caudas compridas, músculos grandes nas pernas e quadris com ossos adicionais que conectavam as pernas ao tronco — tudo isso permitia que se movimentassem com mais rapidez e eficiência do que outros arcossauros que andavam com postura ereta.

Como um dos primeiros dinossauromorfos, o *Prorotodactylus* é como uma versão, entre os dinossauros, de Lucy, o famoso fóssil da África que pertence a uma criatura muito parecida com os humanos, mas que não é exatamente humana, um membro da nossa espécie, *Homo sapiens*. Do mesmo modo que Lucy parece conosco, o *Prorotodactylus* teria parecido e se comportado de maneira muito semelhante a um dinossauro, mas ele simplesmente não é considerado um dinossauro pelos padrões. Isso se deve ao fato de os cientistas terem decidido muito tempo atrás que um dinossauro deveria ser definido como qualquer membro do grupo que inclui o herbívoro *Iguanodon* e o carnívoro *Megalosaurus* (dois dos primeiros dinossauros encontrados por cientistas na década de 1820) e todos os descendentes de seu ancestral comum. Como o *Prorotodactylus* não se desenvolveu a partir desse ancestral comum, mas um pouco antes dele, não é um dinossauro por definição. Mas isso não passa de uma questão de semântica.

No caso do *Prorotodactylus*, procuramos por vestígios deixados pelo tipo de animal que se desenvolveu para se tornar um dinossauro. Ele era mais ou menos do tamanho de um gato doméstico, e teria sorte se chegasse aos 4,5 quilos. Ele andava de quatro, deixando pegadas dianteiras e traseiras. Seus membros deviam ser bem longos, julgando pela grande lacuna entre pegadas sucessivas das mesmas mãos e pés. As pernas deviam ser particularmente compridas e magras, pois as pegadas traseiras com frequência estão posicionadas à frente das dianteiras, sinal de que seus pés ultrapassavam as mãos. As mãos eram pequenas, e tudo indica que pegavam coisas com facilidade, enquanto os pés compridos e comprimidos eram perfeitos para correr. O *Prorotodactylus* tinha uma aparência desengonçada, com a velocidade de um guepardo, mas as proporções esquisitas de uma preguiça, talvez não sendo o tipo de animal que esperaríamos ter dado origem aos grandes *Tyrannosaurus* e *Brontosaurus*. E ele também não era muito comum: menos de 5% das pegadas encontradas em Stryczowice pertencem ao *Prorotodactylus*, o que indica que esses protodinossauros não foram muito numerosos nem bem-sucedidos quando surgiram. Em vez disso, répteis, anfíbios e até outros tipos de arcossauros primitivos eram muito mais numerosos.

Esses dinossauromorfos esquisitos e raros, que não eram exatamente dinossauros, continuaram se desenvolvendo à medida que o mundo se curava no Triássico Inferior e no Triássico Médio. Os locais na Polônia que exibem as pegadas, divididos em camadas que seguem uma sequência temporal, como as páginas de um romance, documentam tudo. Sítios como Wióry, Pałęgi e Baranów apresentam uma série igualmente incomum de pegadas de dinossauros — *Rotodactylus*, *Sphingopus*, *Parachirotherium*, *Atreipus* — que se diversificam ao longo do tempo. Um número cada vez maior de tipos de pegadas vai surgindo; elas aumentam; desenvolvem uma diversidade maior de formatos, algumas até perdendo os dedos externos completamente, restando apenas os centrais. Algumas das pegadas deixam de exibir impressões das mãos — esses dinossauromorfos andavam apenas sobre as pernas traseiras. Há cerca de 246 milhões de anos, dinossauromorfos do tamanho de lobos corriam eretos de um lado para outro, capturando presas com suas garras, agindo de modo muito semelhante a uma versão menor do *T. rex*. Eles não viviam apenas na Polônia: suas pegadas também podem ser encontradas na França, na Alemanha e no sudoeste dos Estados Unidos, e seus ossos começam a aparecer no leste da África, e, mais tarde, na Argentina e no Brasil. A maioria comia carne, mas alguns se tornaram vegetarianos. Eles se movimentavam rápido, cresciam rápido, tinham metabolismos acelerados e eram animais ativos e dinâmicos se comparados aos letárgicos anfíbios e répteis com que conviviam.

Em algum momento, um desses dinossauromorfos primitivos evoluiu para se tornar um dinossauro de verdade. Foi uma mudança radical ocorrida apenas no nome. A fronteira entre os dinossauros e seus ancestrais não é clara, e chega a ser artificial, um subproduto da convenção científica. Do mesmo modo que nada muda de verdade ao cruzarmos a fronteira de Illinois para Indiana, também não houve nenhum salto evolucionário significativo quando esse dinossauromorfo do tamanho de um cachorro se transformou em outro dinossauromorfo do tamanho de um cachorro localizado logo após a linha divisória na árvore genealógica que representa os dinossauros. Essa transição envolveu o desenvolvimento de apenas alguns poucos novos traços do esqueleto: uma longa cicatriz na parte superior do braço que serviu de âncora para que os músculos movimentassem os braços, permitindo que abrissem e fechassem, flanges semelhantes a argolas nas vértebras do pescoço que comportavam músculos e ligamentos mais fortes e uma junta parecida com uma janela aberta em que o fêmur encontra a pélvis. Foram mudanças pequenas, e, para ser honesto, não sabemos ao certo o que as provocou, mas sabemos que a transição do dinossauromorfo para o dinossauro não foi um grande salto evolucionário. Um evento evolucionário muito maior foi a origem dos próprios dinossauromorfos, velozes, de pernas fortes e crescimento rápido.

O SURGIMENTO DOS DINOSSAUROS

Os primeiros dinossauros de verdade surgiram em algum momento entre 240 e 230 milhões de anos atrás. Essa incerteza reflete dois problemas que continuam causando dores de cabeça, mas que provavelmente serão solucionados pela próxima geração de paleontólogos. Em primeiro lugar, os primeiros dinossauros são tão parecidos com seus primos dinossauromorfos que é difícil distinguir os esqueletos de uns e de outros, e mais difícil ainda distinguir suas pegadas. Por exemplo, é provável que o incompreensível *Nyasasaurus*, conhecido a partir de parte de um braço e de algumas vértebras de rochas de aproximadamente 240 milhões de anos da Tanzânia, seja o dinossauro mais antigo do mundo. Mas também é possível que seja apenas mais um dinossauromorfo do lado errado da divisão genealógica. O mesmo se aplica a algumas das pegadas polonesas, particularmente às maiores, deixadas por animais que andavam sobre as pernas traseiras. Talvez algumas tenham sido deixadas por dinossauros de verdade. Nós simplesmente não temos um meio para distinguir as pegadas dos primeiros dinossauros das dos seus parentes mais próximos, pois os esqueletos de seus pés eram parecidos demais. Mas talvez isso não tenha muita relevância, visto que a origem dos verdadeiros dinossauros foi muito menos importante do que a origem dos dinossauromorfos.

A outra questão, muito mais evidente, é que muitas das rochas com fósseis do Triássico não são datadas com precisão, principalmente as do Triássico Inferior e Médio. A melhor forma de identificar a idade das rochas é usando um processo chamado datação radiométrica, que compara as porcentagens de dois tipos diferentes de elementos na rocha — digamos, potássio e argônio. Explicarei como funciona. Quando a rocha esfria e passa do estado líquido para o estado sólido, formam-se minerais. Esses minerais são compostos de certos elementos, que, no nosso caso, incluem o potássio. Um isótopo (forma atômica) de potássio (potássio-40) não é estável, mas, lentamente, passa por um processo chamado decaimento radioativo, em que ele se transforma em argônio-40 e expele uma pequena quantidade de radiação, provocando os bipes que ouvimos em um contador Geiger. A partir do momento em que a rocha passa para o estado sólido, seu potássio instável começa a se transformar em argônio. À medida que esse processo se desenrola, o gás argônio em acumulação fica preso no interior de uma rocha onde pode ser medido. Sabemos, por meio de experiências em laboratório, qual é a proporção em que o potássio-40 se transforma em argônio-40. Conhecendo essa proporção, podemos pegar uma rocha, medir as porcentagens dos dois isótopos e calcular sua idade.

A datação radiométrica revolucionou o campo da geologia na metade do século XX; seu pioneiro foi um britânico chamado Arthur Holmes, que já ocupou um escritório que ficava a duas portas do meu na Universidade de Edimburgo. Os laboratórios atuais, como os que são conduzidos por meus colegas do Instituto de Tecnologia e Mineração do Novo México e do Centro de Pesquisa Ambiental das Universidades da Escócia, perto de Glasgow, são instalações ultramodernas, de alta tecnologia, onde cientistas de jalecos brancos usam máquinas de milhões de dólares, maiores do que meu velho apartamento em Manhattan, para datar cristais microscópicos de rocha. As técnicas são tão refinadas que rochas com centenas de milhões de anos podem ser datadas com precisão dentro de um pequeno intervalo de tempo, de algumas dezenas ou centenas de milhares de anos. Esses métodos são tão precisos que laboratórios independentes frequentemente calculam as mesmas datas para amostras das mesmas rochas analisadas às cegas. É assim que os bons cientistas confirmam seu trabalho, para garantir que a metodologia seja correta, e testes após testes têm demonstrado que a datação radiométrica é precisa.

Mas há uma grande condição: a datação radiométrica só funciona em rochas que resfriam de um líquido derretido, como basaltos ou granitos, que se solidificam a partir de lava. As rochas que contêm fósseis de dinossauros, como lamito e arenito, não se formaram assim, mas a partir de correntes de vento e água que deixaram sedimentos para trás. A datação desses tipos de rochas é muito mais difícil. Às vezes, um paleontólogo tem a sorte de encontrar um osso de dinossauro espremido entre duas camadas de rochas vulcânicas que podem ser datadas e, portanto, podem oferecer um intervalo de tempo em que o dinossauro provavelmente viveu. Existem outros métodos de datação de cristais individuais

O SURGIMENTO DOS DINOSSAUROS

encontrados em arenito e lamito, mas são métodos muito caros e que consomem muito tempo. Isso significa que geralmente é difícil datar dinossauros com precisão. Algumas partes dos registros de fósseis de dinossauros foram bem datadas — nos casos que contaram com rochas vulcânicas intercaladas para fornecer uma linha temporal ou em que a técnica dos cristais individuais foi bem-sucedida —, mas não no Triássico. Existem pouquíssimos fósseis bem datados, então não podemos afirmar com segurança em que ordem determinados dinossauromorfos apareceram (especialmente quando tentamos comparar as idades das espécies encontradas em partes distantes do mundo) ou quando dinossauros de verdade foram extraídos de um lote de dinossauromorfos.

DEIXANDO TODAS AS incertezas de lado, o que sabemos é que foi por volta de 230 milhões de anos atrás que os dinossauros de verdade apareceram. Fósseis de inúmeras espécies com traços únicos inquestionáveis foram encontrados em rochas bem datadas com essa idade. Eles se encontram em um local distante de onde os primeiros dinossauromorfos vagavam na Polônia — nos cânions montanhosos da Argentina.

O Parque Provincial de Ischigualasto, no nordeste da província argentina de San Juan, é o tipo de lugar que parece um dia ter sido cheio de dinossauros. Também é chamado de Valle de la Luna, e é muito fácil imaginar que ele é de outro planeta, cheio de chaminés de fada esculpidas pelo vento, ravinas estreitas, penhascos cor de ferrugem e terras áridas e poeirentas. A noroeste, ficam os imponentes picos dos Andes, e mais distante, ao sul, as planícies secas que cobrem a maior parte da região, onde vacas se alimentam com a grama que torna a carne argentina tão deliciosa. Por séculos, Ischigualasto foi um importante ponto de travessia para o gado conduzido do Chile até a Argentina, e hoje muitas das poucas pessoas que habitam a área são boiadeiros.

Essa paisagem estonteante por acaso também é o melhor lugar do mundo para encontrarmos os dinossauros mais antigos. Isso se deve ao fato de que as rochas vermelhas, marrons e verdes esculpidas e erodidas em formatos tão mágicos se formaram no Triássico, em um ambiente ao mesmo tempo cheio de vida e perfeito para a preservação de fósseis. Em muitos aspectos, essa paisagem era semelhante à região de lagos da Polônia que preservou as pegadas do *Prorotodactylus* e de outros dinossauromorfos. O clima era quente e úmido, embora talvez um pouco mais árido e não castigado por monções sazonais tão fortes. Rios serpeavam até uma bacia profunda, ocasionalmente transbordando durante raras tempestades. Em 6 milhões de anos, os rios deram origem a sequências repetidas de arenito, formado nos canais, e lamito, formado a partir das partículas mais finas que escapavam do rio e se acumulavam nas planícies aluviais ao redor. Muitos dinossauros percorriam essas planícies, junto com uma grande variedade de outros animais — anfíbios grandes, dicinodontes cujos ancestrais conseguiram sobreviver à extinção do final do Permiano, répteis herbívoros com bico chamados rincossauros (primos primitivos dos arcossauros) e pequenos cinodontes que pareciam uma cruza entre o rato e o iguana. De vez em quando, enchentes perturbavam esse paraíso, matando os dinossauros e seus amigos, e enterrando seus ossos.

A área hoje se encontra tão erodida e tão pouco perturbada por prédios, estradas e outros estorvos humanos que cobrem os fósseis, que é relativamente fácil encontrar dinossauros, pelo menos se a compararmos a tantas outras partes do mundo onde passamos dias andando para encontrar qualquer coisa, ainda que apenas um dente. As primeiras descobertas daqui foram feitas por vaqueiros ou outros habitantes locais, e só na década de 1940 os cientistas começaram a reunir, estudar e descrever os fósseis de Ischigualasto, e somente algumas décadas depois as expedições intensivas foram iniciadas.

As primeiras grandes viagens de coleta foram lideradas por um dos gigantes da paleontologia do século XX, o professor de Harvard Alfred Sherwood Romer, o homem que escreveu *o* livro-texto que uso até hoje nas aulas para meus alunos de pós-graduação de Edimburgo. Durante sua primeira viagem, em 1958, Romer já tinha 64 anos e era considerado uma lenda viva. Mas lá estava ele, dirigindo um carro velho pelo deserto por ter um palpite de que Ischigualasto seria a próxima grande fronteira. Naquela viagem, ele encontrou parte de um crânio e

O SURGIMENTO DOS DINOSSAUROS

de um esqueleto de um animal "relativamente grande", como anotou com modéstia em seu caderno de campo. Ele varreu o máximo que conseguiu da rocha, enrolou os ossos em jornais, aplicou uma camada de gesso para o endurecimento e a proteção dos ossos, e os extraiu do solo. Ele mandou os ossos para Buenos Aires, onde seriam colocados em um navio com destino aos Estados Unidos para que Romer pudesse limpá-los cuidadosamente e estudá-los em seu laboratório. Mas os fósseis foram desviados. Eles ficaram detidos por dois anos no porto de Buenos Aires antes de as autoridades aduaneiras liberarem sua partida. Quando os fósseis chegaram a Harvard, Romer já estava ocupado com outras coisas, e somente anos mais tarde paleontólogos reconheceram que o mestre encontrara o primeiro dinossauro de verdade de Ischigualasto.

Alguns argentinos não ficaram muito felizes com o fato de um norte-americano ter pegado fósseis em seu país, que foram removidos da Argentina e estudados nos Estados Unidos. Isso levou dois promissores cientistas locais, Osvaldo Reig e José Bonaparte, a organizarem suas próprias expedições. Eles reuniram uma equipe e partiram com destino a Ischigualasto em 1959, retornando três vezes no início dos anos 1960. Foi durante a expedição de 1961 que a equipe de Reig e Bonaparte conheceu um boiadeiro e artista local chamado Victorino Herrera que conhecia as montanhas e as fendas de Ischigualasto como um inuíte conhece a neve. Ele se lembrou de ter visto ossos saindo do arenito e conduziu os jovens cientistas até o local.

Herrera de fato encontrara ossos, muitos, e eles claramente faziam parte de um esqueleto de dinossauro. Após alguns anos de estudo, Reig descreveu os fósseis como uma nova espécie de dinossauro que foi chamada de *Herrerasaurus* em homenagem ao boiadeiro, uma criatura do tamanho de uma mula que podia saltar sobre as pernas traseiras. Um trabalho de investigação conduzido posteriormente mostrou que os fósseis detidos de Romer pertenciam ao mesmo animal, e futuras descobertas revelaram que o *Herrerasaurus* era um predador implacável, com um arsenal de dentes afiados e garras, uma versão primitiva do *T. rex* ou do *Velociraptor*. O *Herrerasaurus* foi um dos primeiros dinossauros terópodes — um dos fundadores da dinastia de predadores inteligentes e ágeis que mais tarde chegariam ao topo da cadeia alimentar e, por fim, evoluiriam para aves.

Você pode estar pensando que essa descoberta teria encorajado paleontólogos de toda a Argentina a rumarem para Ischigualasto em um tipo de febre do dinossauro. Mas isso não aconteceu. Quando as expedições de Reig e Bonaparte chegaram ao fim, as coisas se aquietaram. O final dos anos 1960 e os anos 1970 não foram a melhor época para a pesquisa sobre dinossauros. Havia pouco financiamento e, acredite ou não, pouco interesse do público. As coisas tomaram um impulso no final da década de 1980, quando um paleontólogo de 30 e poucos anos de Chicago chamado Paul Sereno reuniu uma equipe mista de jovens ousados argentinos e americanos, a maioria alunos de pós-graduação e professores auxiliares. Eles seguiram as pegadas de Romer, Reig e Bonaparte, tendo este último encontrado o grupo por alguns dias a fim de guiá-los em alguns de seus sítios favoritos. A viagem foi um sucesso retumbante: Sereno encontrou outro esqueleto de *Herrerasaurus* e muitos outros dinossauros, provando que Ischigualasto ainda tinha muitos fósseis a serem descobertos.

Três anos depois, Sereno estava lá outra vez, trazendo grande parte da mesma equipe de volta a Ischigualasto para explorar novo território. Um de seus assistentes era um estudante brincalhão chamado Ricardo Martínez. Enquanto explorava certo dia, Martínez pegou um pedaço de rocha do tamanho de um punho coberto por uma camada ondulada de minerais de ferro. *Mais lixo*, ele pensou, mas, quando se preparava para descartá-la, ele observou algo pontiagudo e brilhante saindo da pedra. Eram dentes. Ao olhar de volta para o chão, surpreso, ele percebeu que acabara de arrancar a cabeça de um esqueleto quase completo de dinossauro, um demônio da velocidade de compleição esbelta, pernas compridas e do tamanho de um golden retriever. Eles lhe deram o nome de *Eoraptor*. Os dentes que saíam do crânio no final das contas eram extremamente incomuns: os que ficavam na parte traseira da mandíbula eram afiados e serrilhados como uma faca de cortar carne, seguramente para serem utilizados com essa finalidade, mas os da ponta do focinho tinham forma de folha com projeções ásperas chamadas dentículos, o mesmo tipo de dente que alguns dinossauros saurópodes barrigudos e de pescoço comprido mais tarde usariam para comer vegetais. Isso indicava que o *Eoraptor* era onívoro, e talvez um dos primeiros membros da linhagem dos saurópodes, um primo primitivo dos *Brontosaurus* e dos *Diplodocus*.

Conheci Ricardo Martínez muitos anos depois, por volta da época em que coloquei pela primeira vez os olhos em um lindo esqueleto de *Eoraptor*. Eu estudava na Universidade de Chicago, treinando no laboratório de Paul Sereno, quando Ricardo foi trabalhar em um projeto clandestino, mais tarde anunciado como outro novo dinossauro de Ischigualasto, o terópode do tamanho de um terrier *Eodromaeus*. Gostei de Ricardo imediatamente. Paul estava uma hora atrasado, preso no trânsito da Lake Shore Drive, e Ricardo estava literalmente girando os polegares, agachado a um canto do escritório no laboratório. Era uma postura que não combinava com um homem que rapidamente se mostrou o tipo de furacão amante de dinossauros, de sangue quente e fala rápida que eu ansiava ser. Ele parecia Jeff Bridges em *O grande Lebowski*: cabelos revoltos emaranhados, uma barba cheia ao redor da boca, uma ideia interessante de moda. Ele me presenteou com histórias do seu trabalho nas zonas selvagens da Argentina, narrando com gestos teatrais como sua equipe faminta às vezes perseguia bois perdidos em seus quadriciclos, aplicando golpes fatais com as pontas de seus martelos de geólogo. Ele percebeu que eu estava desenvolvendo uma atração romântica pela Argentina e me pediu que o procurasse quando visitasse o país.

Cinco anos depois, cobrei a oferta quando compareci à conferência científica mais intensa em que já tive o prazer de falar. Geralmente, conferências são eventos muito banais, realizados em Marriotts e Hyatts, em cidades como Dallas e Raleigh, onde cientistas se reúnem para ouvir uns aos outros falarem em salões de banquete cavernosos que costumam ser o palco para casamentos, bebendo cerveja de hotel a preços obscenos enquanto trocam histórias de campo. A conferência realizada por Ricardo e seus colegas na cidade de San Juan não foi nada disso. O jantar da última noite foi lendário, como uma daquelas festas hedonistas que aparecem em clipes de rap. Um policial local adornado com um cinturão abriu a cerimônia, fazendo uma piada ultrajante sobre as qualidades físicas das mulheres estrangeiras na plateia. O prato principal foi um pedaço da grossura de um catálogo telefônico de carne de boi alimentado por capim, acompanhado por quantidades copiosas de vinho tinto. Depois do jantar, a dança durou horas, alimentada por um open bar com centenas de garrafas de vodca, uísque, conhaque e uma aguardente local, cujo nome esqueci completamente. Por volta das três da manhã, houve uma pausa na festa enquanto um estande para montar seu próprio taco era armado lá fora, o que ofereceu uma mudança bem-vinda da umidade do salão de dança. Cambaleamos de volta a nossos hotéis ao amanhecer. Ricardo estava certo. Eu, de fato, amei a Argentina.

Antes dos festejos daquela noite, passei muitos dias entre as coleções do museu de Ricardo, o Instituto y Museo de Ciencias Naturales, na linda cidade de San Juan. A maioria dos tesouros de Ischigualasto encontra-se aqui, entre os quais *Herrerasaurus*, *Eoraptor* e *Eodromaeus*, mas também muitos outros dinossauros. Há o *Sanjuansaurus*, um primo próximo do *Herrerasaurus* que também foi um predador implacável. Em outra prateleira, estão o *Panphagia*, semelhante ao *Eoraptor* no fato de ser um primo primitivo em miniatura dos últimos colossais saurópodes, e o *Chromogisaurus*, um parente maior do *Brontosaurus* que alcançava 2 metros de comprimento e era um herbívoro que ficava mais ou menos no meio da cadeia alimentar. Também havia fragmentos do fóssil de um dinossauro chamado *Pisanosaurus*, animal do tamanho de um cachorro que compartilha algumas características dos dentes e das mandíbulas dos dinossauros ornitísquios — o grupo que mais tarde iria se diversificar em uma grande variedade de espécies herbívoras, do *Triceratops* aos bicudos hadrossauros. E novos dinossauros continuam sendo encontrados em Ischigualasto, então ninguém sabe que tipos de personagens serão acrescentados se você tiver a sorte de ir visitar o lugar.

Enquanto eu abria as portas dos armários que guardavam os espécimes, removendo cuidadosamente os fósseis para medi-los e fotografá-los, senti-me como um historiador, um daqueles estudiosos que passam noites entre arquivos, escrutinizando manuscritos antigos. A analogia é deliberada, pois os fósseis de Ischigualasto são, de fato, artefatos históricos, objetos de fontes primárias que nos ajudam a contar a história dos passados pré-históricos mais remotos, milhões de anos antes de os monges terem começado a escrever em pergaminhos. Os ossos que Romer, Reig e Bonaparte, e, depois, Paul, Ricardo e seus muitos colegas arrancaram da paisagem lunar de Ischigualasto são os primeiros registros dos dinossauros, vivendo, evoluindo e dando início à sua longa marcha com destino ao domínio.

Esses primeiros dinossauros ainda não dominavam absolutos, ofuscados pelos mais diversos anfíbios, primos dos mamíferos e parentes de crocodilos que conviviam com eles naquelas planícies secas, embora ocasionalmente inundadas, do Triássico. Mesmo o *Herrerasaurus* provavelmente não se encontrava no topo da cadeia alimentar, cedendo esse título ao arcossauro *Saurosuchus*, um animal assassino de 7,5 metros de comprimento da linha dos crocodilos. Mas os dinossauros entraram em cena. Os três grupos maiores — os terópodes carnívoros, os saurópodes de pescoço longo e os ornitísquios herbívoros — já haviam se separado na árvore genealógica, irmãos que partiam para formar suas próprias famílias.

Começara a marcha dos dinossauros.

2

A ASCENSÃO DOS DINOSSAUROS

IMAGINE UM MUNDO SEM FRONTEIRAS. Não estou invocando John Lennon. O que quero dizer é: imagine uma versão da Terra onde todo o solo estivesse conectado — não uma colcha de retalhos de continentes separados por oceanos e mares, mas uma única imensidão de solo seco de um polo a outro. Com tempo o bastante e um bom par de calçados, você poderia ir do Círculo Polar Ártico, passando pelo Equador, até o Polo Sul. Caso se aventurasse longe demais interior adentro, encontrar-se-ia a muitos milhares de quilômetros — dezenas de milhares, na verdade — da praia mais próxima. Mas, se quisesse nadar, poderia mergulhar no vasto oceano contornando o grande pedaço de terra que chamaria de casa e, pelo menos em tese, dar a volta no planeta remando de uma costa à outra sem precisar se secar.

Pode parecer irreal, mas esse foi o mundo em que os dinossauros cresceram.

Quando os primeiros dinossauros, como o *Herrerasaurus* e o *Eoraptor*, desenvolveram-se a partir de seus ancestrais dinossauromorfos do tamanho de gatos, cerca de 240 a 230 milhões de anos atrás, não havia continentes individuais — nada de Austrália, Ásia ou América do Norte. Não havia Oceano Atlântico separando as Américas da Europa e da África, nem Oceano Pacífico do outro lado do globo. Em vez disso, era só uma grande massa sólida e ininterrupta de terra — o que os geólogos chamam de supercontinente. Ela era cercada por um único oceano global. A matéria de geografia teria sido fácil na época: o supercontinente que chamamos de Pangeia e o oceano que chamamos de Pantalassa.

Os dinossauros nasceram no que hoje enxergaríamos como um mundo completamente estranho. Como foi viver nesse lugar?

Primeiro, pensemos na geofísica. O supercontinente cobria um hemisfério inteiro da Terra do Triássico, do Polo Norte ao Sul. Ele parecia uma letra C gigante, com uma grande endentação no meio, onde um braço do Pantalassa cortava a terra. Cordilheiras de montanhas imponentes serpeavam pela paisagem em ângulos estranhos, marcando as suturas onde blocos menores da costa certa vez haviam colidido para formar o continente gigante, peças de um quebra-cabeça. Esse quebra-cabeça não foi montado com muita facilidade ou rapidez. Por centenas de milhões de anos, o calor no interior do planeta empurrou e puxou muitos continentes menores que foram os lares de gerações de animais que existiram muito antes dos dinossauros, até a terra ser espremida em um único e extenso reino.

E o que dizer sobre o clima? Não há termo melhor: os primeiros dinossauros viviam em uma sauna. A Terra era muito mais quente no Período Triássico do que hoje. Em parte, isso se deve ao fato de que havia mais dióxido de carbono na atmosfera, um efeito estufa muito mais intenso, mais calor sendo radiado sobre o solo e sobre o mar. Mas a geografia da Pangeia piorava as coisas. De um lado do globo, o solo árido se estendia de um polo a outro, mas do outro lado só havia mar aberto. Isso significava que as correntes podiam viajar sem obstáculos do Equador aos polos, então havia um caminho direto para a água cozinhada no sol de baixa latitude até as regiões de alta latitude. Isso impedia que camadas de gelo se formassem. Em comparação à atualidade, o Ártico e a Antártida eram agradáveis, no verão com temperaturas semelhantes às de Londres e de São Francisco, e no inverno com temperaturas que mal passavam do ponto de congelamento. Eram lugares em que os primeiros dinossauros e outras criaturas com as quais eles compartilhavam a Terra podiam habitar facilmente.

Se os polos eram tão quentes, o resto do mundo deve ter sido uma estufa. Não que o planeta inteiro fosse um deserto. Mais uma vez, a geografia da Pangeia tornava as coisas muito mais complexas. Como o supercontinente era basicamente centrado no Equador, metade do solo estava sempre sendo tostado no verão, enquanto a outra metade esfriava no inverno. As diferenças marcantes de temperatura entre o norte e o sul faziam com que violentas correntes de ar atravessassem regularmente o Equador. Quando as estações mudavam, essas correntes mudavam de direção. Esse tipo de coisa continua acontecendo hoje em algumas partes do planeta, particularmente na Índia e no sudeste da Ásia. É o que provoca as monções, a alternância de uma temporada de seca com um dilúvio prolongado de chuvas e tempestades intensas. Você já deve ter visto imagens no jornal ou no noticiário noturno: enchentes cobrindo casas, pessoas fugindo de torrentes furiosas, deslizamentos de terra que enterram vilas inteiras. As monções modernas são localizadas, mas as do Triássico eram globais. Elas eram tão severas que os geólogos inventaram um termo hiperbólico para descrevê-las: megamonções.

Muitos dinossauros provavelmente foram varridos por enchentes ou sepultados por avalanches de lama. Mas as megamonções também tiveram outro efeito. Elas ajudaram a dividir a Pangeia em províncias ambientais, caracterizadas por quantidades diferentes de precipitação, severidade variável de ventos de monções e diferentes temperaturas. A região equatorial era extremamente quente e úmida, um inferno tropical que faria do verão da Amazônia atual uma viagem à oficina de Papai Noel. E havia ainda os vastos trechos desérticos, que se estendiam por cerca de 30 graus de latitude de cada lado do Equador — como o Saara, mas cobrindo uma parte muito mais ampla do planeta. As temperaturas nesse lugar passavam, e muito, dos 35°C, provavelmente o ano inteiro, e as chuvas de monções que castigavam outras partes da Pangeia não ocorriam aqui, oferecendo pouco mais de um filete de precipitação. Mas as monções exerciam um grande impacto nas latitudes que demarcam a zona tropical. Essas áreas eram um pouco menos quentes, mas mais chuvosas e úmidas do que os desertos, muito mais hospitaleiras para a vida. *Herrerasaurus, Eoraptor* e outros dinossauros de Ischigualasto viviam nessa paisagem, bem no meio da úmida zona tropical do sul da Pangeia.

A Pangeia pode ter sido uma massa sólida, mas seu tempo traiçoeiro e climas extremos lhe davam uma imprevisibilidade perigosa. Não era um lugar particularmente seguro ou agradável para se chamar de lar. Mas os primeiros dinossauros não tinham opção. Eles entraram em um mundo que ainda estava se recuperando da terrível extinção em massa do final do Permiano, uma terra sujeita aos caprichos violentos das tempestades e à destruição das temperaturas escaldantes. O mesmo pode ser dito de muitos outros novos tipos de plantas e animais que surgiram depois que a extinção em massa varreu o planeta. Todos esses calouros foram jogados em um campo de batalha evolucionário. Não estava nada claro que os dinossauros triunfariam. Afinal de contas, eles eram criaturas pequenas e dóceis, que nos seus primeiros anos estavam longe do topo da cadeia alimentar. Eles, assim como muitas outras espécies de répteis de porte pequeno a médio, mamíferos primitivos e anfíbios, estavam no meio da pirâmide alimentar, temendo os arcossauros, os parentes dos crocodilos, que ocupavam o trono. Nada foi dado de graça aos dinossauros. Eles precisariam conquistar o que quer que quisessem.

DURANTE MUITOS VERÕES, eu explorei as regiões mais internas do cinturão subtropical árido do norte da Pangeia à caça de fósseis. É claro que o supercontinente propriamente dito já desapareceu há muito tempo, tendo gradualmente se dividido para formar os nossos continentes modernos durante os mais de 230 milhões de anos transcorridos desde que os primeiros dinossauros iniciaram sua marcha evolucionária. O que venho explorando são vestígios da velha Pangeia que podem ser encontrados na ensolarada região do Algarve, em Portugal, um canto muito a sudoeste da Europa. Durante os anos de formação em que os dinossauros lidavam com as megamonções e as ondas de calor escaldantes do Triássico, essa parte de Portugal ficava a apenas 15 ou 20 graus ao norte do Equador, mais ou menos a mesma latitude da América Central na atualidade.

Tal como acontece com muitas aventuras na Paleontologia, foi uma pista aleatória que colocou Portugal no meu radar. Depois da nossa primeira experiência juntos na Polônia, visitando Grzegorz e estudando os fósseis de alguns dos ancestrais dinossauromorfos dos dinossauros, meu amigo britânico Richard Butler e eu desenvolvemos um tipo de vício. Tornamo-nos obcecados pelo Período Triássico. Queríamos entender como era o mundo quando os dinossauros ainda eram jovens e vulneráveis. Assim, varríamos o mapa da Europa à procura de outros lugares onde houvesse rochas acessíveis do Período Triássico, o tipo de sedimento que poderia conter fósseis de dinossauros e outros animais que haviam convivido com eles. Richard se deparou com um

A ASCENSÃO DOS DINOSSAUROS 53

curto artigo em um periódico científico obscuro descrevendo alguns fragmentos ósseos do sul de Portugal encontrados por um estudante de Geologia alemão nos anos 1970. O estudante estivera em Portugal para traçar um mapa das formações rochosas, um rito de passagem para todos os graduandos em Geologia. Ele não estava muito interessado em fósseis, então jogou o espécime na mochila e o levou para Berlim, onde passou quase três décadas em um museu, até alguns paleontólogos reconhecerem os fósseis como pedaços de crânio de anfíbios antigos. Anfíbios do Triássico. Foi o suficiente para nos deixar animados. Havia fósseis do Triássico em uma bela parte da Europa, e fazia décadas que ninguém procurava por eles. Precisávamos ir.

A viagem nos levou, Richard e eu, a Portugal no final do verão de 2009, a parte mais quente do ano. Nós nos juntamos a outro amigo, Octávio Mateus, que não tinha nem 35 anos na época, mas já era considerado o principal caçador de dinossauros de Portugal. Octávio cresceu em uma cidadezinha chamada Lourinhã, na costa norte de Lisboa exposta aos ventos do Atlântico. Seus pais eram arqueólogos e historiadores amadores que passavam os finais de semana explorando a zona rural, que, por acaso, estava cheia de fósseis de dinossauros jurássicos. A família Mateus e seu grupo desordenado de entusiastas locais coletaram tantos ossos, dentes e ovos de dinossauros que precisavam de um lugar para colocá-los, então, quando Octávio tinha 9 anos, seus pais fundaram seu próprio museu. Hoje, o Museu da Lourinhã abriga uma das coleções mais importantes de dinossauros do mundo, muitos dos quais foram encontrados por Octávio — que estudou Paleontologia e se tornou professor em Lisboa — e por seu exército cada vez maior de estudantes, voluntários e ajudantes locais.

O fato de Octávio, Richard e eu termos iniciado nossa expedição no calor de agosto era interessante, pois estávamos em busca dos fósseis de animais que viveram na região mais quente da Pangeia. Mas não foi uma estratégia muito inteligente da nossa parte. Por muitos dias, percorremos as montanhas causticadas pelo sol do Algarve, nosso suor ensopando os mapas geológicos que esperávamos que nos levassem aos nossos tesouros. Checamos praticamente cada partícula de rocha da era do Triássico nos mapas e localizamos o sítio onde o estudante de Geologia recolhera seus ossos de anfíbios, mas tudo que vimos foram fragmentos de fósseis. À medida que o final da nossa semana no campo se aproximava, nós nos sentíamos com calor e exaustos, encarando o fracasso. À beira da derrota, decidimos fazer mais uma caminhada na área onde o estudante de Geologia fizera sua descoberta. Era um dia muito quente, o termômetro do nosso GPS portátil mostrando 50°C.

Após uma hora explorando juntos, decidimos nos separar. Fiquei próximo ao sopé das montanhas, analisando cuidadosamente os fragmentos de ossos espalhados no chão numa tentativa desesperada de identificar sua origem. Não tive sorte. Mas, então, ouvi uma voz excitada gritando de algum lugar na cordilheira. Detectei traços de um melódico sotaque português, então devia ser Octávio. Segui na direção de onde eu achava que vinha a voz, mas agora não havia nada além de silêncio. Talvez eu estivesse imaginando coisas, talvez fosse o calor brincando com meu cérebro. No final das contas, vi Octávio a distância, esfregando os olhos como alguém acordado por um telefonema no meio da noite. Ele estava trôpego, meio zumbi. Foi estranho.

Quando Octávio me viu, ele se recompôs e começou a cantarolar: "Achei, achei, achei", repetia sem parar. Estava com um osso na mão. O que ele não tinha era uma garrafa d'água. E, de repente, entendi tudo. Ele havia esquecido sua água no carro, algo muito ruim para um dia tão quente; mas havia se deparado com a camada onde estavam os ossos de anfíbios. A combinação de excitação e desidratação causara um desmaio momentâneo. Mas agora ele recuperara a consciência, e, momentos depois, Richard abriu caminho no mato para nos encontrar. Após trocarmos abraços e cumprimentos animados, celebramos um pouco mais nos reidratando com cervejas em um pequeno café na estrada.

O que Octávio encontrara era uma camada de lamito de meio metro de espessura cheia de ossos fossilizados. Retornamos várias vezes nos anos seguintes para escavar meticulosamente o local, o que acabou se transformando num trabalho duro, pois a camada com ossos parecia se estender infinitamente na encosta. Eu nunca vira tantos fósseis concentrados em uma única área. Era um cemitério em massa. Incontáveis

A ASCENSÃO DOS DINOSSAUROS 55

esqueletos de anfíbios chamados *Metoposaurus* — versões extragrandes das salamandras atuais, com o tamanho de um carro de passeio — estavam misturados em uma bagunça caótica. Acho que havia centenas deles. Cerca de 230 milhões de anos atrás, um rebanho desses monstros pegajosos e feios morreu de repente quando o lago em que viviam secou, um efeito colateral do clima instável da Pangeia.

Anfíbios gigantes como o *Metoposaurus* faziam parte do elenco de atores principais da Pangeia do Triássico. Eles vagavam às margens de rios e lagos em grande parte do supercontinente, particularmente nas regiões subtropicais áridas e em faixas úmidas das zonas tropicais. Se você fosse um pequeno e frágil dinossauro primitivo como o *Eoraptor*, seria melhor evitar o litoral a todo custo. Era território inimigo. O *Metoposaurus* estava lá, à espreita, aguardando logo abaixo da superfície, pronto para emboscar qualquer coisa que se aventurasse muito perto da água. Sua cabeça era do tamanho de uma mesinha de centro, e suas mandíbulas estavam cheias de dentes cortantes. Eram mandíbulas grandes, largas, quase lineares, articuladas no fundo, e podiam se fechar como um assento de vaso sanitário para engolir o que quisesse. Levaria só algumas mordidas para concluir um jantar delicioso de dinossauro.

Salamandras maiores do que seres humanos eram como uma alucinação. Por mais bizarros que fossem, contudo, os *Metoposaurus* e seus parentes não eram alienígenas. Esses predadores aterrorizantes eram os ancestrais das rãs, dos sapos, dos tritões e das salamandras atuais. Seu DNA corre pelas veias da rã que saltita pelo seu jardim ou do sapo dissecado nas aulas de biologia do ensino médio. Aliás, muitos dos animais mais comuns da atualidade remontam ao Triássico. As primeiras tartarugas, lagartos, crocodilos e até mamíferos surgiram durante essa época. Todos esses animais — que compõem grande parte do tecido da Terra que chamamos de lar atualmente — surgiram junto com os dinossauros no ambiente inóspito da Pangeia pré-histórica. O apocalipse da extinção do final do Permiano deixou tamanha desolação que havia espaço para o desenvolvimento de todos os tipos de novas criaturas, e foi isso que aconteceu sem percalços durante os 50 milhões de anos do Triássico. Foi um período de grande experimentação biológica que mudaria o planeta para sempre e reverbera até hoje. Não é de se espantar que muitos paleontólogos se refiram ao Triássico como o "alvorecer do mundo moderno".

Se você conseguisse se colocar nos pés minúsculos dos nossos ancestrais mamíferos peludos, do tamanho de camundongos, do Triássico, veria um mundo que começava a exibir os primeiros sussurros da atualidade. Sim, o planeta físico propriamente dito era completamente diferente — um supercontinente marcado por calor intenso e clima violento. Não obstante, partes do solo não engolfadas pelo deserto eram cobertas por samambaias e pinheiros. Havia lagartos nas copas das árvores, tartarugas nadando nos rios, anfíbios correndo de um lado para outro, muitos tipos familiares de insetos zunindo. E havia dinossauros, meros figurantes nesse cenário antigo, mas destinados a coisas grandes no futuro.

APÓS MUITOS ANOS escavando o cemitério de salamandras em Portugal, reunimos muitos ossos de *Metoposaurus*, o suficiente para encher toda a oficina do museu de Octávio. Mas também encontramos outros animais que morreram quando o lago pré-histórico evaporou. Escavamos parte do crânio de um fitossauro, um parente de focinho comprido dos crocodilos que caçava em terra e na água. Recolhemos muitos dentes e ossos de diversos peixes, provavelmente a principal fonte de alimentação dos *Metoposaurus*. Outros pequenos ossos indicavam um réptil do tamanho de um texugo.

O que não descobrimos ainda foram sinais de dinossauros.

É estranho. Sabemos que havia dinossauros vivendo ao sul do Equador, nos vales úmidos com rios de Ischigualasto, ao mesmo tempo em que o *Metoposaurus* aterrorizava os lagos do Portugal do Triássico. Também sabemos que muitos tipos diferentes de dinossauros se misturavam em Ischigualasto: todas aquelas criaturas que estudei no museu de Ricardo Martínez na Argentina. Terópodes carnívoros como o *Herrerasaurus* e o *Eodromaeus*, precursores primitivos de pescoço comprido dos saurópodes como o *Panphagia* e o *Chromogisaurus*, os primeiros ornitísquios (primos

A ASCENSÃO DOS DINOSSAUROS 57

dos dinossauros chifrudos e bicudos). Não, eles não estavam no topo da pirâmide alimentar. Sim, eles existiam em menor número do que os anfíbios gigantes e parentes dos crocodilos, mas, pelo menos, estavam começando a deixar sua marca.

Então, por que não os vemos em Portugal? Pode ser, é claro, que simplesmente ainda não os tenhamos encontrado. Ausência de evidências nem sempre é o mesmo que evidência de ausência, como todos os bons paleontólogos devem sempre se lembrar. Da próxima vez que voltarmos ao cerrado do Algarve e escavarmos outra parte do leito de ossos, talvez encontremos o nosso dinossauro. Entretanto, estou disposto a apostar no contrário, pois um padrão está começando a surgir à medida que os paleontólogos descobrem cada vez mais fósseis do Triássico no mundo inteiro. Os dinossauros parecem estar presentes e lentamente começando a se diversificar nas partes temperadas úmidas da Pangeia, particularmente no hemisfério sul, durante uma fatia de tempo que vai de 230 a 220 milhões de anos atrás. Não apenas encontramos seus fósseis em Ischigualasto, mas também em partes do Brasil e da Índia que outrora integravam a zona úmida da Pangeia. Enquanto isso, nas faixas áridas mais próximas do Equador, os dinossauros eram ausentes ou extremamente raros. Assim como em Portugal, há grandes sítios de fósseis na Espanha, no Marrocos e na costa leste da América do Norte, onde podemos encontrar muitos anfíbios e répteis, mas nenhum dinossauro. Todos esses lugares faziam parte da área seca da Pangeia durante aqueles 10 milhões de anos em que os dinossauros começavam a se multiplicar nas regiões úmidas mais suportáveis. Parece que os primeiros dinossauros não conseguiram suportar o calor do deserto.

É uma trajetória inesperada. Os dinossauros simplesmente não cobriram a Pangeia no momento em que surgiram, como um vírus contagioso. Eles eram geograficamente localizados, restringidos não só por obstáculos físicos, mas por climas que não conseguiam suportar. Por muitos milhões de anos, pareceu que eles continuariam sendo caipiras provincianos, presos em uma zona ao sul do supercontinente, incapazes de se libertar — um velho herói do futebol no colegial, com sonhos desvanecidos, que poderia ter sido algo se tivesse conseguido sair da sua cidadezinha.

Pobres-diabos — é o que esses primeiros dinossauros amantes da umidade eram. Não formavam um grupo muito impressionante. Eles não apenas estavam presos pelos desertos, mas, mesmo quando conseguiam extrair uma vida das dificuldades, ela era dura, pelo menos no início. É verdade que havia inúmeras espécies de dinossauros em Ischigualasto, mas elas compunham apenas entre 10% e 20% do ecossistema total. Havia um número muito maior de parentes primitivos dos mamíferos, como o dicinodonte, uma versão do porco que comia raízes e folhas, e de outros tipos de répteis, mais notavelmente os rincossauros, que cortavam plantas com seus bicos afiados, e primos dos crocodilos, como o poderoso predador *Saurosuchus*. Ao mesmo tempo, mas um pouco a leste, no que hoje é o Brasil, a história era praticamente a mesma. Havia alguns tipos diferentes de dinossauros que eram parentes próximos das espécies de Ischigualasto: o carnívoro *Staurikosaurus* era um primo do *Herrerasaurus*, e o *Saturnalia*, uma criatura de pescoço comprido, era muito parecido com o *Panphagia*. Mas eles eram muito raros, novamente totalizando um número muito menor do que os inúmeros protomamíferos e rincossauros. Mais a leste ainda, onde a zona úmida estendia-se até onde hoje se encontra a Índia, havia um punhado de parentes primitivos de pescoço comprido dos saurópodes, como o *Nambalia* e o *Jaklapallisaurus*, porém, mais uma vez, eles eram apenas figurantes em ecossistemas dominados por outras espécies.

Então, quando parecia que os dinossauros ficariam estagnados para sempre, duas coisas importantes aconteceram para abrir o caminho para eles.

Primeiro, na zona úmida, os herbívoros dominantes, os rincossauros e dicinodontes, tornaram-se menos numerosos. Em algumas áreas, eles desapareceram completamente. Não entendemos com exatidão o motivo, mas as consequências foram claras. A queda desses herbívoros deu aos primos saurópodes primitivos que se alimentavam de plantas, como o *Panphagia* e o *Saturnalia*, a oportunidade de conquistar um novo nicho em alguns ecossistemas. Em pouco tempo, eles eram os principais herbívoros nas regiões úmidas tanto do hemisfério sul quanto do hemisfério norte. Na Formação Los Colorados, Argentina, uma

A ASCENSÃO DOS DINOSSAUROS 59

unidade de rocha depositada de 225 a 215 milhões de anos atrás que se formou diretamente depois do depósito dos fósseis dos dinossauros de Ischigualasto, os antecedentes dos saurópodes são os vertebrados mais comuns. Há mais fósseis desses devoradores de plantas de tamanhos que iam de uma vaca a uma girafa — entre os quais os *Lessemsaurus*, os *Riojasaurus* e os *Coloradisaurus* — do que de qualquer outro tipo de animal. No total, os dinossauros compõem cerca de 30% do ecossistema, enquanto os outrora dominantes parentes dos mamíferos caem para menos de 20%.

E essa história não se passou apenas no sul da Pangeia. Do outro lado do Equador, na Europa primitiva, depois em parte da zona úmida do hemisfério norte, outros dinossauros de pescoço comprido também se multiplicavam. E, como em Los Colorados, eles eram os grandes herbívoros mais comuns em seus hábitats. Uma dessas espécies, o *Plateosaurus*, foi encontrada em mais de cinquenta lugares na Alemanha, na Suíça e na França. Há até cemitérios coletivos como o leito de ossos do *Metoposaurus* em Portugal, onde dezenas (ou mais) de *Plateosaurus* morreram juntos quando o clima se tornou inóspito, sinal de quantos desses dinossauros havia na área.

O segundo fato marcante, por volta de 215 milhões de anos atrás, foi que os primeiros dinossauros começaram a chegar aos ambientes áridos subtropicais do hemisfério norte, então cerca de 10 graus acima do Equador, hoje parte do sudoeste americano. Não sabemos exatamente por que os dinossauros agora conseguiam migrar da segurança de seus lares úmidos para os desertos hostis. Provavelmente, o motivo está relacionado à mudança climática — alterações nas monções e na concentração de dióxido de carbono na atmosfera tornaram as diferenças entre as regiões úmidas e áridas menos extremas, de modo que os dinossauros puderam transitar com mais facilidade entre elas. Qualquer que tenha sido a razão, os dinossauros finalmente estavam invadindo os trópicos, espalhando-se para partes do mundo às quais antes não conseguiam ter acesso.

Os melhores registros dos dinossauros que habitavam os desertos do Triássico vêm de áreas que hoje voltaram a ser desérticas. Em grande parte da beleza de cartão-postal do norte do Arizona e do Novo México, há chaminés de fada, terras estéreis e cânions esculpidos em rochas de um vermelho e púrpura intensos. São os arenitos e os lamitos da Formação Chinle, uma sequência rochosa de cerca de 500 metros de espessura formada a partir das dunas e oásis antigos da Pangeia tropical durante a última metade do Triássico, por volta de 225 a 200 milhões de anos atrás. O Parque Nacional da Floresta Petrificada, que deveria estar no mapa de qualquer turista amante de dinossauros que visitasse os estados do sudoeste, possui um dos melhores exemplares da Formação Chinle, cheio de milhares de imensas árvores fossilizadas que foram arrancadas e enterradas por enchentes repentinas por volta da época em que os dinossauros começavam a se estabelecer na área.

Alguns dos trabalhos de campo paleontológicos mais excitantes da última década tiveram como foco a Formação Chinle. Novas descobertas pintaram um novo quadro impressionante de como eram os primeiros dinossauros que habitavam os desertos e como se encaixavam no ecossistema mais amplo. Quem lidera esse esforço é um grupo notável de jovens pesquisadores que eram estudantes de pós-graduação quando começaram a explorar a Chinle. O núcleo do grupo é um clã de quatro homens: Randy Irmis, Sterling Nesbitt, Nate Smith e Alan Turner. Irmis é um rapaz introvertido que usa óculos, mas um dínamo em um campo geológico; Nesbitt é um especialista em anatomia de fósseis que está sempre usando um boné de beisebol e citando programas de comédia da televisão; Smith é um homem elegante natural de Chicago que gosta de usar estatística para estudar a evolução dos dinossauros; e Turner, especialista em fazer árvores genealógicas de grupos extintos, é carinhosamente chamado de Pequeno Jesus por causa de seus cachos, sua barba cheia e estatura mediana.

O quarteto está meia geração à minha frente em suas carreiras. Eles estavam trabalhando em seus Ph.D.s enquanto eu começava a minha pesquisa de pós-graduação. Na juventude, eu me sentia intimidado por eles, como se eles fossem um Rat Pack da paleontologia. Eles viajavam em bando em conferências de pesquisa, frequentemente com outros amigos que trabalhavam na Chinle: Sarah Werning, especialista no

A ASCENSÃO DOS DINOSSAUROS 61

crescimento dos dinossauros e de outros répteis; Jessica Whiteside, geóloga brilhante que estudava extinções em massa e mudanças do ecossistema no tempo profundo geológico; Bill Parker, o paleontólogo do Parque Nacional da Floresta Petrificada e especialista em alguns dos parentes próximos dos crocodilos que conviveram com os primeiros dinossauros; Michelle Stocker, que estudou alguns dos protocrocodilos (e a quem Sterling Nesbitt mais tarde convenceria a casar-se com ele, com um pedido durante uma expedição, é claro, e formando um tipo diferente de time dos sonhos do Triássico). Eles eram cientistas jovens e bem-sucedidos que eu admirava, o tipo de pesquisadores que eu queria me tornar.

Por muitos anos, o Rat Pack da Chinle passou verões e mais verões no norte do Novo México, nos desertos de tons pastel próximos ao pequeno vilarejo de Abiquiú. Na metade do século XIX, essa terra remota era uma parada importante da Velha Rota Espanhola, uma rota comercial que ligava Santa Fé, localizada bem perto, a Los Angeles. Hoje, só algumas centenas de pessoas vivem no local, o que faz a área parecer um lugar esquecido pelo tempo no país mais industrializado do mundo. Alguns, contudo, gostam desse tipo de isolamento. Uma dessas pessoas foi Georgia O'Keeffe, a artista americana modernista famosa por seus quadros de flores, pintadas com uma particularidade que chegava ao ponto da abstração. O'Keeffe também apreciava cenários arrebatadores, e ela ficou encantada com a beleza estonteante e com os matizes incomparáveis da luz natural na área de Abiquiú. Ela comprou uma casa na região, na vastidão do refúgio do deserto chamado Ghost Ranch. Lá, podia explorar a natureza e fazer experiências com novos estilos de pintura sem ser incomodada por ninguém. Os penhascos vermelhos e os cânions coloridos com listras caramelo, banhados pelos raios de sol, são motivos comuns nas obras que ela produziu no local.

Depois do falecimento de O'Keeffe, na metade da década de 1980, Ghost Ranch tornou-se um local de peregrinação para amantes da arte que esperavam capturar parte do brilho do deserto que tanto inspirou sua velha mestra. É provável que poucos desses eruditos viajantes percebessem que Ghost Ranch também abundava em fósseis de dinossauros.

Mas o Rat Pack sabia.

Eles sabiam que, em 1881, um mercenário científico chamado David Baldwin fora enviado ao norte do Novo México pelo paleontólogo da Filadélfia Edward Drinker Cope com a missão singular de encontrar fósseis que Cope poderia esfregar na cara de seu rival em Yale, Othniel Charles Marsh. Os dois se envolveram em uma disputa amarga que ficou conhecida como a Guerra dos Ossos (mais detalhes à frente), mas, naquele ponto de suas carreiras, nenhum dos dois queria particularmente enfrentar os elementos da natureza nem os guerreiros americanos — Geronimo continuaria fazendo incursões no Novo México e no Arizona até 1886. Em vez de procurarem eles mesmos por fósseis, portanto, ambos preferiam recorrer a uma rede de caçadores contratados. Baldwin era o tipo de personagem que os dois com frequência empregavam: um homem solitário, misterioso, que montava em sua mula e se aventurava em terras áridas por meses, mesmo durante os piores invernos, e eventualmente retornava com grandes quantidades de fósseis de dinossauros. Aliás, Baldwin trabalhara para os dois competitivos paleontólogos: ele já fora um fiel confidente de Marsh, mas agora sua lealdade pertencia a Cope. Foi assim que Cope acabou sendo o sortudo receptor da coleção de pequenos ossos ocos de dinossauros extraídos por Baldwin no deserto próximo a Ghost Ranch. Esses ossos pertenciam a um tipo completamente novo de dinossauro primitivo do Triássico que tinha o tamanho de um cachorro, era leve, rápido e com dentes afiados, e que Cope mais tarde chamou de *Coelophysis*. Como o *Herrerasaurus* da Argentina, que seria encontrado muitas décadas depois, ele foi um dos primeiros membros da dinastia terópode que acabaria produzindo o *T. rex*, o *Velociraptor* e as aves.

O Rat Pack da Chinle também sabia que, meio século depois da descoberta de Baldwin, outro paleontólogo da costa leste, chamado Edwin Colbert, interessara-se pela área de Ghost Ranch. Ele era um indivíduo muito mais agradável do que Cope ou Marsh. Quando Colbert partiu para Ghost Ranch em 1947, ele tinha 40 e poucos anos e já ocupava uma das principais posições da área: curador da paleontologia de vertebrados do Museu Americano de História Natural de Nova York. Naquele verão, enquanto O'Keeffe pintava planaltos e esculturas em rochas, a apenas alguns quilômetros de distância, o assistente de campo de Colbert, George Whitaker, fez uma descoberta incrível. Ele se deparou com um cemitério de *Coelophysis*, um total de centenas de esqueletos, um amontoado de predadores enterrados por uma enchente repentina. Imagino que ele tenha sentido algo parecido com a nossa alegria desmedida quando encontramos o leito de ossos de *Metoposaurus* em Portugal. Da noite para o dia, o *Coelophysis* tornou-se o símbolo dos dinossauros do Triássico, a criatura que imediatamente saltava à mente quando as pessoas pensavam em como devia ser a aparência dos primeiros dinossauros, como se comportavam e em quais ambientes viviam. Por anos, a equipe do Museu Americano continuou cavando, arrancando blocos do leito de ossos que foram distribuídos entre museus do mundo inteiro. Caso você vá ver uma grande exibição de dinossauros hoje, é bem provável que veja um *Coelophysis* de Ghost Ranch.

O Rat Pack da Chinle também estava ciente de uma pista final, e talvez ainda mais importante. Como tantos esqueletos de *Coelophysis* foram encontrados no mesmo local, a escavação do sítio ocupou a atenção de todos por décadas, consumindo a maior parte da verba destinada ao trabalho de campo, bem como a maior parte do tempo e da energia das equipes. Mas ele não passava de um ponto na vastidão de Ghost Ranch, dezenas de milhares de acres cobertos por rochas Chinle ricas em fósseis. Era muito provável que houvesse mais. Assim, não foi uma surpresa quando, em 2002, um engenheiro florestal aposentado chamado John Hayden descobriu alguns ossos enquanto fazia uma caminhada a menos de um quilômetro do portão principal de Ghost Ranch.

Alguns anos depois, a equipe de Irmis, Nesbitt, Smith e Turner retornou ao local, sacou suas ferramentas e começou a cavar. Levou muito tempo e muito suor. Certa vez, quando eu conversava com o quarteto em um pub irlandês de Nova York, Nate Smith virou-se para mim, levantou a cabeça na direção do teto e disse com um toque de machismo ultrapassado: "A quantidade de rocha que removemos naquele verão com certeza encheria esse bar."

64 ASCENSÃO E QUEDA DOS DINOSSAUROS

Mas o trabalho valeu a pena. A equipe confirmou que, de fato, havia fósseis no local. E continuou encontrando cada vez mais deles, centenas, milhares. No final das contas, tratava-se do depósito de um canal fluvial, onde as correntes haviam depositado os esqueletos de muitas criaturas sem sorte varridas pela água há cerca de 212 milhões de anos. Com o coquetel certo de um bom trabalho de detetive e uma determinação para fazer suas próprias descobertas, mesmo ainda sendo estudantes, o Rat Pack desencavara um tesouro de fósseis do Triássico. O local — apelidado de Hayden Quarry em homenagem ao atento engenheiro florestal que observou o primeiro fóssil corroendo o chão — tornou-se uma das localidades mais importantes do mundo quando se fala de fósseis do Triássico.

A pedreira é como uma foto instantânea de um ecossistema antigo, um dos primeiros desertos que os dinossauros conseguiram habitar. Não era o quadro que o Rat Pack da Chinle esperava. Quando os jovens dínamos começaram a cavar em meados dos anos 2000, o senso comum em geral era de que os dinossauros haviam conquistado os desertos logo depois de terem chegado, no Triássico Superior. Outros cientistas haviam coletado uma grande quantidade de fósseis de unidades de rocha semelhantes às do período no Novo México, Arizona e Texas, que pareciam pertencer a mais de uma dúzia de espécies de dinossauros, variando de predadores troncudos e carnívoros menores a muitos tipos diferentes de ornitísquios herbívoros, os ancestrais dos *Triceratops* e dos ornitorrincos. Parecia que só havia dinossauros por todos os lados. Mas esse não era o caso em Hayden Quarry. Havia monstros anfíbios que eram parentes próximos do nosso *Metoposaurus* português, crocodilos primitivos e alguns de seus parentes com focinhos compridos e carapaças, répteis magricelas com pernas curtas chamados *Vancleavea* — parecidos com dachshunds escamosos — e até répteis pequenos e engraçados que ficavam pendurados em árvores como camaleões, chamados drepanossauros. Esses são os animais comuns na pedreira. O mesmo não pode ser dito dos dinossauros. O Rat Pack encontrou apenas três tipos de dinossauros: um predador de pés ligeiros muito parecido com o *Coelophysis* de Baldwin, outro carnívoro rápido chamado *Tawa* e outro um pouco maior e mais troncudo chamado *Chindesaurus*, um parente próximo do *Herrerasaurus* argentino. Cada um é representado por apenas alguns fósseis.

Foi uma grande surpresa para o time. Os dinossauros eram raros nos desertos tropicais do final do Triássico, e só parecia haver carnívoros. Não havia dinossauros herbívoros, nenhuma das espécies ancestrais de pescoço comprido que eram tão comuns nas zonas úmidas, nenhum dos ancestrais ornitísquios dos *Triceratops*. Estamos falando de um grupo discreto de dinossauros cercado por todos os tipos de animais maiores, mais cruéis, mais comuns, mais diversos.

O que, portanto, dizer das dúzias de espécies de dinossauros do Triássico que outros cientistas haviam identificado por todo o sudoeste americano? Irmis, Nesbitt, Smith e Turner analisaram minuciosamente todas as evidências que conseguiram encontrar, viajando a cada museu de cada cidade pequena onde os pesquisadores haviam depositado seus fósseis. Eles viram que a maioria desses espécimes se limitava a dentes isolados e fragmentos de ossos, o que não era a melhor base para declarar novas espécies. Mas isso não foi o mais chocante. Quanto mais descobriam em Hayden Quarry, melhor era o quadro para pesquisa que a equipe desenvolvia mentalmente. Eles se tornaram capazes de distinguir um dinossauro de um crocodilo ou de um anfíbio quase por instinto. Em uma série de momentos eureca, eles perceberam que a maioria desses supostos fósseis de dinossauros coletados por outros não eram dinossauros, mas primos dinossauromorfos primitivos, ou, em alguns casos, crocodilos antigos e parentes de crocodilos que, por acaso, pareciam dinossauros.

Assim, os dinossauros não apenas eram raros nos desertos do Triássico Superior, mas continuavam vivendo ao lado de seus parentes arcaicos, os mesmos tipos de animais que deixaram suas pegadas minúsculas na Polônia quase 40 milhões de anos antes. Foi uma conclusão impressionante. Até então, quase todos acreditavam que os dinossauromorfos primitivos eram um grupo ancestral sem relevância cujo único destino fora dar origem aos poderosos dinossauros. Ao final desse trabalho, eles teriam sido discretamente extintos. Mas aqui estavam eles, espalhados por toda a América do Norte do Triássico Superior, incluindo uma nova espécie do tamanho de um poodle chamada *Dromomeron* encontrada em Hayden Quarry, convivendo com dinossauros que faziam jus ao nome por cerca de 20 milhões de anos.

Provavelmente, a única pessoa que não se surpreendeu com as descobertas foi outro estudante, um argentino chamado Martín Ezcurra. Separadamente dos estudantes de pós-graduação americanos, Martín começava a duvidar das identificações de alguns supostos "dinossauros" norte-americanos coletados por gerações anteriores de paleontólogos, mas não tinha os recursos necessários para estudá-los, pois era da América do Sul e ainda estava aprendendo inglês.

Além do fato de ser só um adolescente.

A única coisa que ele tinha, contudo, era acesso às tremendas coleções dos dinossauros de Ischigualasto, em sua terra natal, graças à generosidade de Ricardo Martínez e outros curadores que aceitaram o pedido incomum de um estudante do ensino médio de visitar seus museus. Martín reuniu fotos de muitos dos misteriosos espécimes norte-americanos e as comparou cuidadosamente com os dinossauros argentinos, reconhecendo diferenças notáveis. Uma espécie norte-americana em particular, um carnívoro magricela chamado *Eucoelophysis*, que supostamente era um terópode, na verdade era um dinossauromorfo primitivo. Ele publicou esse resultado em um periódico científico em 2006, um ano antes de Irmis, Nesbitt, Smith e Turner terem publicado suas primeiras descobertas. Martín tinha 17 anos quando escreveu o artigo.

É difícil entender por que os dinossauros se saíram tão mal nos desertos, enquanto tantos outros animais, entre os quais seus precursores dinossauromorfos, estavam se saindo tão melhor. Para chegar ao fundo da questão, o Rat Pack da Chinle colaborou com a talentosa geóloga Jessica Whiteside, que também fazia parte das nossas equipes de escavação em Portugal. Jessica é dona de uma verdadeira maestria na interpretação de rochas. Ela pode, melhor do que qualquer pessoa que eu já tenha conhecido, olhar para uma série de rochas e dizer qual idade elas têm, em quais ambientes se formaram, o quão quentes eles eram, e até o quanto chovia. É colocá-la em um sítio de fósseis e ela retornará com uma história do passado distante de condições meteorológicas instáveis, mudanças climáticas, explosões evolucionárias e grandes extinções.

Jessica empregou seu sexto sentido em Ghost Ranch e determinou que os animais de Hayden Quarry não tinham uma vida fácil. Eles viviam em um ambiente que nem sempre era deserto, mas onde a sazonalidade era dramática. Era muito seco durante grande parte do ano, mas mais chuvoso e frio durante outras épocas — era a hipersazonalidade, como Jessica e o Rat Pack diziam. O culpado era o dióxido de carbono. As análises de Jessica mostram que havia por volta de 2.500 moléculas de dióxido de carbono para cada milhão de moléculas de ar nas regiões tropicais da Pangeia quando os animais de Hayden Quarry viviam. Isso equivale a mais de seis vezes a quantidade de dióxido de carbono da atualidade. Pense bem por um momento — apenas pense no quão rapidamente as temperaturas estão subindo agora e em como estamos preocupados com futuras mudanças climáticas, mesmo havendo muito menos dióxido de carbono na nossa atmosfera. A elevada concentração de dióxido de carbono no Triássico Superior deu início a uma reação em cadeia: grandes oscilações de temperatura e precipitação, incêndios florestais violentos durante partes do ano, alternando-se com períodos de umidade em outras. Comunidades estáveis de plantas tinham dificuldade de se estabelecer.

Era uma parte caótica, imprevisível e instável da Pangeia. Alguns animais conseguiam lidar com isso melhor do que outros. Os dinossauros parecem ter sido capazes de lidar um pouco, mas não conseguiram de fato prosperar. Os terópodes carnívoros menores sobreviveram, mas os herbívoros maiores e que cresciam mais rápido — requerendo, por isso, uma dieta mais estável — não tiveram o mesmo sucesso. Mesmo 20 milhões de anos depois da sua origem, mesmo depois de terem dominado o nicho dos grandes herbívoros em ecossistemas úmidos e começado a colonizar os trópicos mais quentes, os dinossauros continuavam tendo problemas com o clima.

SE VOCÊ ESTIVESSE em território seguro durante uma enchente no Triássico Superior, observando os animais eventualmente enterrados em Hayden Quarry serem varridos pelo rio sazonal que os afogou, poderia ter tido dificuldade de distinguir os cadáveres que flutuavam. Sem dúvida, seria fácil reconhecer os das supersalamandras gigantes ou de alguns dos esquisitos répteis que pareciam imitações de camaleões. Mas talvez não conseguisse distinguir dinossauros como o *Coelophysis* e o *Chindesaurus* de alguns crocodilos e seus parentes. Mesmo que conseguisse ver esses animais vivos, em sua rotina de comer, movimentar-se e interagir uns com os outros, ainda assim poderia ter dificuldades.

Por que a confusão? Trata-se do mesmo motivo que levou a geração anterior de paleontólogos que trabalharam no sudoeste americano a ter muitas vezes confundido fósseis de crocodilos com dinossauros, e outros cientistas da Europa e da América do Sul a terem cometido os mesmos erros. Durante o Triássico Superior, havia muitos outros animais que se pareciam mesmo com dinossauros e que se comportavam como eles. No jargão da biologia evolutiva, isso se chama convergência: diferentes tipos de criaturas parecidas entre si devido às similaridades no estilo de vida e no ambiente. É por isso que tanto pássaros quanto morcegos, ambos animais voadores, têm asas. É por isso que tanto cobras quanto minhocas, ambas animais que rastejam por tocas subterrâneas, são compridas, finas e não têm pernas.

A convergência entre dinossauros e crocodilos é surpreendente, e até chocante. Os jacarés que passeiam pelo delta do Mississippi e os crocodilos que se esgueiram no Nilo podem parecer vagamente pré-históricos, mas não são nada parecidos com um *T. rex* ou um *Brontosaurus*. Durante o Triássico Superior, contudo, os crocodilos eram muito diferentes.

Lembremos que tanto dinossauros quanto crocodilos são arcossauros — membros daquele grande grupo de répteis de caminhar ereto que começaram a se desenvolver depois da extinção em massa do final do Permiano e se proliferaram porque podiam se movimentar bem mais rápido e com mais eficiência do que os animais espalhados da época. No início do Triássico, os arcossauros se dividiram em dois clãs principais: os avemetatarsalias, que levaram aos dinossauromorfos e aos dinossauros,

A ASCENSÃO DOS DINOSSAUROS 69

e os pseudosuchias, que deram origem aos crocodilos. Durante a fase abundante da evolução pós-extinção, a tribo dos pseudosuchias também produziu uma série de outros subgrupos que se diversificaram no Triássico, mas acabaram se extinguindo. Como não sobreviveram até hoje — ao contrário dos crocodilos e dos dinossauros (disfarçados de aves) —, esses grupos foram em grande parte esquecidos, considerados curiosidades de um passado distante, becos sem saída evolucionários que nunca chegaram ao topo. Esse estereótipo, porém, está errado, pois, durante grande parte do Triássico, esses arcossauros da linha dos crocodilos prosperaram.

A maioria dos principais tipos dos pseudosuchias do Triássico Superior pode ser encontrada em Hayden Quarry. Há um fitossauro chamado *Machaeroprosopus,* membro daquele grupo de predadores subaquáticos de focinho comprido dado a emboscadas cujos ossos também encontramos em Portugal. Ele era maior do que um barco a motor e capturava peixes — assim como dinossauros que passavam ocasionalmente pelo local — com centenas de dentes pontudos e suas mandíbulas alongadas. Era vizinho do *Typothorax,* um herbívoro com a compleição de um tanque, uma armadura cobrindo seu corpo e espinhos compridos saindo do pescoço. Pertence a um grupo chamado aetossauro, uma família de imenso sucesso de herbívoros medianos que lembravam muito os anquilossauros, dinossauros com armaduras, que se desenvolveram milhões de anos depois. Eles eram bons escavadores e podem até mesmo ter cuidado dos mais jovens construindo e protegendo ninhos. Em seguida, vêm os crocodilos propriamente ditos, mas que não eram nada como os que conhecemos hoje. Essas espécies primitivas do Triássico — a raça ancestral a partir da qual os crocodilos modernos evoluíram — pareciam galgos: eram mais ou menos do mesmo tamanho, quadrúpedes, tinham corpos esbeltos de uma supermodelo e corriam como campeões. Eles se alimentavam de insetos e lagartos, e certamente não eram grandes predadores. Esse título pertencia aos rauissúquios, um grupo feroz que chegava a 7,5 metros de comprimento, maiores do que os maiores crocodilos de água salgada da atualidade. Já nos deparamos com um deles, o *Saurosuchus,* o mandachuva do ecossistema

70 ASCENSÃO E QUEDA DOS DINOSSAUROS

de Ischigualasto que habitava os pesadelos dos primeiros dinossauros. Imagine uma versão um pouco menor de um *T. rex* andando sobre as quatro patas, com um crânio e um pescoço mais avantajados, dentes afiados como trilhos de trem e uma mordida capaz de quebrar ossos.

Há ainda outro tipo de arcossauro da linha dos crocodilos encontrado em Ghost Ranch — não exatamente em Hayden Quarry, mas no cemitério de *Coelophysis*, não muito longe. Ele foi encontrado em 1947, pouco depois de Whitaker ter descoberto o leito de ossos, durante as primeiras semanas de escavação. A equipe do Museu Americano estava desenterrando tantos esqueletos de *Coelophysis* que, após algum tempo, a excitação passou e eles ficaram um pouco entediados. Tudo que viam começava a parecer outro *Coelophysis*. Assim, eles não perceberam que um dos esqueletos que coletaram era semelhante em tamanho ao *Coelophysis*, tinha as mesmas pernas compridas e estrutura esbelta, mas era um pouco diferente em outros aspectos — o mais notável, ele tinha um bico no lugar de um arsenal de dentes afiados. Os técnicos de Nova York também não perceberam. Eles começaram a remover o espécime do bloco de rocha em que ele estava entalhado, mas estavam muito ansiosos para parar depois de terem determinado que era apenas mais um *Coelophysis*. Ele podia ir para o depósito com o resto deles.

O fóssil ficou nas entranhas do museu, malconservado e sem receber qualquer atenção, até 2004. Foi então que um dos membros do quarteto de Ghost Ranch, Sterling Nesbitt, começou seu Ph.D. na Universidade Columbia, em Nova York. Como estava planejando um projeto sobre os dinossauros do Triássico, ele analisou todos os fósseis coletados por Colbert, Whitaker e suas equipes nos anos 1940. Muitos ainda estavam guardados com gesso, de tal modo que precisavam continuar nas prateleiras. Mas aquele bloco de 1947 fora aberto e parcialmente preparado pelos curadores, então Sterling pôde estudá-lo. Com um par de olhos excitado e um entusiasmo que escaparam às mãos cansadas da equipe em campo meio século antes, Sterling reconheceu que não estava olhando para um velho *Coelophysis*. Ele viu que esse fóssil tinha um bico; percebeu que as proporções de seu corpo eram diferentes e que seus braços eram minúsculos. E, então, observou traços de um tornozelo quase idêntico ao dos crocodilos. Sterling não estava absolutamente diante de um dinossauro; ele estava olhando para um pseudosuchia com uma grande convergência com os dinossauros.

Esse era o tipo de descoberta com que os cientistas sonham quando estão a sós, perdidos em seus pensamentos, vasculhando gavetas de coleções de museus. Como foi Sterling que fez a descoberta, ele pôde dar o nome da nova espécie, escolhendo o evocativo apelido *Effigia okeeffeae*: o primeiro nome é a palavra latina para fantasma, uma referência a Ghost Ranch [Rancho Fantasma], e o segundo é uma homenagem à residente mais famosa do rancho. O *Effigia* ganhou manchetes internacionais: a mídia amava essa criatura crocodiliana antiga de braços subdesenvolvidos e sem dentes que tentava fingir que era um dinossauro. Stephen Colbert até mesmo dedicou um segmento do seu programa à nova descoberta, brincando ao queixar-se que ela deveria ter sido batizada em homenagem a Edwin Colbert (que, por coincidência, tinha o mesmo sobrenome que o comediante), e não à artista feminista. Lembro-me de ter assistido ao segmento no último ano da faculdade, exatamente por volta da época em que eu estava começando a planejar minha própria pós-graduação, e de ter ficado impressionado por um aluno de pós-graduação ter provocado tamanho impacto.

O acontecido também me motivou. Até então, eu vinha estudando apenas dinossauros, mas comecei a entender que o *Effigia* e os outros pseudosuchias imitadores de dinossauros eram fundamentais para a compreensão de como os dinossauros chegaram ao poder. Comecei a ler muitos dos estudos clássicos sobre a paleontologia dos dinossauros, obras de gigantes como Robert Bakker e Alan Charig, efusivos no argumento de que os dinossauros eram especiais. Eles eram tão bem-dotados de velocidade, agilidade, metabolismo e inteligência superiores que superaram todos os outros animais do Triássico — as salamandras gigantes, os sinapsídeos, semelhantes aos primeiros mamíferos, e os pseudosuchias da linha dos crocodilos. Os dinossauros haviam sido os escolhidos. Fora seu destino manifesto dominar as espécies mais fracas, superá-las e estabelecer um império global. Havia quase um ardor religioso em alguns desses textos, o que talvez não surpreenda, se considerarmos que

Bakker também é um pregador cristão e é renomado por suas palestras intensas, apresentadas no mesmo estilo de um pregador que faz um testemunho diante de sua congregação.

Dinossauros superando seus inimigos no campo de batalha do Triássico Superior. Era uma boa história, mas não me convencia muito. Novas descobertas pareciam estar derrubando essa narrativa, e muito disso estava relacionado aos pseudosuchias. Tantos desses arcossauros parecidos com crocodilos eram impostores se passando por dinossauros. Ou talvez fosse o contrário: talvez os dinossauros do Triássico estivessem tentando ser pseudosuchias. Não importava qual fosse o caso, se os dois grupos eram parecidos em muitos aspectos, então como alguém poderia argumentar que os dinossauros eram uma raça superior? E não era só a convergência entre os dinossauros e os pseudosuchias que servia de alerta. Havia *mais* pseudosuchias do que dinossauros no Triássico Superior: mais espécies e maior abundância dessas espécies em ecossistemas individuais. A variedade de primos dos crocodilos de Ghost Ranch — fitossauros, aetossauros, rauissúquios, animais semelhantes aos *Effigia*, crocodilos reais — não era um fenômeno local. Estamos falando de grupos diversos que prosperaram em grande parte do mundo.

Mas, como os cientistas muitas vezes gostam de dizer quando tentam criticar uns aos outros sutilmente, isso tudo parecia um pouco bazófia. Poderíamos, de alguma forma, comparar explicitamente como os dinossauros e os pseudosuchias se desenvolveram no Triássico Superior? Havia algum meio de testar se um grupo foi mais bem-sucedido do que o outro, e se isso foi mudando com o tempo? Eu me enterrei na literatura sobre estatísticas, território estranho para alguém consumido por dinossauros, mas ainda não muito ciente de outros campos e técnicas. Fiquei um pouco constrangido ao me dar conta de que paleontólogos dos invertebrados — nossos meios-irmãos ruivos, que estudam fósseis como moluscos e corais, que não têm ossos — haviam criado um método duas décadas antes, método este ignorado por aqueles que trabalhavam com dinossauros. É algo chamado disparidade morfológica.

Disparidade morfológica parece um termo pomposo, mas não passa de uma mensuração da diversidade. Podemos medir a diversidade de várias formas. Contar o número das espécies é uma delas: podemos dizer que a América do Sul apresenta uma diversidade maior do que a Europa, pois contém um número maior de espécies da fauna. Ou podemos computar a diversidade com base na abundância: há uma diversidade maior de insetos do que de mamíferos, pois há mais insetos em qualquer ecossistema. O que a disparidade morfológica faz é medir a diversidade com base nos traços da anatomia. Seguindo essa linha de pensamento, podemos considerar as aves mais diversas do que as águas-vivas, pois as aves têm um organismo muito mais complexo, com muitas partes diferentes, enquanto as águas-vivas não passam de sacos de gosma. Esse tipo de mensuração da diversidade pode nos dar uma boa ideia em relação à evolução, pois muitos aspectos da biologia, comportamento, dieta, crescimento e metabolismo animal são controlados pela anatomia. Se você realmente quiser saber como um grupo muda com o tempo ou como dois grupos podem ser comparados em termos de diversidade, eu argumentaria que a disparidade morfológica é o caminho mais eficiente.

Contar o número das espécies ou a abundância de indivíduos é fácil. Tudo que precisamos é de um bom par de olhos e de uma calculadora. Contudo, como medir a disparidade morfológica? Como pegar toda a complexidade do organismo animal e transformá-la em estatística? Segui a abordagem instituída pelos paleontólogos dos invertebrados. Vou contar mais ou menos como foi. Primeiro, fiz uma lista de todos os dinossauros e pseudosuchias do Triássico, já que esses eram os animais que eu queria comparar. Em seguida, passei meses estudando os fósseis dessas espécies e fiz uma lista de centenas de características do esqueleto que são diferentes entre eles. Alguns têm cinco dedos; outros, três. Alguns são quadrúpedes; outros, bípedes. Alguns têm dentes; outros, não. Codifiquei essas características em uma planilha com zeros e uns, como faria um programador de computadores. O *Herrerasaurus* é bípede, estado 0. O *Saurosuchus* é quadrúpede, estado 1. No final de quase um ano de trabalho, eu formara uma base de dados de 76 espécies do Triássico, cada uma analisada por 470 características do esqueleto.

Concluído o longo e cansativo processo da coleta de dados, era hora de fazer os cálculos matemáticos. O próximo passo era fazer o que se chama matriz de distâncias. Ela quantifica o quão diferente cada espécie é de cada outra espécie com base no banco de dados de características anatômicas. Se duas espécies compartilham todas as características, sua distância é 0. Elas são idênticas. Se duas outras espécies não compartilham nenhuma característica, sua distância é 1. Elas são completamente diferentes. Há casos que ficam entre um extremo e outro. Digamos que o *Herrerasaurus* e o *Saurosuchus* compartilham 100 características, mas sejam diferentes nas outras 370, sua distância seria de 0,79: as 370 características diferentes são dividas pelo total de 470 características no conjunto de dados. A melhor forma de visualizar isso é pensar nas tabelas de um mapa rodoviário, que apresenta as distâncias entre cidades diferentes. Chicago fica a 290 quilômetros de Indianápolis. Indianápolis fica a 2.736 quilômetros de Phoenix. Phoenix fica a 2.897 quilômetros de Chicago. Essas tabelas são matrizes de distância.

Aqui vai um truque interessante sobre a matriz de distâncias de um mapa. Você pode pegar a tabela de distâncias rodoviárias entre as cidades, colocá-la em um software de estatística, executar o que se chama de análise multivariada, e o programa produzirá um gráfico. Cada cidade será um ponto no gráfico, e os pontos serão separados pela distância com uma proporção perfeita. Em outras palavras, o gráfico é um mapa — um mapa geograficamente correto, com todas as cidades nos lugares certos e as distâncias relativas entre elas. Então, o que acontece se, em vez disso, usarmos o software na matriz de distâncias com as diferenças entre os esqueletos dos dinossauros e dos pseudosuchias do Triássico? O programa de estatística também produzirá um gráfico em que cada espécie é representada por um ponto, um gráfico que os cientistas chamam de morfoespaço. Mas, na verdade, é apenas um mapa. Ele exibe visualmente a extensão da diversidade anatômica entre os animais em questão. Duas espécies próximas têm esqueletos muito semelhantes, assim como Chicago e Indianápolis são comparativamente próximos em termos geográficos. Duas espécies nos extremos do gráfico têm anatomias muito diferentes, como a distância mais longa entre Chicago e Phoenix.

A ASCENSÃO DOS DINOSSAUROS

Esse mapa de dinossauros e pseudosuchias do Triássico nos permite medir a disparidade morfológica. Podemos agrupar os animais no gráfico pelas grandes tribos às quais pertencem — dinossauros ou pseudosuchias — e calcular qual deles ocupa uma faixa maior do mapa e, portanto, é mais diverso anatomicamente. Seguindo a mesma linha de raciocínio, podemos ainda agrupar os animais por período — Triássico Médio versus Triássico Superior, digamos — e ver se os dinossauros ou pseudosuchias estavam se tornando mais ou menos anatomicamente diversos com o avanço do Triássico. Fizemos isso e chegamos a um resultado surpreendente publicado em 2008 em um estudo que ajudou a lançar minha carreira. Durante todo o Triássico, os pseudosuchias eram significativamente mais diversos em termos morfológicos do que os dinossauros. Eles ocupavam uma faixa maior do mapa, o que significa que apresentavam uma diversidade maior de traços anatômicos, uma indicação de que estavam experimentando mais dietas, comportamentos e meios de sobrevivência diferentes. Os dois grupos se diversificaram ao longo do Triássico, mas os pseudosuchias estavam sempre deixando os dinossauros para trás. Longe de serem guerreiros superiores abatendo a concorrência, os dinossauros estavam sendo ofuscados por seus rivais da linha dos crocodilos durante os 30 milhões de anos em que eles coexistiram no Triássico.

COLOQUE-SE NOS PEZINHOS peludos dos ancestrais dos mamíferos que viveram no Triássico, sobrevivendo ao cenário da Pangeia à medida que o Triássico se encerrava 201 milhões de anos atrás. Você veria dinossauros, mas não estaria cercado por eles. Dependendo de onde estivesse, talvez não tivesse sequer se dado conta de que existiam. Eles eram relativamente diversos nas regiões úmidas, onde os prossaurópodes alcançavam o tamanho de girafas e eram os herbívoros mais numerosos, mas nessas regiões os terópodes carnívoros e herbívoros até os ornitísquios onívoros eram consideravelmente menores e menos comuns. Nas zonas mais áridas, havia apenas pequenos carnívoros, sendo as espécies herbívoras e maiores incapazes de tolerar o clima hipersazonal e as megamonções.

Não havia dinossauros nem de longe parecidos com o *Brontosaurus* ou o *T. rex* em tamanho, e por todo o supercontinente eles viviam sob o domínio de seus adversários pseudosuchias, muito mais diversos e bem--sucedidos. Você provavelmente consideraria os dinossauros um grupo bastante marginal. Eles estavam se saindo bem, mas o mesmo podia ser dito de tipos recém-evoluídos de animais. Se você é do tipo que gosta de apostas, seguramente teria apostado em um desses outros grupos, mais provavelmente nos incômodos arcossauros da linha dos crocodilos, como aqueles que eventualmente iriam se tornar dominantes, alcançar tamanhos consideráveis e conquistar o mundo.

Cerca de 30 milhões de anos depois da sua origem, os dinossauros ainda precisavam realizar uma revolução global.

3

OS DINOSSAUROS SE TORNAM DOMINANTES

EM ALGUM MOMENTO, POR VOLTA de 240 milhões de anos atrás, a Terra começou a rachar. Os verdadeiros dinossauros ainda não haviam se desenvolvido completamente, mas seus ancestrais dinossauromorfos do tamanho de um gato teriam estado presentes para experimentar o fenômeno — exceto pelo fato de que não havia muito a experimentar, pelo menos não por enquanto. Pode ter havido alguns terremotos menores, mas os dinossauromorfos provavelmente nem sequer perceberam, ocupados como estavam com coisas importantes, como se defender das supersalamandras e sobreviver às megamonções. Quando esses dinossauromorfos deram lugar aos dinossauros, as rachaduras continuaram, milhares de metros subsolo abaixo. Imperceptíveis na superfície, as fissuras avançavam lentamente, crescendo, fundindo-se, um perigo oculto à espreita sob os pés do *Herrerasaurus*, do *Eoraptor* e dos outros primeiros dinossauros.

A base da Pangeia estava se separando e, com a ignorância abençoada de habitantes que não se dão conta de que há uma rachadura assustadora em seu porão até sua casa desabar, os dinossauros não faziam a menor ideia de que seu mundo mudaria dramaticamente.

Enquanto esses primeiros dinossauros evoluíam aos trancos e barrancos nos últimos 30 milhões de anos do Triássico, grandes forças geológicas travavam um cabo de guerra com a Pangeia tanto do oriente quanto do ocidente. Essas forças — um coquetel de gravidade, calor e pressão em escala planetária — são fortes o bastante para fazer continentes se deslocarem ao longo do tempo. Como a tração vinha de dois sentidos opostos, a Pangeia começou a se esticar e gradualmente foi se tornando mais fina, cada pequeno terremoto causando mais uma rachadura. Imaginemos a Pangeia como uma pizza gigante sendo partida por dois amigos faminatos puxando das duas extremidades da mesa: a crosta vai se tornando cada vez mais fina até haver uma ruptura e ela se partir em duas. O mesmo aconteceu ao supercontinente. Após algumas dezenas de milhões de anos de um cabo de guerra paulatino, oriente contra ocidente, as rachaduras alcançaram a superfície, e a massa gigante de terra começou a se partir ao meio.

É por causa desse divórcio antigo entre o oriente e o ocidente da Pangeia que o litoral da América do Norte é separado da Europa e que o mesmo pode ser dito da América do Sul e da África. É por isso que hoje há um Oceano Atlântico, que não existia até a água salgada preencher a lacuna entre as duas porções de terra separadas. Essas forças e rachaduras moldaram a geografia moderna mais de 200 milhões de anos atrás. Mas havia mais, pois continentes não se separam de uma hora para outra. Assim como os relacionamentos humanos, as coisas podem ficar feias quando um continente se separa. E os dinossauros e outros animais que cresceram na Pangeia estavam prestes a ser afetados para sempre pelos efeitos colaterais da divisão de sua casa em duas.

O problema se resume ao seguinte: quando um continente se parte, ele sangra lava. É apenas física básica. A crosta externa da Terra é rasgada e afina, diminuindo a pressão nas partes mais profundas da Terra. Com a redução da pressão, o magma das profundezas da Terra sobe para a superfície e sai pela erupção de vulcões. Se há apenas um pequeno rasgo na crosta — dois pequenos pedaços de um continente separando-se, digamos — os efeitos não são muito ruins. Talvez tenhamos alguns vulcões, um pouco de lava e cinzas, um pouco de destruição local, e, eventualmente, isso tudo tem um fim. Esse tipo de coisa está acontecendo hoje no leste da África e está longe de ser catastrófico. Mas se você retalhar um supercontinente inteiro, chegará à beira do apocalipse.

Ao final do Triássico, 201 milhões de anos atrás, o mundo foi violentamente refeito. Por 40 milhões de anos, a Pangeia vinha gradualmente se dividindo, e o magma vinha subindo no subsolo. Agora que o supercontinente finalmente havia se dividido, o magma precisava ir para algum lugar. Como um balão de ar quente sobe em direção ao céu, o reservatório de rocha líquida subiu, rompeu a superfície fragmentada da Pangeia e transbordou para a terra. Tal como acontecera com os vulcões que haviam entrado em erupção no final do Período Permiano, cerca de 50 milhões de anos antes, causando a extinção que permitiu o surgimento dos dinossauros e seus primos arcossauros, essas

OS DINOSSAUROS SE TORNAM DOMINANTES

erupções do final do Triássico foram diferentes de qualquer uma que os humanos já tenham testemunhado. Não estamos falando do monte Pinatubo aqui, com nuvens quentes de cinzas invadindo o céu. Em vez disso, por um período de cerca de 600 mil anos, houve quatro grandes fases de drama, quando quantidades imensas de lava seriam derramadas na zona da fenda da Pangeia como tsunamis vindos do inferno. Eu não estou exagerando: alguns dos fluxos, reunidos, chegavam a 3 mil pés de espessura; eles poderiam ter enterrado o Empire State Building duas vezes. Ao todo, cerca de 8 milhões de km^2 da Pangeia central foram cobertos por lava.

Não precisamos dizer que não foi uma boa época para ser um dinossauro — aliás, nenhum outro tipo de animal. A Terra assistiu a algumas das maiores erupções vulcânicas da sua história. Não só a lava cobriu o solo, mas os gases tóxicos emitidos pela lava envenenaram a atmosfera e provocaram um aquecimento global desenfreado. Essas coisas desencadearam uma das maiores extinções em massa da história da vida, mortes coletivas que levaram mais de 30% de todas as espécies, e talvez muito mais. Paradoxalmente, entretanto, essa extinção em massa também ajudou os dinossauros a avançarem de sua modesta origem e se tornarem os animais imensos e dominantes que mexem com as nossas imaginações.

SE VOCÊ ESTIVER andando pela Broadway, em Nova York, e, por acaso, avistar uma brecha entre os arranha-céus, terá uma vista do rio Hudson até Nova Jersey. Perceberá que o lado do rio de Jersey é marcado por um rochedo cáqui escuro, com cerca de 30 metros de altura, pontuado por rachaduras verticais. Os residentes locais referem-se a ele como Palisades. No verão, ele pode se tornar quase irreconhecível, engolido por uma floresta densa de árvores e arbustos que, de alguma forma, prendem-se às encostas. Cidades-dormitórios como Jersey City e Fort Lee ficam empoleiradas no topo do rochedo, e o extremo oeste da Ponte George Washington tem suas fundações fincadas no rochedo, a âncora ideal para a ponte sobre água mais movimentada do mundo. Se estivesse disposto, você poderia caminhar sobre o Palisades por cerca de 80 quilômetros, de onde ele começa, em Staten Island, estendendo-se sobre o Hudson, até onde ele termina, no norte de Nova York.

Milhões de pessoas veem esse rochedo toda semana. Centenas de milhares de pessoas vivem sobre ele. Poucos percebem que são resquícios das antigas erupções vulcânicas que dividiram a Pangeia e abriram caminho para a Era dos Dinossauros.

O Palisades é o que os geólogos chamam de soleira — uma intrusão magmática que penetra entre duas camadas de rocha nas profundezas do subsolo, mas depois endurece e vira pedra antes que possa entrar em erupção como lava. As soleiras fazem parte do sistema de encanamento interno dos vulcões. Antes de endurecerem e virarem rocha, são canos que transportam o magma no subsolo. Às vezes, são tubulações que levam o magma até a superfície; outras, são extensões sem saída do sistema vulcânico, *cul-de-sacs* dos quais o magma não pode escapar. A soleira do Palisades formou-se no fim do Triássico, no momento em que a Pangeia se partia ao longo do que iria se tornar a costa leste da América do Norte, apenas a alguns quilômetros do que hoje é a Cidade de Nova York. Ela se formou a partir do mesmo magma que ascendia das profundezas da Terra enquanto o supercontinente se dividia em dois.

O magma que se tornou a soleira do Palisades nunca chegou à superfície. Ele nunca chegou a fazer parte dos lençóis de 3 mil pés de espessura que emergiram da fissura da Pangeia, os que engoliram ecossistemas e expeliram o dióxido de carbono que condenaria grande parte do planeta. Cerca de 32 quilômetros a oeste, por outro lado, o magma brotou, e as rochas de basalto que se formaram a partir dele podem ser vistas em uma cordilheira baixa chamada de Watchung Mountains, localizada no norte de Nova Jersey. Chamá-las de montanhas é bondade — elas não passam de algumas centenas de metros de altura e cobrem uma área minúscula, de cerca de 65 quilômetros de norte a sul —, mas elas compõem um adorável oásis de beleza natural dentro de uma das partes mais urbanas do mundo.

No meio das montanhas fica Livingston, uma cidade-dormitório com mais ou menos 30 mil habitantes. Em 1968, um grupo descobriu pegadas de dinossauros a alguns quilômetros ao norte da cidade, em uma pedreira abandonada onde folhelhos vermelhos, formados em rios e lagos perto de velhos vulcões, eram extraídos. O jornal publicou uma nota que chamou a atenção da mãe de Paul Olsen, de 14 anos. Ela contou o que lera ao menino, que ficou chocado ao descobrir que houve uma época em que dinossauros viveram perto de sua casa. Ele convocou o amigo Tony Lessa, e os dois pularam em suas bicicletas e saíram pedalando a toda velocidade até a pedreira. O local não passava de um buraco no chão com muito mato e rochas espalhadas, mas a descoberta causou uma sensação na cidade, e muitos caçadores amadores já estavam lá, à procura de mais pegadas. Olsen e Lessa fizeram amizade com alguns desses amadores, os quais lhes ensinaram o básico da coleta de fósseis: como identificar pegadas de dinossauros, como extraí-las da rocha e como estudá-las.

Os dois adolescentes ficaram obcecados. Eles continuaram retornando à pedreira, e não demorou muito para estarem trabalhando até tarde, removendo placas de pegadas de dinossauro à luz de uma fogueira, mesmo nos piores invernos. Eles tinham que ir à escola durante o dia, então a noite era a única opção. Eles trabalharam duro por mais de um ano. Os outros colecionadores de fósseis foram partindo à medida que a excitação da descoberta se dissipava, mas eles ficaram. Os meninos coletaram pegadas deixadas por todos os tipos de criaturas, inclusive dinossauros carnívoros semelhantes ao *Coelophysis* de Ghost Ranch, dinossauros herbívoros e algumas criaturas escamosas e peludas que conviveram com eles. Porém, quanto mais eles coletavam, mais eles ficavam chocados: durante suas escavações noturnas, eles eram constantemente interrompidos por caminhões que descarregavam lixo ilegalmente no local, e enquanto eles estavam na escola, colecionadores inescrupulosos com frequência entravam de fininho na pedreira e removiam ilicitamente as pegadas que os meninos ainda não haviam conseguido transformar em moldes.

Então, o que um adolescente da década de 1960 deve fazer quando o seu sítio favorito de fósseis está sendo destruído? Paul Olsen pulou os intermediários e foi direto ao topo. Ele começou a escrever cartas para Richard Nixon, o presidente recém-eleito que ainda não havia caído em desgraça. Muitas cartas. Ele implorou a Nixon que usasse seus poderes presidenciais para preservar a pedreira como um parque protegido, mandando, inclusive, a pegada em fibra de vidro de um terópode para a Casa Branca. Olsen também liderou uma campanha na mídia e teve seu perfil publicado em um artigo da revista *Life*. Sua persistência ousada compensou: em 1970, a companhia proprietária da pedreira doou as terras ao condado, que as transformou em um parque de dinossauros chamado Riker Hill Fossil Site. No ano seguinte, o local recebeu o status oficial de marco nacional, e Olsen recebeu uma condecoração presidencial pelo seu trabalho. Ele mal sabia, mas também estava a poucos passos de uma visita à Casa Branca. Alguns dos assistentes de Nixon, sempre interessados em promover sua imagem, acharam que uma sessão de fotos aberta à imprensa com um jovem entusiasta das ciências seria uma ótima jogada de relações públicas para o presidente queixudo, mas ela foi cancelada na última hora pelo conselheiro de Nixon, John Ehrlichman, mais tarde identificado como um dos principais vilões de Watergate.

Foi uma grande realização para um menino — coletar um lote de pegadas de dinossauros, conseguir que o sítio fosse preservado para a posteridade, tornar-se amigo por correspondência do presidente. Mas Paul Olsen não parou por aí. Ele foi para a faculdade estudar Geologia e Paleontologia, fez Ph.D. em Yale e foi contratado como professor da Universidade Columbia, do outro lado do Hudson, em frente a Riker Hill. Tornou-se um dos principais paleontólogos acadêmicos do mundo e foi eleito para a Academia Nacional de Ciências, uma das maiores honras para um cientista americano. Ele também carregou o fardo de ter sido um membro do comitê do meu Ph.D., uma honra bem menor, quando fiz doutorado em Nova York. Durante essa época, ele se tornou um dos meus mentores mais queridos, uma fonte brilhante de feedback para quaisquer ideias loucas de pesquisa que eu tivesse. Por dois anos, eu o ajudei com seu curso de graduação sobre dinossauros em Columbia, sempre com uma fila de espera de estudantes que ainda não haviam se formado, seduzidos pelo cientista eminente com um bigode branco à la Geraldo Rivera, cheio de um entusiasmo proveniente de várias bebidas

OS DINOSSAUROS SE TORNAM DOMINANTES

energéticas saboreadas antes das aulas. Grande parte do meu estilo cheio de ânimo como professor vem de Paul.

Paul Olsen fez sua carreira continuando o que começou na adolescência. Grande parte de seu trabalho tem se concentrado nos eventos ocorridos por volta da época em que os dinossauros deixavam pegadas em Nova Jersey: a separação da Pangeia no final do Triássico, as erupções vulcânicas inimagináveis, a extinção em massa e a ascensão dos dinossauros ao domínio global durante a transição do Triássico para o subsequente Período Jurássico.

Embora não fizesse ideia quando chegou pela primeira vez de bicicleta àquela pedreira, ainda menino, Paul cresceu no melhor lugar do mundo para o estudo do Triássico Superior e Jurássico Inferior. O local onde ele cresceu fica dentro de uma estrutura geológica chamada bacia de Newark, uma depressão em formato de tigela cheia de rochas do Triássico e do Jurássico. É uma das muitas estruturas desse tipo — chamadas de bacias rifte, porque se formaram quando a Pangeia se dividiu —, estendendo-se por mais de 1.600 quilômetros até a costa leste da América do Norte. A Baía de Fundy, no norte do Canadá, está sobre uma dessas bacias. Mais ao sul, está a bacia de Hartford, que corta grande parte da região central de Connecticut e Massachusetts. Depois, a bacia de Newark, seguida pela bacia de Gettysburg, o local da famosa batalha da Guerra Civil, a topografia das rochas tendo sido tão crucial na estratégia militar que dependia do domínio de trechos de planalto. Ao sul de Gettysburg ficam várias bacias menores que salpicam a zona rural da Virgínia e da Carolina do Norte, finalmente culminando na imensa Bacia Deep River, do interior da Carolina.

Essas bacias rifte seguem a fratura entre o leste e o oeste da Pangeia. Elas são a linha de divisão, a fronteira, o local onde o supercontinente se partiu. Quando o cabo de força entre oriente e ocidente começou a esticar a Pangeia, falhas se formaram nas profundidades da crosta, cortando o que antes era rocha sólida. Cada puxão causaria um terremoto, que faria as rochas do outro lado da falha moverem-se um pouco em relação às outras. Ao longo de milhões de anos, as falhas chegaram à superfície, e, como um dos lados continuava caindo, formou-se uma bacia: uma depressão no lado descendente da falha margeada por uma cordilheira elevada no lado ascendente. Cada uma das bacias rifte se formou dessa maneira, resultado de mais de 30 milhões de anos de pressão, tensão e tremores.

Isso é exatamente o que está acontecendo atualmente no leste da África, à medida que o continente se separa do Oriente Médio à proporção de cerca de um centímetro por ano. As duas massas de terra costumavam estar conectadas cerca de 35 milhões de anos atrás, mas agora estão separadas pelo longo e estreito mar Vermelho, que continua ficando mais largo a cada ano e um dia acabará se transformando em um oceano. Ao sul, no continente africano, há uma faixa de bacias que vai de norte a sul, cada uma tornando-se mais larga e profunda a cada terremoto, que aos poucos vai separando a África da Arábia. Alguns dos lagos mais profundos do mundo, como o lago Tanganica, de quase 1,5 quilômetro de profundidade, preenchem algumas dessas bacias. Outras são cruzadas por rios caudalosos, que descem as montanhas, irrigando grandes e verdejantes ecossistemas tropicais que contêm algumas das plantas e animais mais conhecidos da África. Espalhados por toda parte, seus topos marcando locais aleatórios, há vulcões como o monte Kilimanjaro, válvulas de escape para o magma que se acumula no subsolo à medida que a terra racha. De vez em quando, um deles entra em erupção e cobre as bacias, assim como seus habitantes, com lava e cinzas.

A bacia de Newark de Paul Olsen e muitas outras das que percorrem a costa leste da América do Norte passaram por um processo semelhante de evolução. Elas foram formadas gradualmente por terremotos, preenchidas por rios que alimentaram diversos ecossistemas, tornando-se por fim tão profundas e cheias de água que os rios se transformaram em lagos, e, posteriormente, dependendo dos caprichos do clima, os lagos acabavam secando, outros rios se formavam e todo o processo recomeçava do início. Ciclo após ciclo após ciclo. Os dinossauros, os primos pseudosuchias dos crocodilos, as supersalamandras e os primeiros parentes dos mamíferos prosperaram ao longo da beira desses rios, e cardumes de peixes encheram os lagos. Esses animais deixaram seus fósseis — as pegadas que Paul Olsen começou a coletar na adolescência, assim como ossos — nos milhares de quilômetros de lamito, arenito e outras rochas depositadas por rios e lagos. E então, quando a Pangeia havia sido alongada até seu limite, a crosta se abriu e os vulcões entraram em erupção, enterrando as bacias e as criaturas que viviam nelas.

As primeiras erupções não ocorreram na área da bacia de Newark. Aconteceram no que hoje é o Marrocos, que na época ficava de encontro ao que iria se tornar o leste da América do Norte, a apenas algumas centenas de quilômetros da Cidade de Nova York moderna. Então, a lava começou a se derramar em outros lugares onde a Pangeia estava se dividindo: na bacia de Newark, no que hoje é o Brasil, nos mesmos ambientes com lagos onde encontramos o cemitério de supersalamandras em Portugal — por todo o fecho que, muitos milhões de anos mais tarde, transformar-se-ia no Oceano Atlântico. A lava saiu em quatro ondas, cada uma torrando as outrora verdejantes bacias rifte, cada uma liberando gases tóxicos por todo o planeta, cada uma tornando uma situação que já era ruim em algo ainda pior. Em apenas cerca de meio milhão de anos — um piscar de olhos em termos geológicos —, as erupções cessaram, mas transformaram a Terra para sempre.

Os dinossauros, os arcossauros pseudosuchias da linha dos crocodilos, os grandes anfíbios e os primeiros parentes dos mamíferos que habitavam as bacias rifte tinham a bênção da ignorância em relação ao que estava prestes a acontecer. As coisas azedaram muito rápido.

As primeiras erupções do Marrocos liberaram nuvens de dióxido de carbono, um poderoso gás estufa, que rapidamente aqueceu o planeta. Ficou tão quente que estranhas formações de gelo enterradas no assoalho oceânico, chamadas clatratos, derreteram em uníssono por todos os oceanos do mundo. Os clatratos são diferentes dos blocos sólidos de gelo com que estamos mais familiarizados, aqueles que colocamos nas nossas bebidas ou que transformamos em esculturas requintadas em festas. Eles são uma substância mais porosa, uma treliça de moléculas de água congeladas capazes de prender outras substâncias no seu interior. Uma dessas substâncias é o metano, um gás que vaza constantemente para o exterior da superfície da Terra e se infiltra nos oceanos, mas fica preso nos clatratos antes de vazar para a atmosfera.

O metano é terrível: ele é um gás estufa ainda mais potente do que o dióxido de carbono, aquecendo a Terra com uma intensidade 35 vezes maior. Portanto, quando a primeira torrente de dióxido de carbono provocou um aumento nas temperaturas globais e derreteu os clatratos, todo o metano antes preso de repente foi liberado. Isso desencadeou uma onda desenfreada de aquecimento global. A quantidade de gás estufa na atmosfera foi quase triplicada em algumas dezenas de milhares de anos, e as temperaturas tiveram um aumento de 3°C a 4°C.

Os ecossistemas em terra e nos oceanos não conseguiram lidar com uma mudança tão dramática. As temperaturas muito mais elevadas impossibilitaram o crescimento de muitas plantas, e mais de 95% delas se extinguiram. Os animais que se alimentavam dessas plantas ficaram sem alimento, e muitos répteis e anfíbios, assim como muitos parentes dos mamíferos, tiveram o mesmo destino, como dominós caindo cadeia alimentar acima. Reações químicas em cadeia tornaram o oceano mais ácido, dizimando os organismos com carapaça e levando ao colapso de teias alimentares. O clima tornou-se perigosamente instável, com episódios de calor intenso seguidos por períodos mais frios. Isso tornou as diferenças de temperatura entre o norte e o sul da Pangeia mais intensas, o que, por consequência, tornou as megamonções mais severas, as regiões costeiras mais chuvosas e os interiores continentais muito mais secos. A Pangeia nunca fora um lugar particularmente hospitaleiro, mas os primeiros dinossauros, que já eram restringidos pelas monções, pelos desertos e por seus rivais pseudosuchias, agora estavam em uma situação pior ainda.

Portanto, como esses dinossauros, ainda em um estágio tão inicial de sua evolução, lidariam com um mundo em tão rápida mutação? As pistas estão nas pegadas que Paul Olsen tem estudado por quase cinquenta anos. A pedreira que Paul explorou em Nova Jersey é um dos mais de setenta lugares onde pegadas de dinossauros foram encontradas na costa leste dos Estados Unidos e do Canadá. Esses locais estão posicionados uns sobre os outros, em sequência geológica, estendendo-se por mais de 30 milhões de anos, desde a época em que os primeiros dinossauros se originaram no que hoje é a América do Sul (mas em que ainda eram

OS DINOSSAUROS SE TORNAM DOMINANTES

ausentes na América do Norte) no Triássico Superior, atravessando a extinção vulcânica, até o Período Jurássico. Gerações de dinossauros e outros animais deixaram vestígios nessas camadas cíclicas de lamito e arenito depositadas nas bacias rifte, e, ao estudá-las em sucessão, podemos ver como tais criaturas se desenvolveram.

As rochas contam uma história notável. Durante o Triássico Superior, a partir de 225 milhões de anos atrás, quando as bacias rifte estavam apenas começando a se formar, os dinossauros começaram a deixar suas marcas na forma de pegadas raras. Há as pegadas de três dedos do táxon *Grallator*, que variam de cerca de 5 a 15 centímetros de comprimento, produzidas por pequenos dinossauros rápidos e carnívoros, bípedes como o *Coelophysis* de Ghost Ranch. Há um segundo tipo de pegadas do chamado *Atreipus*, mais ou menos do tamanho das do *Grallator*, mas que incluem pequenas pegadas de membros superiores próximas às dos membros inferiores de três dedos, um sinal de que o animal que deixou as pegadas era quadrúpede. Elas provavelmente foram produzidas por dinossauros ornitísquios — os primos mais velhos dos *Triceratops* e os dinossauros de bico — ou, talvez, por primos dinossauromorfos muito próximos dos dinossauros propriamente ditos. O número dessas pegadas de dinossauros é muito menor do que o das pegadas deixadas pelos pseudosuchias, por anfíbios grandes, protomamíferos e lagartos pequenos. Os dinossauros já estavam presentes, mas continuaram sendo figurantes nos ecossistemas de bacias rifte até o final do Triássico.

Mas então os vulcões começaram a entrar em erupção. De repente, a diversidade das pegadas de outros animais (que não dinossauros) cai dramaticamente nas primeiras rochas jurássicas acima dos fluxos de lava. Muitas dessas pegadas desaparecem abruptamente, incluindo algumas mais conspícuas deixadas pelos pseudosuchias primos dos crocodilos, que anteriormente haviam sido mais abundantes e diversos do que os dinossauros. Enquanto os dinossauros equivaliam a apenas cerca de 20% de todas as pegadas antes dos vulcões, pouco depois metade de todas as pegadas passou a pertencer a dinossauros. Uma variedade de pegadas completamente novas de dinossauros entra nos registros: um exemplar com pegadas de membros dianteiros e traseiros chamado

Anomoepus, provavelmente produzido por um ornitísquio, uma pegada grande de quatro dedos chamada *Otozoum*, produzida pelos primeiros prossaurópodes de pescoço comprido a terem habitado os vales rifte, e uma pegada de três dedos chamada *Eubrontes*, que pertencia a outro tipo de predador rápido. Essas pegadas *Eubrontes* têm cerca de 35 centímetros, um tamanho grande se comparado ao das pegadas *Grallator* deixadas por carnívoros semelhantes, mas muito menores, durante os dias pré-vulcões do Triássico.

Provavelmente, não é o que você esperava. Depois de algumas das maiores erupções vulcânicas da história da Terra terem profanado ecossistemas, os dinossauros tornaram-se *mais* diversos, *mais* abundantes e maiores. Espécies completamente novas de dinossauros estavam se desenvolvendo e se espalhando em novos ambientes, onde outros grupos de animais se extinguiram. Enquanto o mundo ia para o inferno, os dinossauros prosperavam, de algum modo tirando vantagem do caos à sua volta.

Quando a lava se esgotou nos vulcões e seu reinado de 600 mil anos de terror acabou, o mundo era um lugar muito diferente do que fora no Triássico Superior. Estava muito mais quente, as tempestades eram mais intensas e incêndios florestais aconteciam com mais facilidade; novos tipos de samambaias e ginkgos haviam substituído as outrora abundantes coníferas de folhas largas; e muitos dos animais mais carismáticos do Triássico haviam desaparecido. Os dicinodontes, parentes dos mamíferos que lembravam porcos, e os rincossauros de bico comedores de plantas estavam ambos extintos; os anfíbios supersalamandras haviam praticamente sumido. O que dizer dos pseudosuchias, os arcossauros da linha dos crocodilos que ofuscavam, dominavam e aparentemente venciam os dinossauros durante os últimos 30 milhões de anos do Triássico? Quase todas as espécies morreram. Os fitossauros de focinho comprido, os aetossauros que mais pareciam tanques, os rauissúquios que ocupavam o topo do pódio dos predadores e as esquisitas criaturas semelhantes ao *Effigia* que lembravam dinossauros — ninguém ouviria mais falar de nenhum deles. Os únicos pseudosuchias que sobreviveram à grande fragmentação da Pangeia eram alguns poucos tipos de crocodilos primitivos, um punhado de retardatários veteranos de guerra que posteriormente iriam se desenvolver para se tornar os jacarés e crocodilos modernos, mas jamais experimentariam o mesmo sucesso do Triássico Superior, quando pareciam os eleitos para dominar o mundo.

De alguma forma, os dinossauros foram os vitoriosos. Eles suportaram a separação da Pangeia, o vulcanismo e as mudanças climáticas e incêndios desenfreados que destruíram seus rivais. Eu gostaria de ter uma boa resposta para o motivo. É um mistério que literalmente tem me mantido acordado à noite. Os dinossauros possuíam algo de especial que lhes deu vantagem sobre os pseudosuchias e outros animais que foram extintos? Eles cresciam mais rápido, reproduziam-se mais rápido, tinham um metabolismo melhor ou se movimentavam com mais eficiência? Eles tinham formas melhores de respirar, esconder-se ou proteger-se durante períodos extremos de calor ou frio? Talvez, mas o fato de tantos dinossauros e pseudosuchias se comportarem de maneira tão parecida torna essas ideias no mínimo improváveis. Talvez os dinossauros tenham simplesmente tido sorte. Talvez as regras comuns da evolução sejam anuladas quando uma catástrofe tão súbita, devastadora e global acontece. Talvez os dinossauros simplesmente tenham sido aqueles que passaram pelo acidente de avião sem um arranhão, salvos pela sorte, quando tantos outros morreram.

Seja qual for a resposta, é um enigma à espera da próxima geração de paleontólogos.

O PERÍODO JURÁSSICO marca o início da era dos dinossauros propriamente dita. Sim, os primeiros dinossauros de verdade entraram em cena pelo menos 30 milhões de anos antes do início do Jurássico. Contudo, como vimos, esses primeiros dinossauros do Triássico estavam muito longe de ser considerados dominantes. Então, a Pangeia começou a se separar, e os dinossauros emergiram das cinzas e se viram diante de um mundo novo, muito menos ocupado, que começaram a conquistar. Ao longo das primeiras dezenas de milhões de anos do Jurássico, os dinossauros se diversificaram em uma cadeia alucinante de novas espécies.

Subgrupos inteiramente novos se originaram, alguns dos quais persistiriam por mais 130 milhões de anos. Eles se tornaram maiores e se espalharam pelo globo, colonizando áreas úmidas, desertos e tudo mais entre uma coisa e outra. Na metade do Jurássico, os principais tipos de dinossauros já podiam ser vistos por todo o mundo. A imagem quintessencial mais comum nas exibições de museus e nos livros infantis fazia parte da realidade: de um lado, dinossauros esbravejando pela terra, no topo da cadeia alimentar, ferozes carnívoros entre gigantes de pescoço comprido e herbívoros com armadura e placas; de outro, pequenos mamíferos, lagartos, sapos e outros não dinossauros abaixando-se de medo.

Eis alguns dos dinossauros mais conhecidos que começaram a surgir depois que os vulcões da divisão da Pangeia trouxeram o Jurássico. Havia terópodes carnívoros como os *Dilophosaurus*, com uma esquisita dupla crista no estilo moicano; com cerca de 6 metros de comprimento, era muito maior do que o *Coelophysis*, este do tamanho de uma mula, e do que a maioria dos outros carnívoros do Triássico. Ornitísquios com armaduras, como o *Scelidosaurus* e o *Scutellosaurus*, logo dariam origem aos familiares anquilossauros, com sua estrutura de tanques, e aos estegossauros, com placas no dorso. Ornitísquios pequenos, rápidos e provavelmente onívoros, como o *Heterodontosaurus* e o *Lesothosaurus*, estiveram entre os primeiros membros da linhagem que mais tarde produziria os dinossauros com chifres e bicos de pato. Outros dinossauros familiares que já existiam no Triássico, mas que estavam restritos a apenas alguns ambientes, como os prossaurópodes de pescoço comprido e os ornitísquios mais primitivos, começaram a migrar por todo o planeta.

Nada nesse inventário de diversidade crescente exemplifica o novo domínio dos dinossauros como os saurópodes. Estamos falando das inconfundíveis bestas barrigudas de pescoço comprido, membros colunares, cérebro pequeno e devoradoras de plantas. Alguns dos dinossauros mais famosos dos saurópodes são: os *Brontosaurus*, os *Brachiosaurus* e os *Diplodocus*. Eles estão em quase todas as exibições de museus e são os astros de *Jurassic Park*; Fred Flintstone usava um para minerar ardósia, e um saurópode verde é o logotipo da Standard Oil há décadas. Junto com o *T. rex*, eles são os dinossauros icônicos.

OS DINOSSAUROS SE TORNAM DOMINANTES

Os saurópodes se desenvolveram de um grupo ancestral, que venho chamando de prossaurópodes, no final do Triássico. Essas protoespécies eram herbívoros de um tamanho que variava entre o do cachorro e o da girafa, com pescoço bem longo, e estiveram entre a primeira onda de dinossauros a terem aparecido em Ischigualasto, cerca de 230 milhões de anos atrás. Depois, eles se tornaram os principais herbívoros das partes úmidas da Pangeia do Triássico, mas não conseguiram alcançar todo o seu potencial por causa de sua incapacidade de habitar desertos. Isso mudou na primeira parte do Jurássico, quando os saurópodes conseguiram se libertar de suas restrições ambientais e transitar pelo globo, com o desenvolvimento de seus característicos corpos com pescoço de macarrão e alcançando tamanhos monstruosos nesse processo.

Fósseis de saurópodes realmente gigantes — que pesavam mais de 10 toneladas, tinham mais de 15 metros de comprimento e pescoço capaz de se erguer muitos andares até o céu — começaram a aparecer na Escócia nas últimas décadas, em uma bela ilha na costa oeste chamada Ilha de Skye. Os vestígios não têm sido muitos — um grande osso de algum membro aqui, um dente ou a vértebra de uma cauda ali —, mas apontam para um animal de tamanho gigantesco que teria vivido há cerca de 170 milhões de anos, num ponto tão avançado do Jurássico que a separação da Pangeia e o apocalipse vulcânico não passavam de memórias distantes, mas ainda durante aquele tempo em que os dinossauros colocavam os últimos floreios à sua ascensão ao domínio.

Os fósseis de saurópodes de Skye chamaram minha atenção quando me mudei para a Escócia em 2013 para assumir meu novo posto na Universidade de Edimburgo, logo depois de ter obtido meu Ph.D. em Nova York e animado por estar estabelecendo meu próprio laboratório de pesquisa. Nas primeiras semanas de trabalho, fiz amizade com dois cientistas do meu departamento: Mark Wilkinson, um geólogo de campo experiente cujo rabo de cavalo e barba desleixada lhe davam a aparência de um hippie, e Tom Challands, um ruivo forte que também tinha doutorado em Paleontologia, embora em fósseis microscópicos de mais de 400 milhões de anos atrás. Tom recentemente concluíra um breve período no mundo real, aplicando seus talentos biológicos em uma companhia energética à procura de petróleo. Durante parte daquele tempo, ele vivia em um trailer para camping personalizado, com uma cama e uma cozinha pequena, que estacionava em qualquer sítio que estivesse explorando. Sua noiva vetou esse estilo de vida logo depois do casamento, mas o trailer continuava sendo útil para o trabalho de campo, e Tom com frequência passava seus finais de semana dirigindo pelo litoral brumoso da Escócia à procura de qualquer fóssil que conseguisse encontrar. Tanto Tom quanto Mark haviam feito algum trabalho geológico em Skye e conheciam bem o terreno, então fizemos o pacto de caçar fósseis dos misteriosos saurópodes gigantes.

Quanto mais líamos sobre Skye, mais um nome saltava aos nossos olhos: Dugald Ross. Era um nome que eu não conhecia. Ele não era paleontólogo nem geólogo, ou sequer um cientista de qualquer tipo. No entanto, ele descobrira e descrevera muitos dos fósseis de dinossauros encontrados em Skye. Dugald era um rapaz local que cresceu no pequeno vilarejo de Ellishadder, no extremo nordeste da ilha, uma paisagem acidentada de picos escarpados, montanhas verdejantes, riachos coloridos por musgos e praias varridas pelo vento, parecendo algo saído de um romance de fantasia — muito tolkienesco. Ele foi criado em uma família que falava gaélico, a língua nativa das Terras Altas, hoje falada por apenas cerca de 50 mil pessoas, mas ainda com uma presença nas placas de trânsito e nas escolas de ilhas remotas como Skye. Quando Dugald tinha 15 anos, ele encontrou um depósito de pontas de flecha e artefatos da Era do Bronze perto da casa de sua família, o que despertou uma obsessão pela história de sua ilha nativa que continuou até sua vida adulta, quando ele começou a perseguir uma carreira de construtor e arrendatário (um termo comum nas Terras Altas para designar um pequeno fazendeiro e pastor de ovelhas).

Entrei em contato com Dugald e lhe contei sobre nossos sonhos de encontrar dinossauros gigantes na ilha. Foi um dos e-mails de mais sucesso que já enviei, pois representou o início de uma amizade e de uma colaboração científica notável. Dugald — ou Dugie, como ele prefere ser chamado — convidou-nos para visitá-lo quando fôssemos à ilha alguns meses depois. Ele nos deu instruções para subir uma estrada de duas faixas que serpenteia ao longo da costa da região nordeste de Skye e encontrá-lo em uma construção comprida no estilo rancho, feita de uma colagem de pedras cinza de diferentes tamanhos e um telhado de telhas pretas, com instrumentos agrícolas antigos espalhados pelo gramado. Havia uma placa na frente que dizia TAIGH-TASGAIDH — o termo em gaélico para museu. Dugie saiu de sua imensa van de trabalho vermelha com um conjunto de chaves mestras gigantes, apresentou-se e nos convidou orgulhosamente a entrar. No seu suave sotaque lírico — uma combinação charmosa de escocês no estilo Sean Connery e irlandês —, ele explicou como havia pegado as ruínas de uma escola de um cômodo e construído a estrutura em que nos encontrávamos, o Museu Staffin. Ele fundou o museu aos 19 anos. Hoje, essa construção de um único ambiente — sem lanchonete, lojas grandes de souvenires ou outros supérfluos caros dos museus das grandes cidades, e sequer eletricidade — contém muitos dos dinossauros que ele encontrou em Skye, além de artefatos que remontam à história dos habitantes humanos da ilha. É uma experiência surreal: grandes ossos de dinossauros e pegadas ao lado de antigas rodas d'água, varas de ferro para colher nabo e armadilhas para toupeira outrora usadas por fazendeiros das Terras Altas.

Ao longo daquela semana, Dugie nos levou até muitas das suas áreas de caça favoritas. Encontramos muitos fósseis do Jurássico — a mandíbula de um crocodilo do tamanho de um cachorro, os dentes e espinhas dorsais de répteis chamados ictiossauros, que lembravam golfinhos e viviam nos oceanos quando os dinossauros começaram a dominar a terra —, mas nenhum saurópode gigante. Nos anos seguintes, continuamos voltando.

Finalmente, na primavera de 2015, encontramos o que estávamos procurando, embora não tivéssemos percebido a princípio. Passamos a maior parte do dia de gatinhas, procurando dentes e escamas de peixes em uma plataforma de rochas jurássicas que se estendia até as águas geladas do Atlântico Norte, logo abaixo das ruínas de um castelo do século XIV. Foi ideia de Tom: ele agora estuda fósseis de peixes, e, em troca de sua ajuda na caça aos dinossauros, prometi ajudá-lo a coletar fragmentos de peixes. Havíamos passado horas apertando os olhos diante das rochas, protegidos por três camadas de roupa impermeável, mas ainda congelando. A maré estava subindo, a luz de fim de tarde estava sumindo e a hora do jantar estava próxima. Assim, Tom e eu recolhemos nossos equipamentos e bolsas com dentes de peixes e começamos a caminhar de volta à sua van customizada, estacionada do outro lado da praia. Foi então que algo chamou nossa atenção. Era uma depressão rochosa malformada, aproximadamente do tamanho de um pneu de carro. Não a víramos antes porque nossos olhos estavam focados nos ossos de peixes, muito menores, nosso escopo de pesquisa completamente inadequado para identificar algo tão grande.

Enquanto continuávamos caminhando, começamos a observar muitas outras depressões parecidas, agora visíveis sob o ângulo menor da luz do cair da tarde. Elas eram mais ou menos do mesmo tamanho, e quanto mais de perto olhávamos, mais víamos que se estendiam em todos os sentidos ao nosso redor. Elas pareciam demonstrar um padrão. Buracos individuais alinhavam-se em duas colunas compridas, em algo como um arranjo em zigue-zague: esquerda-direita, esquerda-direita, esquerda-direita. Feixes deles cruzavam grande parte da plataforma rochosa onde havíamos passado o dia inteiro trabalhando.

Tom e eu nos entreolhamos. Era o tipo de olhar cúmplice entre irmãos, uma conexão tácita baseada em anos de experiência compartilhada. Já havíamos visto esse tipo de coisa, não na Escócia, mas em lugares como Espanha e oeste da América do Norte. Nós sabíamos o que eram.

Os buracos diante de nós eram pegadas fossilizadas, imensas, pegadas de dinossauro, sem dúvida. Ao olharmos mais de perto, pudemos ver que havia pegadas de membros dianteiros e traseiros, e algumas tinham marcas de dedos. Elas tinham a forma reveladora das pegadas deixadas por saurópodes. Havíamos encontrado uma pista de dança de dinossauros de 170 milhões de anos, registros deixados por saurópodes colossais, que mediam cerca de 15 metros de comprimento e pesavam o equivalente a três elefantes.

As pegadas foram deixadas em uma lagoa antiga, um ambiente que não costuma ser associado aos saurópodes. Nós geralmente imaginamos esses dinossauros monstruosos caminhando terra afora, causando pequenos terremotos a cada passo. E era o que acontecia. Mas, por volta da metade do Jurássico, os saurópodes haviam se diversificado tanto que começaram a se espalhar para outros ecossistemas, sempre em busca de grandes quantidades dos alimentos folhosos necessários para abastecer seus corpos gigantes. Nosso sítio de pegadas em Skye tem pelo menos três camadas diferentes de pegadas, deixadas por gerações diferentes de saurópodes que transitavam por uma lagoa salgada, convivendo com dinossauros herbívoros menores, ocasionais carnívoros do tamanho de picapes e muitos outros tipos de crocodilos, lagartos e mamíferos aquáticos com caudas chatas como castores. A Escócia era muito mais quente na época, uma terra de pântanos, praias e rios caudalosos em uma ilha no meio do Oceano Atlântico em crescimento, empoleirada entre a América do Norte e as porções de terra europeias que foram se afastando cada vez mais à medida que a Pangeia continuava se separando. Governavam absolutos essa terra os saurópodes e outros dinossauros, que agora — enfim — se tornam um fenômeno global.

NÃO HÁ REALMENTE um modo melhor de dizer: os saurópodes que deixaram suas marcas naquela antiga lagoa escocesa eram criaturas incríveis. Incríveis no verdadeiro sentido da palavra — impressionantes, assustadoras, inspiradoras de respeito. Se me dessem uma folha de papel em branco e uma caneta, e me dissessem para criar um animal mítico, minha imaginação jamais poderia chegar aos pés do que a evolução criou com os saurópodes. Mas eles eram reais: nasciam, cresciam, movimentavam-se e respiravam, escondiam-se de predadores, dormiam, deixavam pegadas e morriam. E não há absolutamente nada como os saurópodes na atualidade — nenhum animal com seu pescoço comprido e seu abdome avantajado, nenhuma criatura na face da Terra que se aproxime sequer remotamente em tamanho.

Os saurópodes são tão inacreditavelmente grandes que, quando seus primeiros ossos fossilizados foram descobertos nos anos 1820, os cientistas não sabiam o que pensar. Alguns dos primeiros dinossauros estavam sendo encontrados por volta da mesma época, entre os quais o carnívoro *Megalosaurus* e o herbívoro com bico *Iguanodon*. Eles eram animais grandes, sem dúvida, mas não chegavam nem perto do tamanho das criaturas que deixaram os gigantescos ossos saurópodes. Portanto, os cientistas não fizeram uma conexão com os dinossauros. Em vez disso, concluíram que os ossos dos saurópodes pertenciam ao único tipo de coisa que sabiam que podia ser tão grande: baleias. Demorou algumas décadas para que o erro pudesse ser corrigido. Surpreendentemente, descobertas posteriores mostrariam que muitos saurópodes podiam ser maiores ainda do que a maioria das baleias. Eles foram os maiores animais a já terem caminhado em terra, e desafiam os limites do que a evolução pode alcançar.

Isso levanta uma questão que tem fascinando os paleontólogos por mais de um século: como os saurópodes ficaram tão grandes?

É uma das principais charadas da paleontologia. Mas, antes de tentar resolvê-la, primeiro precisamos solucionar uma questão mais fundamental: o quão grandes os saurópodes ficaram? O quão compridos eram, até onde conseguiam esticar o pescoço e, o mais importante, quanto pesavam? São perguntas difíceis de responder, em particular no que diz respeito ao peso, pois não podemos colocar um dinossauro em uma balança e pesá-lo. Um segredo da profissão entre os paleontólogos é que muitos dos números fantásticos que vemos em livros e exibições de museus — o *Brontosaurus* pesava 100 toneladas e era maior do que um avião! — são em sua maior parte inventados. Trata-se de palpites educados, e, em alguns casos, não chegam sequer a isso. Recentemente, contudo, os paleontólogos instituíram duas abordagens diferentes para apreciar com mais precisão o peso de um dinossauro com base nos seus ossos fossilizados.

A primeira é muito simples e usa a física elementar: animais mais pesados requerem ossos mais fortes nos membros a fim de que estes possam suportar seu peso. Esse princípio lógico é refletido na estrutura dos animais. Os cientistas mediram os ossos dos membros de muitos seres vivos, e a espessura do osso principal de cada membro que serve para suportar o peso do animal — o fêmur (osso da coxa) para os bípedes ou o fêmur e o úmero (do braço) para os quadrúpedes — está estatisticamente muito relacionada ao peso do animal. Em outras palavras, há uma equação básica que funciona para quase todos os seres vivos: podemos medir a espessura do osso do membro e depois calcular o peso corporal com uma pequena, mas reconhecida, margem de erro — álgebra simples com uma calculadora básica.

O segundo método é mais trabalhoso, mas muito mais interessante. Os cientistas estão começando a construir modelos digitais tridimensionais dos esqueletos de dinossauros, adicionando a pele, os músculos e os órgãos internos em software de animação e usando programas computacionais para calcular o peso corporal. É um método pioneiro desenvolvido por um grupo de jovens paleontólogos britânicos — Karl Bates, Charlotte Brassey, Peter Falkingham e Susie Maidment — e sua rede de colaboradores, que inclui desde biólogos especializados em seres vivos a cientistas da computação e programadores.

Alguns anos atrás, quando eu estava concluindo o meu Ph.D., Karl e Peter me convidaram para participar de um estudo sobre o tamanho e as proporções do corpo do saurópode com o uso de modelos digitais. Era uma meta ambiciosa: produzir animações computacionais detalhadas de todos os saurópodes com esqueletos completos o suficiente e descobrir qual era o tamanho desses animais e como seus corpos mudavam à medida que cresciam para alcançar tamanhos verdadeiramente titânicos. Fui convidado por razões puramente práticas: alguns dos melhores esqueletos de saurópodes do mundo estão em exibição no Museu Americano de História Natural, em Nova York, onde eu morava na época, e eles precisavam de dados para uma espécie em particular do Jurássico Superior chamada *Barosaurus*. Eles me instruíram como coletar informações para a construção do modelo, e fiquei surpreso ao saber que só precisava de uma câmera digital comum, um tripé e uma escala gráfica. Fiz cerca de cem fotos do esqueleto do *Barosaurus*, tiradas de todos os ângulos possíveis, mantendo minha câmera fixa no tripé e me certificando de incluir uma régua na maioria das imagens. Depois, Karl e Peter inseriam as imagens em um programa de computador que combina pontos equivalentes nas fotos, calcula as distâncias entre eles com base na escala e faz isso repetidamente até obter um modelo tridimensional a partir das imagens originais em 2D.

A técnica se chama fotogrametria e é revolucionária no estudo dos dinossauros. Os modelos superprecisos que ela cria podem ser medidos com detalhes acurados. Ou podem ser carregados em um software de animação para correr e pular, a fim de determinar de que tipos de movimentos e comportamentos os dinossauros eram capazes. Eles podem ser usados até mesmo para animações em filmes e documentários para a televisão, garantindo os dinossauros mais realistas para a tela. Esses modelos estão trazendo dinossauros à vida.

Nossa modelagem computacional e estudos mais tradicionais baseados em medidas de ossos de membros nos levam à mesma conclusão: os dinossauros saurópodes eram muito, muito grandes. Prossaurópodes primitivos como o *Plateosaurus* começaram a experimentar tamanhos relativamente grandes no Triássico, com alguns alcançando até cerca de 2 ou 3 toneladas de peso. Isso é aproximadamente equivalente a uma ou duas girafas. Porém, depois que a Pangeia começou a se dividir, os vulcões entraram em erupção e o Triássico virou Jurássico, os verdadeiros saurópodes ficaram muito maiores. Os que deixaram as pegadas na lagoa escocesa pesavam aproximadamente de 10 a 20 toneladas, e mais tarde, no Jurássico, bestas famosas como o *Brontosaurus* e o *Brachiosaurus* alcançaram mais de 30 toneladas. Mas isso não é nada se comparado a espécies supergrandes do Cretáceo, como o *Dreadnoughtus*, o *Patagotitan* e o *Argentinosaurus* — membros de um subgrupo muito apropriadamente batizado de titanossauros —, que pesavam mais de 50 toneladas, mais do que um Boeing 737.

Os maiores e mais pesados animais que vivem em terra hoje são os elefantes. Seus tamanhos variam, dependendo de onde vivem e da espécie a que pertencem, mas a maioria pesa cerca de 5 ou 6 toneladas. Aparentemente, o maior já registrado pesava por volta de 11 toneladas. Eles não chegam nem perto dos saurópodes. O que nos leva de volta à pergunta de um milhão de dólares: como esses dinossauros conseguiram alcançar tamanhos tão incompatíveis com qualquer outra coisa que a evolução tenha produzido?

A primeira coisa a ser considerada é o que é necessário para que os animais se tornem realmente grandes. Talvez o mais óbvio, eles precisam

OS DINOSSAUROS SE TORNAM DOMINANTES

de muita comida. Com base nos seus tamanhos e na qualidade nutricional dos gêneros alimentícios mais comuns do Jurássico, estima-se que um saurópode grande como o *Brontosaurus* provavelmente precisava comer por volta de 45 quilos de folhas, caules e ramos por dia, talvez até mais. Assim, eles precisavam coletar e digerir essas vastas quantidades de rango. Em segundo lugar, eles precisavam crescer rápido. Não há nenhum problema em se crescer pouco a pouco, ano a ano, mas se levar mais de um século para ficar grande, isso é o equivalente a muitas oportunidades para que um predador devore você, ou uma árvore caia em cima de você durante uma tempestade, ou uma doença o leve muito antes de você alcançar seu tamanho completo de adulto. Terceiro, eles precisavam respirar com muita eficiência para poderem absorver oxigênio o suficiente a fim de alimentar todas as reações metabólicas em seus organismos gigantescos. Quarto, eles precisavam ter uma estrutura de modo que seu esqueleto fosse forte e robusto, mas não tão volumoso a ponto de não poderem se movimentar. Por fim, eles precisavam eliminar o calor excessivo do corpo, porque no clima quente é muito fácil para uma criatura grande superaquecer e morrer.

Os saurópodes provavelmente eram capazes de tudo isso. Mas como? Muitos dos cientistas que começaram a pensar nessa charada décadas atrás optaram pela resposta mais fácil: talvez houvesse algo diferente no ambiente físico do Triássico, do Jurássico e do Cretáceo. Talvez a gravidade fosse menor, de modo que animais corpulentos pudessem se movimentar e crescer com mais facilidade. Ou talvez houvesse mais oxigênio na atmosfera, de modo que os desajeitados saurópodes pudessem respirar e, assim, ter um crescimento e um metabolismo mais eficientes. Essas especulações podem parecer convincentes, mas, com uma análise mais cuidadosa, elas não conferem. Não há evidências de que a gravidade tenha sido substancialmente diferente na Era dos Dinossauros, e os níveis de oxigênio nesse período ficavam em torno dos mesmos de hoje, ou talvez menores.

Isso só nos deixa uma explicação plausível: havia algo intrínseco aos saurópodes que lhes permitia quebrar as algemas que restringiam todos os animais terrestres — mamíferos, répteis, anfíbios e até outros dinossauros — a tamanhos muito menores. A chave parece estar em sua estrutura física única, uma mistura de características que se desenvolveram gradualmente durante o Triássico e o início do Jurássico, culminando em um animal perfeitamente adaptado para prosperar com um tamanho tão grande.

Tudo começa pelo pescoço. O pescoço fino, comprido, uma verdadeira mola, provavelmente é a característica mais distintiva dos saurópodes. Um pescoço mais longo do que o normal começou a se desenvolver entre os prossaurópodes mais antigos do Triássico, e foi ficando proporcionalmente mais comprido com o tempo, à medida que os saurópodes ganhavam mais vértebras — os ossos individuais do pescoço — e esticavam cada vértebra individual. Como a armadura do Homem de Ferro, os pescoços compridos lhes deram um tipo de superpoder: permitiram que os saurópodes alcançassem pontos mais elevados das copas das árvores do que outros herbívoros, conferindo-lhes acesso a uma fonte completamente nova de alimento. Eles também podiam ficar parados por horas em uma área e esticar pescoço para cima, para baixo e em todas as direções como guindastes, engolindo plantas e gastando pouquíssima energia. Isso significa que eles conseguiam comer mais e, portanto, absorver energia com mais eficiência do que a concorrência. Eis a vantagem adaptativa número um: pescoço lhes permitia comer as enormes refeições necessárias para ganhar um peso excessivo.

Em seguida, está a forma como cresciam. Lembremos que os ancestrais dinossauromorfos dos dinossauros desenvolveram metabolismos mais eficientes, ritmos de crescimento mais rápidos e um estilo mais ativo de vida do que muitos dos anfíbios e répteis que também estavam se diversificando no início do Triássico. Não eram letárgicos e não precisavam de eternidades para chegar à vida adulta como um iguana ou um crocodilo. Isso se aplica a todos os seus descendentes dinossauros. Estudos sobre o crescimento ósseo indicam que a maioria dos saurópodes amadurecia de filhotes do tamanho de um porquinho-da-índia a adultos do tamanho de aviões em apenas trinta ou quarenta anos, um período incrivelmente curto de tempo para uma metamorfose tão notável. Eis a segunda vantagem: os saurópodes herdaram o crescimento rápido essencial para alcançar um tamanho grande de seus distantes ancestrais do tamanho de gatos.

Os saurópodes também mantiveram mais uma coisa de seus ancestrais do Triássico: um pulmão extremamente eficiente. Os pulmões dos saurópodes eram muito semelhantes aos das aves e muito diferentes dos nossos. Enquanto os mamíferos têm um pulmão simples que inspira oxigênio e expira dióxido de carbono em um ciclo, as aves têm o que chamamos de pulmão unidirecional: o ar flui em apenas uma direção, e o oxigênio é extraído tanto durante a inalação quanto durante a exalação. O pulmão das aves é bastante eficiente, sugando oxigênio a cada inspiração e expiração. É uma característica fantástica da engenharia biológica, possibilitada por uma série de sacos aéreos semelhantes a balões conectados ao pulmão, que armazenam o ar rico em oxigênio obtido durante a inalação, a fim de que ele possa ser transferido através do pulmão durante a exalação. Não se preocupe se parece confuso: é um pulmão tão estranho que levou muitas décadas para que os biólogos descobrissem como funciona.

Sabemos que os saurópodes possuíam esse pulmão parecido com o das aves porque muitos ossos da cavidade torácica, chamados ossos pneumáticos, têm grandes aberturas onde os sacos se estendem profundamente. São exatamente as mesmas estruturas encontradas nas aves modernas, e só podem ser compostas de sacos aéreos. Portanto, eis a terceira adaptação: os saurópodes possuíam pulmões ultraeficientes capazes de absorver oxigênio suficiente para alimentar o metabolismo de criaturas gigantes. Os dinossauros terópodes tinham os mesmos pulmões no estilo das aves, o que pode ter sido um dos fatores que permitiram que tiranossauros e outros caçadores gigantes ficassem tão grandes, enquanto o mesmo não aconteceu com os dinossauros ornitísquios. É por isso que os dinossauros com bicos, os estegossauros, as espécies com chifres e os dinossauros com armaduras nunca conseguiram ficar tão grandes quanto os saurópodes.

Acontece que os sacos aéreos também têm outra função. Além de armazenar ar no ciclo de respiração, eles também tornam o esqueleto mais leve ao invadirem a estrutura óssea. Com efeito, eles deixam o osso oco, de modo que ele continua tendo uma casca forte, mas ficam muito menos pesados, da mesma maneira que uma bola de basquete cheia de ar é mais leve do que uma rocha do mesmo tamanho. Quer saber por que os saurópodes podiam erguer o pescoço sem tombar como uma gangorra desequilibrada? Porque as vértebras estavam tão cheias de sacos de ar que pesavam pouco mais do que favos de mel ou penas, mas ainda assim eram fortes. Eis a quarta vantagem: os sacos aéreos permitiam que os saurópodes tivessem um esqueleto ao mesmo tempo forte e leve o suficiente para se movimentarem. Sem sacos aéreos, mamíferos, lagartos e dinossauros ornitísquios não tiveram a mesma sorte.

E quanto à quinta adaptação especial, o fato de serem capazes de expelir o calor em excesso do corpo? Os pulmões e sacos aéreos também ajudavam nisso. Havia tantos sacos aéreos, e eles se estendiam por uma parte tão grande do corpo, serpenteando entre ossos e órgãos internos, que ofereciam uma grande superfície para a dissipação de calor. Cada inspiração de ar quente podia ser resfriada por esse sistema de ar-condicionado central.

Para resumir, é assim que se constrói um dinossauro supergigante. Se os saurópodes não tivessem pelo menos uma dessas características — o pescoço comprido, o crescimento rápido, o pulmão eficiente, o sistema de esqueleto leve e os sacos aéreos que resfriavam o corpo —, eles provavelmente não teriam sido capazes de alcançar tamanhos tão grandes. Não teria sido biologicamente possível. Mas a evolução juntou todas as peças, encaixou-as na ordem certa, e quando o kit estava finalmente montado no mundo pós-vulcânico do Jurássico, os saurópodes de repente se viram capazes de fazer algo que nenhum outro animal, nem antes nem desde então, conseguiu fazer. Eles se tornaram biblicamente imensos e ocuparam o mundo inteiro; tornaram-se dominantes da forma mais magnífica — e continuariam dominantes por outros 100 milhões de anos.

4

OS DINOSSAUROS E A SEPARAÇÃO DOS CONTINENTES

ANINHADO NAS RUAS ARBORIZADAS DE New Haven, Connecticut, na extremidade norte do campus da Universidade de Yale, há um templo. O Grande Salão dos Dinossauros do Museu Peabody de Yale pode não se intitular um local de peregrinação espiritual, mas sem dúvida é o que é para mim. Sinto um calafrio, como se fosse um menino entrando em uma missa católica. Não é um templo comum — não há estátuas de deidades, velas tremeluzentes ou qualquer vestígio de incenso. Tampouco é particularmente magnífico, pelo menos do lado de fora, enfiado em um prédio genérico, em nada diferente dos prédios das salas de aula da universidade. Mas ele abriga relíquias que, para mim, são tão sagradas como as que encontramos em qualquer templo religioso: dinossauros. Para mim, não há lugar melhor, em nenhuma parte do planeta, para mergulhar nas maravilhas do mundo pré-histórico.

O Grande Salão foi construído originalmente na década de 1920 para abrigar a incomparável coleção de dinossauros de Yale, reunida ao longo de muitas décadas por homens durões que cruzavam o oeste americano e, pelo preço certo, mandavam tesouros em fósseis para serem estudados no leste pela elite da Ivy League. Aproximando-se de seu centésimo aniversário, a galeria conserva todo o seu charme original. Esse não é um espaço de exibição da Nova Era com telas de computadores piscando, hologramas de dinossauros e uma trilha sonora de rugidos ao fundo. É um templo da ciência, onde os esqueletos de alguns dos dinossauros mais icônicos erguem-se em vigília solene, as luzes baixas, imersos no tipo de silêncio que de fato esperamos em uma igreja.

Um mural de mais de 30 metros de comprimento e quase 5 metros de altura cobre toda a parede leste. Tendo levado quatro anos e meio para ser concluído, foi pintado por um homem chamado Rudolph Zallinger, que nasceu na Sibéria, mudou-se para os Estados Unidos e assumiu a ilustração como profissão durante a Grande Depressão. Se estivesse vivo hoje, Zallinger provavelmente estaria trabalhando para um estúdio de animação como profissional de storyboard. Ele era um mestre em criar cenários e incorporar diversos grupos de personagens, contando histórias grandiosas com suas pinceladas. Seu trabalho mais famoso sem dúvida é *The March of Progress* [A Marcha do Progresso] — aquela linha do tempo com frequência satirizada da evolução humana em que macacos vão gradualmente se transformando para se tornar um homem com lança em punho. Mais pessoas provavelmente passaram a entender — ou entender mal — a teoria da evolução através daquela única imagem do que de todos os livros didáticos, aulas na escola e exibições de museu no mundo inteiro.

Mas antes de pintar humanos, Zallinger era obcecado por dinossauros. Seu mural no interior do Grande Salão — chamado *The Age of Reptiles* [A Era dos Répteis] — é a realização máxima daquele estágio de sua carreira. Ele foi exibido em cartões-postais americanos, apareceu em uma série da revista *Life* e foi reproduzido ou plagiado em todos os tipos de parafernália relacionada a dinossauros. Ele é a Mona Lisa da paleontologia, sem sombra de dúvida a peça mais comentada de arte relacionada aos dinossauros já criada. Mas, na verdade, está mais à altura da Tapeçaria de Bayeux, pois narra um conto épico de conquista. É a saga de como criaturas aquáticas saíram para a terra, colonizaram um novo ambiente e se diversificaram para répteis e anfíbios; depois, de como esses répteis se dividiram em linhas de mamíferos e lagartos, os protomamíferos tendo sua fase seguida pela dos lagartos, e no final das contas produzindo os dinossauros.

Conforme o mural se aproxima do final, cerca de 18 metros e 240 milhões de anos do ponto de partida, após uma longa jornada através de cenários estranhos de criaturas primitivas escamosas, a pintura finalmente é dominada por dinossauros. Ela avança, desenrolando-se diante dos seus olhos, à medida que a transição dos lagartos e protomamíferos para os dinossauros se dá gradualmente ao longo da tela. Agora, há dinossauros por todos os lados, de todas as formas e tamanhos, alguns imensos e outros se confundindo com o fundo. De repente, o mural adquire uma atmosfera bem diferente — a mesma de um cartaz de propaganda soviética, com Stalin gesticulando diante de uma multidão de camponeses, ou de um daqueles hilários afrescos soberbos dos pa-

OS DINOSSAUROS E A SEPARAÇÃO DOS CONTINENTES

lácios de Saddam. Basta olhar para os dinossauros, e eu sinto o poder. Força, controle, domínio. Os dinossauros estavam no comando, e este era o seu mundo.

Essa parte do mural de Zallinger transmite belamente como era quando os dinossauros haviam alcançado o pico do sucesso evolucionário. Um monstruoso *Brontosaurus* relaxa em um pântano em primeiro plano, mastigando samambaias e árvores perenes em torno da água. Mais ao lado, um *Allosaurus* do tamanho de um ônibus rasga uma carcaça ensanguentada com os dentes e garras, seus pés maciços sobre a presa para humilhá-la ainda mais. Mantendo distância por segurança, um pacífico *Stegosaurus* pasta, exibindo um arsenal completo de armadura e placas ósseas só para o caso de o carnívoro ter outras ideias. Bem ao fundo, onde o pântano desaparece em uma cordilheira coberta por neve, outro saurópode usa seu pescoço comprido para comer plantas rasteiras. Enquanto isso, dois pterossauros — aqueles répteis voadores que são parentes próximos dos dinossauros e que costumam ser chamados de pterodáctilos — sobrevoam os outros logo acima, no céu azul tranquilo.

É essa imagem que nos vem à mente quando pensamos em dinossauros. É o ápice dos dinossauros.

O MURAL DE Zallinger não é ficção. Como qualquer boa arte, toma algumas liberdades aqui e ali, mas, em sua maior parte, é baseado em fatos. Baseia-se nos mesmos dinossauros que ficam em frente a ele no Grande Salão: nomes familiares como *Brontosaurus, Stegosaurus* e *Allosaurus*. Esses dinossauros viveram durante o Período Jurássico Superior, cerca de 150 milhões de anos atrás. Nessa época, os dinossauros já haviam se tornado a força dominante em terra. Sua vitória sobre os pseudosuchias já estava 50 milhões de anos no retrovisor, e já fazia pelo menos 20 milhões de anos desde que algumas das espécies gigantes de pescoço comprido se esbaldavam nas lagoas da Escócia. Não havia mais nada no caminho dos dinossauros.

Sabemos muito sobre os dinossauros do Jurássico Superior. Isso porque existe uma abundância de fósseis desse período em muitas partes do mundo. É simplesmente uma peculiaridade da geologia: alguns períodos têm uma representação melhor nos registros fósseis do que outros. Geralmente, isso se deve ao fato de um número maior de rochas ter se formado durante o período em questão, ou de as rochas de tal período terem sobrevivido melhor aos rigores da erosão, das enchentes, das erupções vulcânicas e de todas as outras forças que conspiram para dificultar a descoberta de fósseis. Quando se trata do Jurássico Superior, temos duas vantagens. Em primeiro lugar, havia comunidades extremamente diversas de dinossauros convivendo nos rios, lagos e mares do mundo inteiro — lugares perfeitos para enterrar fósseis em sedimentos que mais tarde se transformaram em rochas. Em segundo lugar, essas rochas hoje estão expostas em lugares convenientes para os paleontólogos — em regiões esparsamente povoadas e secas dos Estados Unidos, China, Portugal e Tanzânia, onde obstáculos como prédios, estradas, florestas, lagos, rios e oceanos não cobrem os tesouros de fósseis.

Os mais famosos dinossauros do Jurássico Superior — os do mural de Zallinger — vêm de um depósito espesso de rochas protuberantes em toda a região oeste dos Estados Unidos. Seu termo técnico é Formação Morrison, batizada por causa de uma cidadezinha no Colorado onde há algumas belas exposições de seus coloridos lamitos e arenitos tingidos de bege. A Formação Morrison é um monstro: hoje, encontra-se em treze estados, cobrindo quase 1 milhão de km² do cerrado americano. Está esculpida em montes e ondulantes terras áridas, o tipo de pano de fundo clássico dos filmes de Western. Também é uma fonte rochosa dos depósitos de urânio. E, sim, é uma mina de dinossauros, cujos ossos impregnados com urânio fazem os contadores Geiger cantarem.

Trabalhei na Formação Morrison por dois verões quando cursava a faculdade. Foi onde obtive experiência na escavação de esqueletos de dinossauros. Eu era um aprendiz no laboratório de Paul Sereno da Universidade de Chicago, que encontramos anteriormente liderando as expedições à Argentina que renderam alguns dos dinossauros mais antigos do mundo, *Herrerasaurus*, *Eoraptor* e *Eodromaeus*, do Triássico.

OS DINOSSAUROS E A SEPARAÇÃO DOS CONTINENTES 111

Mas Paul parecia estudar tudo e fazer trabalho de campo em todos os lugares; ele também havia encontrado dinossauros bizarros de pescoço comprido e que comiam peixes na África; explorado a China e a Austrália; e descrito fósseis importantes de crocodilos, mamíferos e aves.

Além disso, como paleontólogo acadêmico, Paul também precisava passar algum tempo em sala de aula. Todos os anos, ele lecionava uma popular matéria universitária chamada Ciência dos Dinossauros, que combinava teoria e prática. Como não encontramos dinossauros nos arredores de Chicago, a disciplina requeria uma viagem de campo de dez dias todo verão até Wyoming, onde os estudantes tinham a oportunidade única de escavar dinossauros com um cientista que era uma verdadeira celebridade. Embora na época eu tivesse pouca experiência anterior, fui levado como assistente do professor, o braço direito de Paul enquanto guiávamos os estudantes — um grupo muito variado que incluía estudantes do curso preparatório de Medicina a estudantes de Filosofia — pelo deserto.

Os sítios de Paul ficavam localizados perto da cidade minúscula de Shell, ocultos entre as montanhas Bighorn a leste e o Parque Nacional de Yellowstone, 160 quilômetros a oeste. O último censo contou apenas 83 habitantes. Quando estivemos lá em 2005 e 2006, as placas na estrada informavam apenas cinquenta residentes. Mas isso é bom para paleontólogos. Quanto menos pessoas houver no caminho dos fósseis, melhor. E, embora Shell seja um ponto fácil de esquecer no mapa, ela pode se gabar de ser uma das maiores capitais de dinossauros do mundo. É construída sobre a Formação Morrison, cercada por belas colinas, entalhadas em rochas verdes, vermelhas e cinzentas cheias de dinossauros. Tantos dinossauros foram encontrados aqui que é difícil contar, mas provavelmente já foram muito mais de cem dinossauros.

No trajeto de carro de Sheridan até Shell, em uma estrada surpreendentemente traiçoeira pelas escarpadas Bighorns, senti-me seguindo as pegadas de gigantes. Alguns dos maiores dinossauros foram encontrados na região de Shell: saurópodes de pescoço comprido, como o *Brontosaurus* e o *Brachiosaurus*, e carnívoros imensos, como o *Allosaurus*, que comiam os primeiros. Mas também me senti seguindo os rastros de outro tipo de gigantes: os exploradores que encontraram os primeiros ossos nessa área, no século XIX, os ferroviários e trabalhadores que deram início à corrida pelos dinossauros e aproveitaram o momento para se reinventar como colecionadores mercenários de fósseis listados na folha de pagamento de instituições como a Universidade de Yale. Eles eram um grupo desorganizado, valentões do Velho Oeste com chapéus de caubói, bigodes e cabelo revolto, que passavam meses desenterrando ossos gigantes e, durante seu tempo livre, atacando os sítios uns dos outros, constantemente brigando, sabotando, bebendo e atirando. Mas esses personagens improváveis revelaram um mundo pré-histórico cuja existência era completamente desconhecida.

Os primeiros fósseis da Formação Morrison sem dúvida foram observados por muitas tribos nativas americanas espalhadas pelo oeste, mas os primeiros ossos registrados foram coletados por uma expedição de reconhecimento em 1859. Foi em março de 1877 que a diversão começou de verdade. Um trabalhador ferroviário chamado William Reed voltava para casa depois de uma caçada bem-sucedida, com seu rifle e a carcaça de um antilocapra, quando observou alguns ossos imensos despontando em uma longa cordilheira chamada Como Bluff, não muito longe dos trilhos da ferrovia em uma região anônima do sudeste de Wyoming. Ele não sabia, mas, ao mesmo tempo, um estudante universitário chamado Oramel Lucas encontrava ossos semelhantes a algumas centenas de quilômetros ao sul, em Garden Park, Colorado. No mesmo mês, um professor de escola chamado Arthur Lakes acabara de encontrar um lote de fósseis perto de Denver. No final de março, a febre das descobertas espalhava-se por todo o oeste americano, até mesmo para as vilas mais remotas e as ferrovias mais distantes.

Como qualquer febre, o frenesi dos dinossauros atraiu uma horda de personagens questionáveis para o interior de Wyoming e Colorado. Muitos desses homens eram oportunistas grisalhos com uma missão: transformar ossos de dinossauro em dinheiro. Não levou muito tempo para descobrirem quem pagava mais: dois elegantes acadêmicos da costa leste, Edward Drinker Cope, da Filadélfia, e Othniel Charles Marsh, da Universidade de Yale, os mesmos homens que encontramos rapidamente dois capítulos atrás e que estudaram alguns dos primeiros dinossauros do Triássico encontrados no oeste da América do Norte. Antes camaradas, esses dois cientistas haviam deixado o ego e o orgulho virarem uma guerra declarada, tão radioativa que cada um deles estava disposto a fazer tudo para estar sempre um passo à frente do outro em uma batalha insana para ver quem daria nome ao maior número de novos dinossauros. Cope e Marsh também eram oportunistas, e a cada carta de um caubói ou carregador ferroviário reportando novos ossos de dinossauros do deserto de Morrison, eles viam a oportunidade que vinham procurando, mas ainda não haviam conseguido: uma chance de derrotar o outro de uma vez por todas. E os dois estavam dispostos a tudo.

Cope e Marsh tratavam o oeste como um campo de batalha, empregando times rivais que mais pareciam exércitos, coletando fósseis aonde quer que fossem e sabotando o outro lado sempre que possível. A lealdade era inconstante. Lucas trabalhava para Cope, e Lakes aliou-se a Marsh. Reed trabalhava para Marsh, mas os membros de sua equipe bandearam-se para Cope. Pilhagens, saques e subornos eram as regras do jogo. A loucura durou cerca de uma década, e, quando terminou, foi difícil distinguir vencedores de perdedores. Pelo lado positivo, a chamada Guerra dos Ossos levou à descoberta de alguns dos dinossauros mais famosos, aqueles que toda criança conhece: *Allosaurus, Apatosaurus, Brontosaurus, Ceratosaurus, Diplodocus, Stegosaurus* — isso só para citar alguns. Por outro lado, a mentalidade da concorrência constante levou a muita negligência: fósseis escavados de qualquer jeito e estudados às pressas, fragmentos de ossos equivocadamente batizados como novas espécies, pedaços diferentes do esqueleto do mesmo dinossauro atribuídos a animais completamente diferentes.

Guerras não duram para sempre, e, com a virada do século XIX para o XX, a sanidade começou a se estabelecer. Novos dinossauros estavam sendo encontrados por todo o oeste dos Estados Unidos, e a maioria dos principais museus de história do país e muitas universidades importantes tinham equipes trabalhando em algum lugar da Formação Morrison, mas o caos da febre dos dinossauros chegara ao fim. Com menos turbulência, vieram várias descobertas importantes: um cemitério de mais de 120 dinossauros perto da fronteira entre o Colorado e Utah, que mais tarde se tornou o Monumento Nacional dos Dinossauros; um fosso com mais de 10 mil ossos, a maioria pertencente ao superpredador *Allosaurus*, ao sul de Price, Utah, chamado de Pedreira dos Dinossauros de Cleveland-Lloyd; um leito de ossos no Oklahoma Panhandle descoberto por operários rodoviários e escavado por uma equipe de trabalhadores que haviam perdido seus empregos durante a Grande Depressão e ganharam trabalho desenterrando dinossauros com dinheiro do New Deal de Roosevelt; e o sítio próximo a Shell onde Paul Sereno trabalhava agora com a minha assistência e de uma falange de estudantes universitários que pagavam uma taxa gorda pelo privilégio.

Paul já descobriu um bom número de sítios de dinossauros no mundo inteiro, mas a pedreira perto de Shell não é um deles. Foi uma colecionadora local de rochas que registrou a descoberta dos primeiros ossos na área. Em 1932, ela mencionou-os para Barnum Brown, um paleontólogo de Nova York que passava pela cidade. Encontraremos Brown outra vez no próximo capítulo, pois, muito antes em sua carreira, ele descobriu o *Tyrannosaurus rex*. Brown ficou intrigado com a história da colecionadora de rochas e seguiu-a até o rancho desolado de um octogenário chamado Barker Howe, cercado por montanhas com cheiro de sálvia acossadas por onças-pardas e cheias de antilocapras pastando. Brown gostou do que viu e passou ali uma semana. O que ele encontrou era promissor o bastante para convencer a Sinclair Oil a financiar uma expedição em larga escala no verão de 1934 para desenterrar o que hoje é conhecido como Pedreira Howe.

Acabou sendo uma das escavações de dinossauros mais fantásticas de todos os tempos. Assim que a equipe de Brown começou a cavar, não parou de encontrar esqueletos por todos os lados, empilhados uns sobre os outros e espalhados por todas as direções. Mais de vinte esqueletos e 4 mil ossos no total, cobrindo cerca de 280 m², quase o equivalente a uma quadra de basquete. Era tanto material fóssil bruto que levou cerca de seis meses de trabalho diário para que ele fosse escavado; a equipe só partiu na metade de novembro, depois de suportar dois meses de muita neve. Os escavadores encontraram um ecossistema inteiro preservado em rochas: havia herbívoros gigantes de pescoço comprido como o *Diplodocus* e o *Barosaurus*, misturados com *Allosaurus* de dentes afiados e outros herbívoros bípedes chamados *Camptosaurus*. Algo terrível acontecera ali cerca de 155 milhões de anos atrás. Julgando pelos ângulos contorcidos de seus esqueletos, as mortes desses animais não foram nem rápidas nem indolores. Alguns saurópodes foram encontrados de pé, com suas pernas pesadas, eretas como colunas, presas em lama antiga. Parece que esses dinossauros sobreviveram a uma enchente, mas ficaram presos no lodo quando tentaram escapar depois que a água secou.

Brown ficou encantado. Ele chamou o lugar de "uma impressionante arca do tesouro de dinossauros!" e foi com alegria que levou seus dinossauros para Nova York, onde eles se tornaram as joias da coroa do Museu Americano de História Natural. E depois, por muitas décadas, a Pedreira Howe ficou adormecida, até que um colecionador de fósseis da Suíça chamado Kirby Siber chegou a Wyoming no final da década de 1980.

Siber é um paleontólogo comercial: ele escava dinossauros para vender. Isso é um problema para muitos paleontólogos acadêmicos como eu, que veem fósseis como heranças naturais insubstituíveis que deveriam ser protegidas em museus, onde poderiam ser estudadas por pesquisadores e apreciadas pelo público, e não vendidas para quem dá mais. Contudo, há um grande espectro de paleontólogos comerciais, de criminosos que andam armados e exportam fósseis ilegalmente a colecionadores diligentes, conscientes e preparados, cujos conhecimentos e experiência desafiam os acadêmicos. Siber se encaixa nesta última categoria. Na realidade, ele é o arquétipo desse tipo de colecionador. É respeitado pelos pesquisadores e até fundou seu próprio museu de dinossauros a leste de Zurique, chamado Museu Saurier, que possui uma das exibições mais notáveis de dinossauros da Europa.

Siber conseguiu acesso à antiga Pedreira Howe, mas não encontrou muitos dinossauros. A equipe de Brown havia praticamente levado todos. Então, o colecionador suíço começou a vasculhar as ravinas e montes nos arredores à procura de novos sítios. Não demorou muito para encontrar um bom, cerca de 300 metros ao norte da pedreira original. A primeira coisa que sua retroescavadeira revelou foram alguns ossos de saurópodes e em seguida uma série de vértebras da espinha dorsal de um terópode grande e carnívoro. Siber seguiu os ossos em forma de carretéis, um a um, e em pouco tempo ficou claro que estava diante de algo especial: o esqueleto quase completo de um *Allosaurus*, o maior predador do ecossistema da Formação Morrison. Parecia ser o melhor fóssil já encontrado desse conhecido dinossauro, mais de 120 anos depois de Marsh tê-lo batizado no calor da Guerra dos Ossos.

O *Allosaurus* era o esquartejador do Jurássico, tanto figurativa quanto literalmente. O implacável predador espreitava as planícies aluviais e as margens dos rios da Formação Morrison — pensemos no *T. rex*, mas um pouco menor e mais leve, com cerca de 2,5 toneladas de peso e 9 metros de comprimento na idade adulta, e mais bem equipado para correr. Mas ele realmente merecia o título de esquartejador, pois os paleontólogos acreditam que ele usava a cabeça como uma machadinha para golpear a presa até a morte. Modelos computacionais indicam que os dentes finos do *Allosaurus* não tinham mordidas muito fortes por si só, mas o crânio suportava uma força de impacto maciça. Também sabemos que o *Allosaurus* tinha uma abertura obscena de mandíbulas, então acreditamos que um *Allosaurus* faminto atacava com a boca bem aberta e golpeava sua presa, fatiando a carne e os músculos com os dentes finos, mas afiados, alinhados em suas mandíbulas como lâminas de tesouras. Muitos *Stegosaurus* e *Brontosaurus* provavelmente deram seu último suspiro dessa maneira. Se, por alguma razão, o sanguinário *Allosaurus* não conseguisse matar a vítima com suas mandíbulas assassinas, ele sempre podia concluir a tarefa com seus braços de três dedos armados de garras, que eram mais compridos e versáteis do que os pequenos projetos de braços do *T. rex*.

Ter encontrado um *Allosaurus* tão completo e preservado foi um dos destaques da carreira de Siber, mas um problema logo surgiria. Depois do fim da escavação do verão, enquanto Siber estava em uma amostra de fósseis vendendo suas mercadorias, com o esqueleto do *Allosaurus* ainda no solo, um agente do Escritório de Gestão de Terras (BLM, sigla do inglês Bureau of Land Management) dos Estados Unidos por acaso sobrevoou o trecho no norte de Wyoming próximo à Pedreira Howe. O agente estava procurando sinais de fogo, parte de seu trabalho na monitoria de terras públicas administradas pelo governo americano. Contudo, ao sobrevoar o deserto, ele observou que as estradas de terra em torno da Pedreira Howe estavam cobertas por marcas de pneus. Alguém passara o verão fazendo um trabalho pesado ali. Isso não é um problema em torno da Pedreira Howe — ela fica em uma propriedade particular, e Siber tinha permissão do proprietário. Mas o agente do BLM não estava seguro do que eram terras particulares e do que eram terras públicas, que só podiam ser exploradas por cientistas com permissão do BLM. Assim, ele resolveu checar e descobriu que Siber invadira algumas dezenas de metros do território do BLM. Como Siber não tinha direito de trabalhar ali, ele não pôde mais escavar o esqueleto do *Allosaurus*. Foi um erro provavelmente cometido sem intenção, mas caro.

O BLM agora tinha um problema. Um belíssimo esqueleto de dinossauro estava no solo, e as pessoas que o haviam descoberto e que começaram a escavá-lo não podiam concluir o trabalho. Assim, a agência reuniu uma equipe de alto nível liderada pelo time lendário do paleontólogo Jack Horner no Museu das Rochosas, em Montana (Horner é mais conhecido por duas coisas: pela descoberta dos primeiros sítios de ninhos de dinossauros na década de 1970 e por ter sido o cientista que prestou consultoria para a franquia *Jurassic Park*). Sob o olhar de câmeras de televisão e de uma multidão de jornalistas, os acadêmicos extraíram o esqueleto e o levaram até Montana para ser cuidadosamente conservado na segurança do laboratório. O dinossauro acabou sendo mais espetacular do que Siber jamais poderia ter imaginado. Cerca de 95% dos ossos estavam presentes, um número quase inédito para um dinossauro predador de grande porte. Com aproximadamente 8 metros de comprimento, esse *Allosaurus* tinha crescido apenas entre 60% e 70%. Ele ainda era um adolescente, mas já levara uma vida difícil. Seu corpo estava coberto por todos os tipos de mazelas: ossos quebrados, infeccionados e deformados que testemunham o mundo selvagem e rigoroso do Jurássico Superior, quando nem os maiores predadores tinham uma vida fácil na caça de *Diplodocus* e *Brontosaurus*, quando nem mesmo os dentes e as garras mais afiadas eram garantia de sobrevivência a um golpe da cauda pontiaguda de um *Stegosaurus*.

O *Allosaurus* foi apelidado de Big Al e se tornou uma celebridade entre os dinossauros. Ele teve até sua transmissão televisiva internacional especial pela BBC. Mas assim que o burburinho passou, um grande buraco permaneceu no chão, ainda cheio de todos os tipos de fósseis enterrados debaixo de Big Al. Paul Sereno recebeu permissão do BLM para usar o sítio como um laboratório de campo com o intuito de ensinar técnicas de escavação a seus alunos, e é por isso que estávamos levando três SUVs para lá cheias de estudantes universitários.

Durante a primeira temporada em Wyoming, no verão de 2005, passei muitos dias no deserto, removendo meticulosamente blocos de lamito com textura de pipoca para ajudar a equipe a revelar o esqueleto de um *Camarasaurus*. Ele pode não ser um dinossauro muito conhecido, mas é uma das espécies mais comuns da Formação Morrison. É mais um tipo de saurópode, um parente próximo do *Brontosaurus*, *Brachiosaurus* e *Diplodocus*. O *Camarasaurus* tinha o típico corpo de um saurópode: pescoço comprido capaz de alcançar alturas elevadas entre as árvores, cabeça pequena com dentes em forma de cinzéis para cortar folhas, uma estrutura maciça de cerca de 15 metros de comprimento e mais ou menos 20 toneladas. Provavelmente, era o tipo de delicioso herbívoro que Big Al e outros *Allosaurus* gostavam de comer, embora seu tamanho absurdo lhes permitisse uma boa dose de proteção até mesmo dos carnívoros mais assustadores. Talvez tenha sido um *Camarasaurus* como esse que proporcionou ao Big Al algumas de suas mazelas.

O *Camarasaurus* é um dos muitos imensos saurópodes que foram encontrados na Formação Morrison. Juntam-se a ele seus famosos primos, os três grandes *Brontosaurus*, *Brachiosaurus* e *Diplodocus*. Seguem-se, ainda, os personagens conhecidos apenas por especialistas (ou também por alunos do maternal obcecados por dinossauros como você): *Apatosaurus*, *Barosaurus*, e, mais abaixo no escalão, *Galeamopus*, *Kaatedocus*, *Dyslocosaurus*, *Haplocanthosaurus* e *Suuwassea*. Existem vários tipos de saurópodes que foram batizados com base em frag-

OS DINOSSAUROS E A SEPARAÇÃO DOS CONTINENTES 119

mentos de ossos, os quais podem até pertencer a outras espécies. A Formação Morrison, porém, cobre um grande período de tempo e foi depositada ao longo de uma imensa área geográfica. Nem todos esses saurópodes viviam juntos. Mas muitos viviam — eles foram encontrados nos mesmos sítios, seus esqueletos misturados. A situação comum no mundo da Formação Morrison eram inúmeras variedades de saurópodes coabitando nos vales de rios, seus passos pesados provocando estrondos enquanto eles percorriam a terra à procura das centenas de quilos de folhas e caules de que precisavam diariamente para sua subsistência.

Que cena estranha para imaginarmos! É como imaginar cinco ou seis espécies diferentes de elefantes reunidos nas savanas africanas, todas tentando encontrar comida o suficiente para sobreviver, enquanto leões e hienas espreitam ao fundo. O mundo da Formação Morrison não era menos perigoso. Se um saurópode passasse cambaleando com a barriga vazia, então você podia apostar com certeza que havia um *Allosaurus* escondido entre os arbustos, pronto para pular num piscar de olhos em seu pescoço longo.

Além do *Allosaurus*, havia muitos outros predadores logo abaixo na cadeia alimentar. Havia o *Ceratosaurus*, um caçador mediano de 6 metros de comprimento com um chifre assustador no focinho; um carnívoro do tamanho de um cavalo chamado *Marshosaurus* em homenagem ao pugilista da Guerra dos Ossos; e um primo primitivo do tamanho de um burro do *T. rex* chamado *Stokesosaurus*. Então, vinham os cortadores: uma série de pestes leves e rápidas como o *Coelurus*, *Ornitholestes* e *Tanycolagreus*, versões do guepardo da Formação Morrison. E todos esses carnívoros, até o *Allosaurus*, provavelmente viviam com medo de outro monstro que reinava próximo ao topo da cadeia alimentar. Seu nome é *Torvosaurus*, e não sabemos muito sobre ele, pois seus fósseis são muito raros. Mas os ossos que temos pintam um quadro aterrorizante: um predador e tanto com dentes como facas, 10 metros de comprimento e 2,5 toneladas, talvez ainda mais, o que não está muito longe das proporções dos grandes tiranossauros que apareceriam bem mais tarde.

120   ASCENSÃO E QUEDA DOS DINOSSAUROS

É fácil entender por que muitos predadores se esgueiravam no ecossistema da Formação Morrison: havia muitos saurópodes para comer. É muito mais difícil explicar como tantos desses saurópodes gigantes viviam juntos. É uma charada ainda maior, pois havia muitos outros herbívoros menores que comiam arbustos rasteiros: o *Stegosaurus* e o *Hesperosaurus*, com suas armaduras, os tanques que eram os anquilossauros *Mymoorapelta* e *Gargoyleosaurus*, o ornitísquio *Camptosaurus*, e um zoológico completo de herbívoros pequenos e rápidos que se alimentavam de samambaias como *Drinker, Othnielia, Othnielosaurus* e *Dryosaurus*. Os saurópodes também dividiam o espaço com todos esses herbívoros.

Então, como os saurópodes conseguiram? A chave do seu sucesso foi a diversidade. Havia muitas espécies de saurópodes, sim, mas todas eram diferentes. Algumas eram verdadeiros colossos: o *Brachiosaurus* tinha cerca de 55 toneladas, enquanto o *Brontosaurus* e o *Apatosaurus* ficavam entre 30 e 40 toneladas. Mas outros eram menores: o *Diplodocus* e o *Barosaurus* eram coisinhas magricelas, pelo menos quando se trata de saurópodes, pesando apenas entre 10 e 15 toneladas. Portanto, é evidente que algumas espécies precisavam de mais comida do que outras. Esses saurópodes também tinham tipos diferentes de pescoço: o do *Brachiosaurus* dobrava-se orgulhosamente na direção do céu, com o perfil ereto de uma girafa, perfeito para alcançar as folhas mais elevadas, mas o *Diplodocus* pode não ter sido capaz de erguer seu pescoço muito acima dos ombros, e talvez tenha sido mais parecido com um aspirador de pó, sugando árvores menores e arbustos. Por fim, a cabeça e os dentes desses saurópodes também variavam. O *Brachiosaurus* e o *Camarasaurus* tinham crânios consideráveis e musculosos, e mandíbulas com dentes em forma de espátulas a fim de poderem comer coisas mais duras, como caules grossos e folhas ceráceas. Mas o *Diplodocus* tinha uma cabeça comprida feita de ossos delicados, com uma série de dentes pequenos em formato de lápis na frente do focinho. Ele quebraria os dentes se tentasse comer qualquer coisa muito dura. Em vez disso, comia folhas menores dos galhos, a cabeça balançando para a frente e para trás como um ancinho.

OS DINOSSAUROS E A SEPARAÇÃO DOS CONTINENTES   121

Espécies diferentes de saurópodes eram especializadas em comer diferentes tipos de alimentos — e tinham muitas coisas entre as quais escolher, já que as florestas jurássicas estavam cheias de coníferas gigantes, bosques cerrados de samambaias, cicadáceas e outros arbustos lá embaixo. Os saurópodes não competiam pelas mesmas plantas, mas dividiam os recursos entre si. O termo científico para essa prática é divisão de nicho — quando espécies coexistentes evitam competir umas com as outras, se comportando e se alimentando de formas levemente diferentes. O mundo da Formação Morrison apresentava um grande nível de divisão de nicho, o que é um sinal do quão bem-sucedidos esses dinossauros foram. Eles aproveitavam quase todas as polegadas do ecossistema, uma variedade estonteante de espécies prosperando umas ao lado das outras nas florestas quentes, úmidas e encharcadas e nas planícies costeiras da antiga América do Norte.

Mas o que dizer dos dinossauros do Jurássico Superior de outras partes do mundo? A história parece ter sido a mesma praticamente em quase todos os lugares para onde olhamos. Também vemos um grupo semelhante de saurópodes variados, estegossauros herbívoros menores e carnívoros pequenos e grandes parecidos com o *Ceratosaurus* e *Allosaurus* em outros lugares com ricos registros fósseis do Jurássico Superior, como China, o leste da África e Portugal.

Tudo se resume à geografia. A Pangeia havia começado a se separar dezenas de milhões de anos antes, mas é necessário um longo tempo para um supercontinente se dividir. Massas de terra podem se separar umas das outras apenas alguns centímetros por ano, mais ou menos no mesmo ritmo em que nossas unhas crescem. Assim, grandes conexões persistiam entre a maioria das porções de terra do mundo até o final do Jurássico. A Europa e a Ásia continuavam conectadas, e estavam ligadas à América do Norte por uma série de ilhas que podiam ser facilmente atravessadas por um dinossauro que quisesse sair para um passeio. Essas terras do norte — chamadas Laurásia — estavam começando a se separar do sul da Pangeia, Gondwana, que era um emaranhado composto de Austrália, Antártida, África, América do Sul, Índia e Madagascar. A Laurásia e a Gondwana eram intermitentemente conectadas por pontes de terra quando o nível do mar estava baixo, e mesmo durante períodos de maré mais alta, outras ilhas ofereciam uma rota migratória conveniente entre norte e sul.

O Jurássico Superior, portanto, foi um período de uniformidade global. O mesmo grupo de dinossauros dominava cada canto do globo. Saurópodes majestosos dividiam comida entre si, alcançando um pico de diversidade jamais igualado por nenhum herbívoro de grande porte na história da Terra. Herbívoros menores prosperavam à sua sombra, e um grupo desordenado de carnívoros tirava vantagem dessa carne herbívora. Alguns, como o *Allosaurus* e o *Torvosaurus*, foram os primeiros terópodes verdadeiramente gigantes. Outros, como o *Ornitholestes*, foram os membros fundadores da dinastia que eventualmente produziria o *Velociraptor* e as aves. O planeta estava assando, e os dinossauros podiam transitar de um lado para outro, como bem quisessem. Era o verdadeiro Parque dos Dinossauros.

HÁ 145 MILHÕES de anos, o Jurássico passou para o último estágio da evolução dos dinossauros, o Cretáceo. Às vezes, a mudança entre períodos geológicos acontece com um estrondo, como quando os megavulcões marcaram o fim do Triássico. Outras, ela mal pode ser percebida, e é mais uma questão de registro científico, uma maneira de os geólogos dividirem longos intervalos de tempo sem quaisquer mudanças ou catástrofes significativas. A transição entre o Jurássico e o Cretáceo tem esse tipo de limite. Não houve uma calamidade como o impacto de um asteroide ou uma grande erupção para marcar o fim do Jurássico, nenhuma súbita extinção de plantas ou animais, nenhum bravo novo mundo com o raiar do Cretáceo. Em vez disso, o relógio simplesmente avançou, e os diversos ecossistemas jurássicos de saurópodes gigantes, dinossauros com armaduras e carnívoros cujo tamanho variava de pequeno a monstruoso continuaram no Cretáceo.

Isso não quer dizer, contudo, que *nada* mudou, pois muito aconteceu na Terra por volta da transição entre o Jurássico e o Cretáceo — nenhum desastre apocalíptico, mas mudanças lentas nos continentes, oceanos e

OS DINOSSAUROS E A SEPARAÇÃO DOS CONTINENTES

clima que ocorreram ao longo de cerca de 25 milhões de anos. O mundo escaldante do Jurássico Superior foi interrompido por uma fase de frio, seguida por condições mais áridas, antes de as coisas retornarem ao normal no Cretáceo Inferior. Os níveis do mar começaram a diminuir no finalzinho do Jurássico e continuaram baixos durante a transição, até a água começar a subir outra vez por volta de 10 milhões de anos depois do início do Cretáceo. Com o mar mais baixo, vieram porções muito maiores de terra exposta, o que permitiu que os dinossauros e outros animais trafegassem com mais facilidade do que durante o Jurássico Superior. A Pangeia continuou se dividindo, os fragmentos do supercontinente afastando-se cada vez mais com o passar do tempo. A Gondwana, a vasta fatia de terras do sul, enfim começou a se separar, as rachaduras marcando o início da definição dos continentes do hemisfério sul da atualidade. Primeiro, a massa composta por África e América do Sul se separou da parte da Gondwana que continha a Antártida e a Austrália, e, posteriormente, este último pedaço de terra também começou a se dividir. Vulcões surgiram através das fissuras, e embora nenhum tenha tido as proporções das erupções monstruosas do final do Permiano ou do Triássico, eles trouxeram consigo a mesma combinação de lava e gases venenosos para o meio ambiente.

Nenhuma dessas mudanças era particularmente fatal por si só, mas, juntas, elas eram um coquetel traiçoeiro de perigos. As alterações de longo prazo da temperatura e do nível do mar provavelmente passaram despercebidas pelos dinossauros, o tipo de coisa que nem eles nem nós, se já estivéssemos em cena, teríamos percebido ao longo de uma vida inteira. Além disso, no mundo de dinossauros que comiam dinossauros do Jurássico Superior e do Cretáceo Inferior, os *Brontosaurus* e *Allosaurus* tinham preocupações maiores do que pequenas mudanças na linha de maré ou invernos um pouco mais frios. Com o tempo, no entanto, essas mudanças foram se acumulando e se tornando assassinos silenciosos.

Por volta de 125 milhões de anos atrás, cerca de 20 milhões de anos depois do final do Jurássico, um novo mundo surgiu com o Cretáceo, dominado por um grupo muito diferente de dinossauros. A mudança mais óbvia estava relacionada aos dinossauros mais proeminentes —

os gigantescos saurópodes. Outrora tão diversos nos ecossistemas da Formação Morrison do Jurássico Superior, esses pescoçudos sofreram um golpe no Cretáceo Inferior. Quase todas as espécies mais conhecidas, como *Brontosaurus*, *Diplodocus* e *Brachiosaurus*, foram extintas, enquanto um novo subgrupo, o dos titanossauros, começou a proliferar, por fim se desenvolvendo em supergigantes como o *Argentinosaurus* da metade do Cretáceo, que, com mais de 30 metros de comprimento e 50 toneladas, foi o maior animal conhecido que já habitou a Terra. Porém, apesar dos tamanhos impressionantes das novas espécies do Cretáceo, os saurópodes jamais voltariam a ser tão dominantes quanto foram no Jurássico Superior; nunca mais apresentariam uma variedade tão grande de pescoço, crânio e dentes que lhes permitisse explorar tantos nichos ecológicos.

Os saurópodes sofreram, enquanto os ornitísquios herbívoros menores prosperaram, tornando-se animais de porte médio onipresentes em ecossistemas do mundo inteiro. O mais famoso sem dúvida é o *Iguanodon*, um dos primeiros fósseis a serem chamados de dinossauros, depois de ter sido descoberto na década de 1820 na Inglaterra. O *Iguanodon* tinha cerca de 10 metros de comprimento e pesava algumas toneladas. Possuía uma lança no polegar para se defender e um bico na frente da boca para cortar plantas, e podia alternar entre andar de quatro e correr sobre as patas traseiras. Sua linha acabaria por produzir os hadrossauros, ou dinossauros com bico de pato, um grupo de herbívoros extremamente bem-sucedidos que prosperaram no final do Cretáceo ao lado de seu maior inimigo, o *T. rex*. Isso aconteceu muitas dezenas de milhões de anos depois, mas essas sementes foram plantadas no Cretáceo Inferior.

Enquanto os iguanodontes entravam em cena entre os saurópodes menores, também havia mudanças pela frente para os herbívoros que se alimentavam de plantas rasteiras. Os estegossauros com suas armaduras entraram em um longo declínio, gradualmente desaparecendo até a última espécie sobrevivente sucumbir à extinção em algum ponto do Cretáceo Inferior, varrendo esse grupo icônico da face da Terra de uma vez por todas. Quem os substituiu foram os anquilossauros, criaturas

OS DINOSSAUROS E A SEPARAÇÃO DOS CONTINENTES 125

fantásticas cujos esqueletos são cobertos por armaduras, como um Panzer reptiliano. Sua origem remonta ao Jurássico, mas eles haviam sido personagens secundários na maioria dos ecossistemas, explodindo em diversidade à medida que os estegossauros iam desaparecendo. Os anquilossauros estavam entre os dinossauros mais lentos e estúpidos, mas viviam alegremente mastigando samambaias e outros tipos de vegetação rasteira, sua armadura tornando-os invulneráveis a ataques. Nem mesmo o predador com os dentes mais afiados conseguia dar uma boa mordida quando precisava penetrar vários centímetros de osso sólido.

E havia os carnívoros. Com tanta coisa acontecendo com suas presas herbívoras, não é de se surpreender que os terópodes tenham passado pelo seu próprio drama durante a transição do Jurássico para o Cretáceo. Uma diversidade muito maior de pequenos carnívoros surgiu, e alguns começaram a experimentar dietas estranhas, trocando carne por frutos secos, sementes, insetos e frutos do mar. Um grupo, os therizinossauros com garras de foice, chegou a se tornar vegetariano. Do outro lado do espectro de tamanhos, um clã esquisito de terópodes grandes chamados espinossaurídeos desenvolveu barbatanas nas costas e focinhos compridos cheios de dentes em forma de cones, tornando-se aquáticos e começando a se comportar como crocodilos e a comer peixes.

Entretanto, como costuma acontecer quando se trata dos terópodes, a trajetória dos superpredadores é a mais arrebatadora. Como seus parentes menores, os supercarnívoros do topo da cadeia alimentar também sofreram um distúrbio maciço durante a transição do Jurássico para o Cretáceo. Essas espécies são algumas das minhas favoritas, pois os primeiros dinossauros que estudei — como universitário trabalhando sob a tutela de Paul Sereno, durante os mesmos verões em que desenterramos os saurópodes do Jurássico Superior em Wyoming — fora terópodes gigantes do Cretáceo Inferior da África.

QUANDO EU ERA adolescente, via filmes, ouvia música e ia a jogos de beisebol — coisas normais. Mas meu herói não era nenhum atleta ou autor. Era um paleontólogo. Paul Sereno, o explorador residente da

National Geographic Explorer, extraordinário caçador de dinossauros, líder de expedições por todo o mundo e uma das "50 Pessoas Mais Bonitas" da revista *People*, na edição com Tom Cruise na capa. Eu era um estudante do colegial obcecado por dinossauros e acompanhava o trabalho de Sereno como uma tiete de astros do rock. Ele lecionava na Universidade de Chicago, não muito longe de onde eu morava, e cresceu em Naperville, Illinois, um subúrbio onde moravam alguns dos meus primos. Ele era um garoto local que havia se saído bem, tendo se tornado um cientista e aventureiro famoso, e eu queria ser como ele.

Conheci meu herói aos 15 anos, quando ele fazia palestra em um museu local. Tenho certeza de que Paul estava acostumado a conhecer fãs, mas eu superei as expectativas quando enfiei um envelope de papel pardo na cara dele, tão cheio de páginas xerocadas de revistas que não fechava. Para o leitor entender melhor, eu na época era um jornalista em desenvolvimento, ou pelo menos era o que pensava, e estava produzindo artigos para revistas amadoras e websites de paleontologia em um ritmo que beirava a loucura. Muitos deles eram sobre Paul e suas descobertas, e eu queria que ele visse as coisas que eu escrevera sobre ele. Fiquei com a voz embargada ao lhe entregar o envelope. Foi constrangedor. Mas Paul foi muito gentil comigo naquela tarde, e depois de uma longa conversa me disse para manter contato. Encontrei-o algumas outras vezes nos dois anos seguintes. Trocamos muitos e-mails, e quando decidi deixar o jornalismo de lado e mergulhar na paleontologia como carreira, só havia uma universidade onde eu queria estudar: a Universidade de Chicago, para poder aprender com Paul.

Chicago aceitou meu requerimento, e me matriculei no outono de 2002. Durante a semana dos calouros, encontrei Paul e lhe implorei que me deixasse trabalhar em seu laboratório de fósseis no porão, onde seus mais novos tesouros da África e da China estavam sendo revelados, dinossauros completamente novos vendo a luz à medida que grãos de areia eram varridos dos ossos. Eu teria feito qualquer coisa — até mesmo limpar o chão ou as prateleiras. Felizmente, Paul canalizou meu entusiasmo em outro lugar. Ele começou me ensinando a conservar e catalogar fósseis, e então, um dia, tive uma surpresa. "O que você acha de descrever uma nova espécie de dinossauro?", ele me perguntou enquanto me conduzia até uma fileira de armários.

Espalhados diante de mim, em várias gavetas, estavam os fósseis de dinossauros do Cretáceo Inferior e do Médio que Paul e sua equipe haviam trazido recentemente do deserto do Saara. Cerca de uma década antes, depois de ter concluído suas expedições extremamente bem-sucedidas à Argentina que capturaram os dinossauros primitivos *Herrerasaurus* e *Eoraptor*, Paul voltou sua atenção para o norte da África. Na época, pouco se sabia sobre os dinossauros africanos. Algumas excursões lideradas por europeus no período colonial haviam revelado alguns fósseis intrigantes em lugares como Tanzânia, Egito e Nigéria, mas assim que os colonizadores se foram, o mesmo aconteceu com o interesse na escavação de dinossauros. E não só isso, mas algumas das coleções africanas mais importantes — de rochas egípcias do Cretáceo Inferior ao Médio, reunidas pelo aristocrata alemão Ernst Stromer von Reichenbach — não existiam mais. Elas haviam tido a má sorte de estarem guardadas em um museu localizado a apenas alguns quarteirões da sede nazista em Munique, tendo sido destruídas por um bombardeio aliado em 1944.

Quando Paul colocou seu foco na África, tudo que ele tinha para guiá-lo eram algumas fotografias, alguns relatórios publicados e um punhado de ossos nos museus europeus que não haviam sofrido ataque durante a guerra. Mas isso não o impediu. Ele montou uma viagem de reconhecimento à Nigéria, no coração do Saara, em 1990. Sua equipe encontrou tantos fósseis que retornou em 1993, 1997 e várias outras vezes mais. Foram viagens árduas — apropriadas para Indiana Jones —, frequentemente com duração de vários meses e acometidas por ataques ocasionais de bandidos ou guerras civis. Como intervalo, eles tiraram um ano de folga e visitaram o Marrocos em 1995. Lá, também descobriram um tesouro de ossos, entre os quais o crânio belamente preservado de um carnívoro chamado *Carcharodontosaurus*, dinossauro batizado por Stromer com base em um crânio e esqueleto parciais do Egito que estavam entre os fósseis incinerados em Munique. Resumindo, as expedições de Paul à África renderam cerca de 100 toneladas de ossos de dinossauros, muitos dos quais ainda se encontram em um depósito em Chicago, esperando para serem estudados.

Os dinossauros que não estão no depósito foram para o laboratório de Paul, e esses eram os ossos que eu via diante de mim. Alguns pertenciam a um saurópode esquisito chamado *Nigersaurus*, uma máquina de sugar plantas com centenas de dentes imprensados na extremidade frontal de suas mandíbulas. Havia várias vértebras prolongadas do espinossaurídeo comedor de peixes *Suchomimus* — os ossos que davam apoio à crista elevada que ele tinha no dorso. Bem perto se encontrava o crânio com textura nodosa de um carnívoro chamado *Rugops*, que provavelmente tanto comia carcaças quanto caçava.

E esses fósseis não eram apenas de dinossauros. Havia o crânio do tamanho de um homem do crocodiliano *Sarcosuchus* — apropriadamente apelidado de SuperCroc pelo especialista em mídia Sereno — e os ossos das asas de um grande pterossauro, assim como de algumas tartarugas e peixes. Todos esses fósseis haviam vindo de rochas formadas ao longo de 10 a 15 milhões de anos, do Cretáceo Inferior ao Médio, em deltas de rios e nos litorais de mares tropicais quentes contornados por manguezais, na época em que o Saara era uma selva cheia de pântanos em vez de um deserto.

Enquanto meus olhos iam de um fóssil a outro, os personagens tornando-se mais numerosos a cada gaveta que era aberta, Paul parou e pegou um osso. Ele fazia parte da face de um imenso dinossauro carnívoro que parecia quase tão grande quanto um *T. rex*. Havia outras coisas na mesma gaveta: o pedaço de uma mandíbula inferior, alguns dentes e uma massa fundida de ossos da parte posterior do crânio, que teria ficado em torno do cérebro e das orelhas. Paul contou como havia descoberto os espécimes alguns anos antes em uma parte desolada da Nigéria chamada Iguidi, logo a oeste de um oásis no deserto, em granitos vermelhos deixados por um rio entre 100 e 95 milhões de anos atrás. Ele vira que eles eram semelhantes aos ossos do *Carcharodontosaurus* que coletara no Marrocos, mas não exatamente iguais. Queria que eu identificasse a discrepância.

Eu estava com 19 anos, e aquela era a primeira vez que eu tinha o gostinho do trabalho de detetive envolvido na identificação de dinossauros. Fiquei inebriado. Passei o resto do verão analisando os ossos meticulosamente, medindo-os e fotografando-os, comparando-os com os de outros dinossauros. Concluí que os ossos da Nigéria de fato eram muito semelhantes ao crânio marroquino da espécie *Carcharodontosaurus saharicus*, mas também descobri tantas diferenças que eles não podiam ser da mesma espécie. Paul concordou, e escrevemos um artigo científico descrevendo os fósseis nigerianos como um novo dinossauro, um parente próximo, mas distinto, da espécie marroquina. Nós o chamamos de *Carcharodontosaurus iguidensis*. Ele era o maior predador dos úmidos ecossistemas litorâneos da África do Cretáceo Médio, uma besta de 12 metros e 3 toneladas que dominava todos os outros dinossauros que Paul extraíra do Saara.

Havia um grupo completo de dinossauros como o *Carcharodontosaurus* vivendo no mundo inteiro entre o Cretáceo Inferior e o Médio. Pode ser pouco original, mas eles são chamados de carcarodontossauros. Do álbum da família, três espécies — o *Giganotosaurus*, o *Mapusaurus* e o assombrosamente nomeado de *Tyrannotitan* — eram da América do Sul, que, do Cretáceo Inferior ao Médio, ainda era conectada à África. Havia ainda outros irmãos em locais diferentes: o *Acrocanthosaurus*, na América do Norte, o *Shaochilong* e o *Kelmayisaurus*, na Ásia, e o *Concavenator*, na Europa. E há ainda outro do Saara, chamado *Eocarcharia*, que Paul e eu descrevemos com base em alguns ossos do crânio que ele encontrou em outra expedição à Nigéria. Ele era cerca de 10 milhões de anos mais velho do que o *Carcharodontosaurus* e só tinha metade do seu tamanho. Era quase o máximo de bestialidade que um dinossauro podia alcançar, com uma protuberância de osso e pele acima de cada olho que lhe dava uma carranca maligna e que pode ter sido usada para subjugar a presa com uma cabeçada.

Esses carcarodontossauros me fascinaram. Eles fizeram basicamente o que os tiranossauros fariam muitas dezenas de milhões de anos mais tarde: ganharam corpo, desenvolveram um arsenal de armas predatórias e aterrorizaram todos os seres vivos de seu poleiro absoluto no topo da pirâmide alimentar. De onde vieram? Como se espalharam por todo o mundo e se tornaram tão dominantes? E o que aconteceu com eles depois?

Só havia uma maneira de responder a essas perguntas: eu precisava construir uma árvore genealógica. A genealogia é a chave para entendermos a história, e é por isso que tantas pessoas, inclusive eu, são obcecadas pelas nossas árvores genealógicas. Conhecer as conexões entre parentes ajuda-nos a compreender como nossas famílias mudaram ao longo dos séculos: quando e onde nossos ancestrais viveram, quando uma migração ou morte inesperada ocorreu, como a família se fundiu com outras através de casamentos. O mesmo se aplica aos dinossauros. Se conseguirmos entender sua árvore genealógica — ou sua filogenia, no jargão da Paleontologia —, nós poderemos usá-las para entender sua evolução. Mas como fazer uma árvore genealógica para dinossauros? O *Carcharodontosaurus* não tem um registro de nascimento, e o ancestral do *Giganotosaurus* não recebeu um visto quando deixou a África com destino à América do Sul. Mas há outro tipo de dica codificada nos próprios fósseis.

A evolução produz alterações ao longo do tempo, particularmente na aparência dos organismos. Quando duas espécies divergem uma da outra, geralmente só pequenas diferenças as separam, e temos dificuldade para distingui-las à primeira vista, mas, com o passar do tempo e a separação das duas linhagens, elas vão se tornando cada vez mais diferentes uma da outra. É por isso que me pareço muito com meu pai, mas não tenho praticamente nenhuma semelhança com meus primos em terceiro grau. Outra coisa que a evolução faz de vez em quando é produzir novidades — um dente a mais, ou um chifre na testa, ou uma mutação que causa a perda de um dedo. Essas novidades serão herdadas pelos descendentes da primeira criatura a tê-las desenvolvido, mas não serão vistas em primos que já haviam se separado e iniciado seu próprio caminho. Herdei todos os tipos de coisas dos meus pais, e meus filhos herdarão essas coisas de mim. Mas se um primo de repente desenvolver um par de asas, elas não serão passadas para mim, pois não há uma linha direta entre nós. Isso significa — por sorte, nesse caso — que nenhum dos meus filhos tampouco terá asas.

OS DINOSSAUROS E A SEPARAÇÃO DOS CONTINENTES

A genealogia, portanto, é escrita nas nossas aparências. De modo geral, dinossauros com esqueletos parecidos provavelmente têm um parentesco mais próximo do que outras espécies drasticamente diferentes. Mas, se quisermos saber se dois dinossauros são realmente parentes próximos, precisamos procurar as novidades evolucionárias, pois os animais que possuem uma característica recentemente desenvolvida, como um dedo extra, devem ser parentes mais próximos entre si do que os que não as têm. Isso é porque devem ter herdado essa novidade de um ancestral comum, que desenvolveu a característica e desencadeou um efeito dominó evolucionário, passando-a para os descendentes, geração a geração. Qualquer espécie com um dedo extra faz parte dessa linhagem; qualquer coisa sem ele provavelmente está do outro lado da árvore genealógica. Portanto, para traçar uma genealogia de dinossauros, precisamos estudar seus ossos, encontrar uma forma de analisar o quão semelhantes ou diferentes eles são e identificar novidades evolucionárias e quais subgrupos dos dinossauros em questão as compartilham.

Quando fiquei intrigado com os carcarodontossauros, comecei a coletar o máximo possível de informações sobre cada espécie. Visitei museus para estudar os esqueletos em primeira mão e reuni fotografias, desenhos, literatura publicada e anotações sobre os fósseis mais exóticos em locais distantes, inacessíveis para um universitário sem financiamento. Quanto mais eu olhava, reconhecia as características dos ossos que variavam entre as espécies. Alguns carcarodontossauros tinham seios paranasais profundos em torno do cérebro, outros não tinham. Os gigantes, como os *Carcharodontosaurus*, tinham dentes maciços, parecidos com lâminas, que lembravam os de tubarões (daí seu nome, que significa "lagarto de dentes de tubarão"), mas as espécies menores tinham dentes muito mais delicados. A lista parecia interminável, até eu ter identificado 99 diferenças entre alguns desses predadores.

Agora, era hora de entender essas informações. Transformei minha lista em uma tabela: em cada linha, uma espécie; em cada coluna, uma das características da anatomia, cada célula de dados preenchida com 0, 1 ou 2, denotando as diferentes versões de cada característica identificada na espécie em questão. Dentes obtusos no *Eocarcharia*, 0;

dentes de tubarão no *Carcharodontosaurus*, 1. Em seguida, abri a tabela em um programa de computador que usa algoritmos para fazer uma busca entre o labirinto de dados e gerar uma árvore genealógica. Ele aponta quais características anatômicas são novidades e, em seguida, identifica quais espécies as compartilham. Isso pode parecer simples, mas o computador é necessário porque a distribuição das mudanças pode ser complicada. Algumas são vistas em muitas espécies — os grandes seios paranasais em torno do cérebro estão presentes na maioria dos carcarodontossauros. Outras são muito mais raras, como os dentes de tubarão, vistos apenas no *Carcharodontosaurus*, no *Giganotosaurus* e nos parentes mais próximos. O computador é capaz de pegar todas essas complexidades e reconhecer um padrão de boneca russa. Se duas espécies compartilham muitas novidades só entre si, talvez sejam os parentes mais próximos. Se essas duas espécies compartilham outras novidades com um terceiro animal, os três podem ser parentes mais próximos do que o restante dos dinossauros. E assim por diante, até uma árvore genealógica inteira ter se formado. Esse processo é o que chamamos no jargão técnico de análise cladística.

Minha árvore genealógica de carcarodontossauros me ajudou a compreender sua evolução. Primeiro, esclareceu de onde vieram esses carnívoros colossais e como eles ascenderam à glória. Eles surgiram no Jurássico Superior e são parentes muito próximos do predador mais assustador do Jurássico, o esquartejador *Allosaurus*. Aliás, eles se desenvolveram a partir de uma legião de hipercarnívoros que já ocupava o ápice do nicho de predadores, tornando-se ainda maiores, mais fortes e mais implacáveis quando seus ancestrais foram extintos no final do Jurássico, 145 milhões de anos atrás, durante a longa noite de mudanças ambientais e climáticas. Teriam eles levado esses outros alossauros à extinção, ou tirado vantagem quando eles morreram por outras razões? Ainda não sabemos a resposta. Seja como for, os carcarodontossauros descobriram uma maneira de roubar o lugar de seus ancestrais, e, com a chegada do Cretáceo, o reino era seu. Durante os cerca de 50 milhões de anos seguintes, até metade do Cretáceo, os carcarodontossauros dominaram o mundo.

A genealogia também nos dá mais uma dica: por que esses monstros devoradores de carne viviam onde viviam. Como se originaram quando a maioria dos continentes ainda estava conectada no Jurássico Superior, os primeiros carcarodontossauros se espalharam facilmente pelo mundo. Com o passar do tempo e à medida que os continentes iam se fragmentando, diferentes espécies foram se isolando em áreas diferentes. A estrutura da árvore genealógica também demonstra isso — reflete o movimento dos continentes. Alguns dos últimos carcarodontossauros a terem se desenvolvido foram um clã de espécies sul-americanas e africanas. (A América do Sul e a África continuaram conectadas muito depois de as ligações entre a América do Norte, a Ásia e a Europa terem se desfeito.) Isolados ao sul do Equador, os membros desse clã — o *Giganotosaurus*, o *Mapusaurus* e o *Carcharodontosaurus* da Nigéria que eu estudava com Sereno — alcançaram tamanhos inéditos para dinossauros carnívoros.

Não obstante, por mais ferozes que esses carcarodontossauros fossem, eles não ficariam no topo para sempre. Vivendo ao seu lado, às suas sombras, estava outro tipo de carnívoro. Menor, mais rápido, mais inteligente. Seu nome, tiranossauro. Ele logo avançaria e daria início a um novo império de dinossauros.

5

O TIRANO DOS DINOSSAUROS

EM UM DIA DE VERÃO escaldante de 2010, o operador de uma retroescavadeira na cidade do sudeste chinês de Ganzhou ouviu o barulho alto de algo sendo quebrado. Ele esperou pelo pior. Sua equipe estava correndo para concluir um parque industrial — uma monotonia de escritórios e depósitos do tipo que eu vi brotar por toda a China na última década. Qualquer atraso poderia custar caro. Talvez ele tivesse atingido uma rocha estratificada impenetrável, uma antiga fonte de água ou qualquer outro obstáculo que atrasaria todo o projeto.

Quando a poeira baixou, ele não viu canos nem fios deformados. Não havia rocha estratificada à vista. Em vez disso, algo muito diferente foi revelado: ossos fossilizados, e muitos, alguns imensos.

A construção parou. O operário não tinha nenhum grau avançado ou treinamento em Paleontologia, mas concluiu que sua descoberta era importante. Ele sabia que provavelmente era um dinossauro. Sua terra natal tornara-se o epicentro de novas descobertas de dinossauros, o lugar onde cerca de metade de todas as novas espécies estão sendo encontradas atualmente. Assim, ele telefonou para o mestre de obras, e foi então que a loucura teve início.

Esse dinossauro passara mais de 66 milhões de anos enterrados, mas agora seu destino dependia do tipo de decisões rápidas tomadas durante uma crise. A notícia vazou. Em pânico, o mestre de obras telefonou para um amigo da cidade, um colecionador de fósseis e entusiasta de dinossauros que ficaria conhecido para a posteridade como Senhor Xie. Entendendo a seriedade da descoberta, o Senhor Xie — seu sobrenome honorífico e obscuro lembrando um daqueles personagens sombrios em um filme de James Bond — correu até a obra e telefonou para alguns amigos do departamento de recursos minerais da cidade, um órgão do governo local. O jogo dos telefonemas continuou, e a agência conseguiu reunir uma pequena equipe para escavar os ossos. Eles levaram seis horas, mas coletaram cada fragmento que conseguiram encontrar. Encheram 25 sacos com pedaços de dinossauros e levaram-nos para a segurança de um museu da cidade.

Não poderia ser um momento melhor — para uma tragédia. Assim que a equipe estava terminando, três ou quatro traficantes de fósseis surgiram em cena. Como verdadeiros cães de caça, esses mercenários sentiram o cheiro de um novo dinossauro e quiseram comprá-lo para si. Um pequeno investimento em suborno iria se transformar em um lucro e tanto se eles vendessem o novo dinossauro para um rico empresário estrangeiro com uma queda por fósseis exóticos. Esse tipo de coisa é muito comum na China e em várias outras partes do mundo (embora com frequência seja contra a lei). É de partir o coração pensar nos fósseis que foram perdidos no submundo de negociações ilegais e do crime organizado. Mas, dessa vez, os mocinhos venceram.

Quando os cientistas examinaram os fósseis na segurança do museu local e começaram a reunir os ossos, eles rapidamente reconheceram o quão incrível era a descoberta. Não era apenas um amontoado de ossos aleatórios, mas um esqueleto quase completo de um dinossauro predador, uma das bestas gigantes de dentes afiados que sempre parecem ser os vilões nos documentários da televisão. E o esqueleto era semelhante ao de um famoso dinossauro do outro lado do mundo: o grande *Tyrannosaurus rex*, que aterrorizava as florestas da América do Norte por volta da mesma época em que as rochas vermelhas de Ganzhou, que o operador da retroescavadeira estava quebrando para lançar suas fundações, foram formadas.

Em seguida, tudo fez sentido: eles estavam olhando para um tiranossauro asiático. O feroz soberano de um mundo de 66 milhões de anos atrás, composto de selvas densas, grudento de umidade o ano inteiro, com pântanos e ocasionais fossos de areia movediça espalhados entre samambaias, pinheiros e coníferas. Era um ecossistema cheio de lagartos, dinossauros onívoros penosos, saurópodes e dinossauros com bico de pato, alguns dos quais ficaram presos nesses poços grudentos da morte e foram preservados como fósseis. Os que tiveram a sorte de sobreviver eram presas suculentas para a criatura com que o operário se deparou: um dos parentes mais próximos do *T. rex*.

O TIRANO DOS DINOSSAUROS   139

O ABENÇOADO OPERÁRIO. Ele fizera uma descoberta do tipo com que a maioria dos paleontólogos sonha. Para a minha sorte, foi uma descoberta da qual pude fazer parte sem precisar ter feito o trabalho duro da caça.

Alguns anos depois da loucura daquele dia de verão em Ganzhou, eu estava em uma conferência no Museu Burpee de História Natural, no inverno rigoroso do norte de Illinois, a pouca distância da estrada onde cresci. Cientistas do mundo inteiro haviam se reunido para discutir a extinção dos dinossauros. Mais cedo no mesmo dia, fiquei impressionado com uma apresentação de Junchang Lü, meus olhos arregalando-se mais a cada slide, à medida que uma série de fotos de belos novos fósseis da China piscava na tela. Eu conhecia o professor Lü pela sua reputação. Ele era amplamente considerado um dos maiores caçadores de dinossauros da China, um homem cujas descobertas ajudaram a tornar seu país o lugar mais excitante do mundo para a pesquisa sobre dinossauros.

O professor Lü era um astro. Eu era um jovem pesquisador, mas, para minha grande surpresa, o professor Lü me abordou. Apertei sua mão e o parabenizei pela palestra, e trocamos algumas gentilezas. Mas havia urgência em sua voz, e percebi que ele estava segurando uma pasta cheia de fotos. Algo estava acontecendo.

O professor Lü me contou que fora incumbido de estudar um espetacular novo dinossauro encontrado alguns anos antes por um operário em uma construção no sul da China. Ele sabia que era um tiranossauro, mas este parecia peculiar. Era bastante diferente do *T. rex*, então deveria ser uma nova espécie. E parecia um pouco com um tiranossauro esquisito que eu descrevera alguns anos antes, quando ainda estava na faculdade — um predador magro e com focinho comprido da Mongólia chamado *Alioramus*. Mas o professor Lü não estava convencido. Ele queria uma segunda opinião. E, é claro, eu me ofereci para ajudar como pudesse.

O professor Lü, ou Junchang, como eu logo passaria a conhecê-lo, contou-me tudo sobre seu passado — que ele tivera uma infância pobre na Província de Shandong, na costa leste da China, filho da Revolução Cultural que matava a fome colhendo verduras selvagens. Posteriormente, quando os ventos da política mudaram, ele estudou Geologia na faculdade, fez Ph.D. no Texas e voltou para assumir um dos cargos mais prestigiosos da paleontologia chinesa em Beijing, como professor titular da Academia Chinesa de Ciências Geológicas.

Junchang — o camponês que virou professor — tornou-se meu amigo. Não muito depois de termos nos conhecido na conferência, ele me convidou para ir à China ajudá-lo a estudar o novo tiranossauro e escrever um artigo científico sobre o esqueleto. Analisamos minuciosamente cada parte do esqueleto, comparando-o a todos os outros tiranossauros. Confirmamos que era um primo próximo do *T. rex*. Pouco mais de um ano depois, em 2014, revelamos que a descoberta casual do operário era o mais novo membro da árvore genealógica dos tiranossauros, uma nova espécie que chamamos de *Qianzhousaurus sinensis*. O nome formal é um trava-língua, então nós o apelidamos de Pinóquio rex, uma referência ao seu focinho longo e engraçado. A imprensa tomou conhecimento da descoberta — os jornalistas pareciam ter amado o apelido bobo — e Junchang e eu nos divertimos vendo nossos rostos nos tabloides britânicos na manhã seguinte ao nosso anúncio.

O *Qianzhousaurus* faz parte de um surto de novas descobertas feitas na última década que está transformando a nossa compreensão do grupo mais icônico de dinossauros carnívoros. O próprio *T. rex* já está sob os holofotes há mais de um século, desde que foi descoberto no início dos anos 1900. Ele é o rei dos dinossauros, um gigante de 12 metros de comprimento e 7 toneladas tratado pelo primeiro nome por quase todos no planeta. Mais tarde, durante o século XX, os cientistas descobriram alguns parentes próximos do *T. rex* que também eram impressionantemente grandes, e perceberam que esses grandes predadores formavam seu próprio ramo na genealogia dos dinossauros, um grupo que chamamos de tiranossauros (ou *Tyrannosauroidea* no jargão científico formal). No entanto, os paleontólogos tiveram dificuldade para entender quando esses dinossauros fantásticos se originaram, a partir do que se desenvolveram e como conseguiram crescer tanto e ocupar o topo da cadeia alimentar. Essas questões continuavam sem respostas até agora.

Nos últimos quinze anos, os pesquisadores recuperaram quase vinte novas espécies de tiranossauro em locais espalhados pelo mundo. O poei-

O TIRANO DOS DINOSSAUROS

rento canteiro de obras chinês onde o *Qianzhousaurus* foi encontrado é um dos menos incomuns onde novos tiranossauros ressurgiram. Outras novas espécies foram arrancadas de penhascos atingidos pelas ondas do mar no sul da Inglaterra, nos frígidos campos de gelo do Círculo Polar Ártico, nas vastidões de areia do deserto de Gobi. Essas descobertas permitiram que meus colegas e eu construíssemos uma árvore genealógica de tiranossauros a fim de estudar sua evolução.

Os resultados são surpreendentes.

Acontece que os tiranossauros eram um grupo antigo originado mais de 100 milhões de anos antes do *T. rex*, durante a era de ouro do Jurássico Médio, quando os dinossauros começavam a prosperar e os saurópodes de pescoço comprido, como as criaturas cujas pegadas encontramos naquela antiga lagoa escocesa, caminhavam ruidosamente pela terra. Esses primeiros tiranossauros não eram muito impressionantes. Eram carnívoros marginais do tamanho de um humano. Eles continuaram assim por cerca de mais 80 milhões de anos, vivendo à sombra de predadores maiores, primeiro dos *Allosaurus* e seus parentes no Jurássico, e depois dos implacáveis carcarodontossauros do Cretáceo Inferior ao Médio. Só então, após esse período interminável de evolução no anonimato, foi que os tiranossauros começaram a ficar maiores, mais fortes e mais implacáveis. Eles alcançaram o topo da cadeia alimentar e dominaram o mundo nos últimos 20 milhões de anos da Era dos Dinossauros.

A HISTÓRIA DOS tiranossauros começa com a descoberta do *T. rex*, o homônimo do grupo, no início do século XX. O cientista que estudou o *T. rex* era um grande amigo do presidente Theodore Roosevelt, um amigo de infância que compartilhava o amor de Teddy pela natureza e pela exploração. Seu nome era Henry Fairfield Osborn, que, durante o início dos anos 1900, foi um dos cientistas mais famosos dos Estados Unidos.

Osborn foi presidente do Museu de História Natural de Nova York e da Academia de Artes e Ciências dos Estados Unidos, e em 1928 até apareceu na capa da revista *Time*. Mas Osborn não era qualquer homem da ciência. Seu sangue era azul: seu pai era um magnata das ferrovias; seu tio, o investidor corporativo J. P. Morgan. Ele parecia membro de todos os clubes exclusivos existentes, com painéis de madeira e cheios de fumaça. Quando não estava medindo ossos de fósseis, ele estava socializando com a elite de Nova York nas coberturas do Upper East Side.

Osborn não é relembrado com muito afeto atualmente. Ele não era um homem muito bom. Usou sua riqueza e suas conexões políticas para promover ideias mesquinhas sobre eugenia e superioridade racial. Imigrantes, minorias e pobres eram vistos como inimigos. Osborn chegou a organizar uma expedição científica até a Ásia com a esperança de encontrar os fósseis humanos mais antigos para provar que sua espécie não poderia ter se originado na África. Ele não conseguia suportar ser o descendente evolucionário de uma raça "inferior". Não admira que ele hoje seja frequentemente desprezado como apenas mais um fanático do passado.

Osborn não é o tipo de homem com quem eu gostaria de tomar uma cerveja — ou, mais apropriadamente, um coquetel extravagante — se tivesse vivido durante a Era Dourada de Nova York. (Embora ele provavelmente não fosse querer se sentar comigo de qualquer maneira ao identificar meu ostensivo sobrenome italiano.) Não obstante, não há como negar que Osborn era um paleontólogo muito inteligente e um administrador científico melhor ainda. Foi por sua capacidade como presidente do Museu Americano de História Natural — a augusta instituição que se ergue como uma catedral no lado oeste do Central Park, onde eu mais tarde trabalharia como Ph.D. — que Osborn tomou uma das melhores decisões de sua carreira. Ele decidiu enviar um colecionador de fósseis com um olho muito clínico chamado Barnum Brown para o oeste americano à procura de dinossauros.

Encontramos Brown brevemente no último capítulo, quando uma versão muito mais velha dele escavava dinossauros jurássicos na Pedreira Howe, em Wyoming. Ele era um herói improvável. Cresceu em uma pequena aldeia na pradaria do Kansas, uma cidade carvoeira com apenas algumas centenas de habitantes. Talvez seus pais tenham lhe dado esse

O TIRANO DOS DINOSSAUROS

nome exuberante em homenagem ao artista de circo P. T. Barnum na tentativa de escapar da lida de sua vida rural. O jovem Barnum não tinha muita gente ao seu redor com quem conversar, mas era cercado pela natureza e se encantou por rochas e conchas. Chegou até mesmo a fundar um pequeno museu em sua casa, algo que meu irmão mais novo, obcecado por dinossauros, que também cresceu em uma plácida cidade do meio-oeste, faria mais tarde depois de ter visto *O parque dos dinossauros* no cinema. Brown acabou cursando Geologia na faculdade e, depois dos 20 anos, trocou a zona rural por Nova York. Foi lá que ele conheceu Osborn e foi trabalhar como seu assistente de campo contratado, incumbido de levar dinossauros gigantes da vastidão de Montana e Dakota às luzes claras de Manhattan, onde socialites que nunca haviam dormido ao ar livre podiam admirar a sua magnificência.

Era nessa situação que Brown se encontrava, em 1902, nas desoladas terras áridas do leste de Montana. Enquanto inspecionava as montanhas, Brown encontrou um amontoado de ossos. Parte de um crânio e mandíbula, algumas vértebras e costelas, pedaços do ombro e do braço e a maior parte da pélvis. Os ossos eram imensos. O tamanho da pélvis indicava um animal de muitos metros de altura, certamente muito mais alto do que um humano. E eles eram claramente os restos de uma criatura forte capaz de correr relativamente rápido sobre duas pernas — o característico tipo do corpo de um dinossauro carnívoro. Outros dinossauros predadores já haviam sido encontrados — como o *Allosaurus*, o esquartejador do Jurássico Superior —, mas nenhum deles chegava perto do tamanho colossal da nova besta de Brown. Ele estava prestes a completar 30 anos e fizera uma descoberta que iria defini-lo pelo resto da vida.

Brown enviou sua descoberta para Nova York, onde Osborn aguardava ansiosamente. Os ossos eram tão grandes que levou anos para limpá-los e montá-los em um esqueleto parcial que pudesse ser exibido para o público. Esse trabalho estava praticamente concluído no final de 1905, quando Osborn anunciou o novo dinossauro para o mundo. Ele publicou um artigo científico formal designando o novo dinossauro como *Tyrannosaurus rex* — uma bela combinação de grego e latim que significa "rei lagarto tirano" — e colocou os ossos em exibição no Museu Americano, como a instituição é conhecida entre os cientistas. O novo dinossauro tornou-se uma sensação, ganhando manchetes no país inteiro. O *New York Times* celebrou-o como o "animal lutador mais formidável" que já existiu. Multidões rumavam para o museu e, quando se encontravam face a face com o rei tirano, ficavam perplexas diante do seu tamanho monstruoso e espantadas com a sua idade, na época estimada em cerca de 8 milhões de anos (sabemos hoje que ele é muito mais velho, com cerca de 66 milhões de anos). O *T. rex* tornara-se uma celebridade, assim como Barnum Brown.

Brown sempre será lembrado como o homem que descobriu o *Tyrannosaurus rex*, mas esse foi apenas o início da sua carreira. Ele desenvolveu um olho tão aguçado para fósseis que progrediu de um soldado de infantaria coletor de fósseis para curador da paleontologia de vertebrados no Museu Americano, o cientista responsável pela melhor coleção de dinossauros do mundo. Hoje, se você visitar seus espetaculares salões de dinossauros, muitos dos fósseis que verá foram coletados por Brown e suas equipes. Não é de se surpreender que Lowell Dingus, um de meus ex-colegas de Nova York que escreveu uma biografia de Brown, chame-o de "o maior coletor de dinossauros que já existiu". Esse sentimento é compartilhado por muitos de meus colegas paleontólogos.

Brown foi o primeiro paleontólogo celebridade, aclamado por suas palestras animadas e por um programa semanal na rádio CBS. Multidões se reuniam para vê-lo passar pelo oeste americano em trens, e mais tarde ele ajudou Walt Disney a desenhar os dinossauros de *Fantasia*. Como qualquer boa celebridade, Brown era excêntrico. Ele caçava fósseis no auge do verão com um sobretudo de pele, ganhava dinheiro extra trabalhando para estatais e empresas de petróleo e gostava tanto de mulheres que os rumores de sua rede intrincada de filhos continuam sendo espalhados pelas planícies do oeste americano. É impossível não pensar que, se estivesse vivo hoje, Brown seria o astro de algum reality show ultrajante. E, provavelmente, político.

Alguns anos depois de o *T. rex* ter invadido Nova York, Brown estava de volta ao trabalho, com seu sobretudo de pele, percorrendo o solo árido de Montana à procura de mais fósseis. Como de costume, ele os encontrou. Desta vez, foi um *Tyrannosaurus* muito melhor: um esqueleto mais completo com um lindo crânio, quase tão comprido quanto um homem e com mais de cinquenta dentes afiados do tamanho dos pregos das ferrovias. Enquanto o primeiro *T. rex* de Brown estava muito incompleto para se estimar o tamanho total do animal, o segundo fóssil mostrava que o rex de fato era o rei: um dinossauro com mais de 10 metros de comprimento que deve ter pesado muitas toneladas. Não havia dúvidas: o *T. rex* era o maior e mais assustador predador terrestre que já fora descoberto.

NAS DÉCADAS SEGUINTES, o *T. rex* gozou a vida no topo, astro de filmes e exibições de museu no mundo inteiro. Ele lutou com o gorila gigante em *King Kong* e aterrorizou audiências na adaptação para o cinema de *Em busca do mundo perdido*, de Arthur Conan Doyle. Mas essa fama mascarava uma charada: durante quase todo o século XX, os cientistas não sabiam praticamente nada sobre como o *T. rex* se encaixava no quadro mais amplo da evolução dos dinossauros. Era um ponto fora da curva, uma criatura tão maior e dramaticamente diferente de outros dinossauros predadores conhecidos que era difícil colocá-lo no álbum de família dos dinossauros.

Durante as primeiras décadas após a descoberta de Brown, paleontólogos desenterraram alguns parentes próximos do *T. rex* na América do Norte e na Ásia. Ninguém se surpreendeu de o próprio Brown ter feito algumas das mais importantes dessas descobertas, mais notavelmente um cemitério em massa de grandes tiranossauros em Alberta em 1910. Esses primos do *T. rex* — o *Albertosaurus*, o *Gorgosaurus*, o *Tarbosaurus* — são muito parecidos com o *T. rex* em tamanho e têm esqueletos quase idênticos. À medida que a ciência da datação de rochas avançava no final do século XX, foi também determinado que esses outros tiranossauros viveram por volta da mesma época que o *T. rex*: o finalzinho do Cretáceo, entre 84 e 66 milhões de anos atrás. Então, os cientistas tinham um dilema. Havia vários tiranossauros grandes no topo da cadeia alimentar prosperando no auge da história dos dinossauros. De onde eles vieram?

Esse mistério foi respondido só muito recentemente, e, como aconteceu com tanto do que aprendemos sobre os dinossauros nas últimas décadas, nossa nova compreensão da evolução dos tiranossauros provém de um tesouro de novos fósseis. Muitos deles vieram de locais inesperados, talvez nenhum mais do que aquele que é atualmente reconhecido como o tiranossauro mais velho, uma pequena e modesta criatura chamada *Kileskus* que foi descoberta em 2010 na Sibéria. Quando pensamos em dinossauros, a Sibéria provavelmente não é um dos lugares que vêm à mente, mas seus fósseis agora estão sendo encontrados no mundo inteiro, até mesmo nos lugares mais remotos no norte da Rússia, onde os paleontólogos precisam suportar invernos severos e verões úmidos infestados de mosquitos.

Alexander Averianov, meu amigo do Instituto Zoológico da Academia Russa de Ciências de São Petersburgo, é um desses paleontólogos. Sasha, como o chamamos, está entre os especialistas do mundo nesses mamíferos pequeninos que viveram ao lado (ou, mais corretamente, abaixo) dos dinossauros. Ele também estuda os dinossauros que mantinham seus amados mamíferos lá embaixo. Sasha iniciou sua carreira quando a União Soviética se desintegrava e, através de suas inúmeras descobertas e descrições meticulosas da anatomia fóssil, tornou-se um dos principais paleontólogos da nova Rússia.

Alguns anos atrás, Sasha me mostrou um novo fóssil de dinossauro do Uzbequistão em uma conferência. Ele me levou até seu quarto, abriu cerimoniosamente uma caixa de papelão ornada em laranja e verde, e puxou parte do crânio de um carnívoro. Sasha recolocou o fóssil na caixa e a entregou a mim para que eu pudesse levá-lo a Edimburgo e submetê-lo a uma tomografia computadorizada. Mas, antes de soltar, ele me olhou nos olhos e, com o sotaque russo de vilão de filme, disse: "Tenha cuidado com o fóssil, mas tenha mais cuidado ainda com a caixa. É uma caixa soviética. Elas não são mais fabricadas." Com um sorriso travesso, ele então puxou uma garrafinha com um líquido escuro. "E agora brindemos com um conhaque do Daguestão", proclamou,

O TIRANO DOS DINOSSAUROS

servindo duas taças, e depois mais duas, e ainda uma terceira rodada. Brindamos aos seus tiranossauros.

Como o primeiro *Tyrannosaurus rex* de Brown, o dinossauro de Sasha, o *Kileskus*, não passava de uma fração de um esqueleto. Havia parte do focinho e a lateral da face, um dente, um pedaço da mandíbula inferior e alguns ossos aleatórios do membro dianteiro e dos traseiros. Todos esses ossos foram encontrados dentro de 2 m^2 na pedreira onde a equipe de Sasha trabalhara por muitos anos, na região de Krasnoyarsk da Sibéria central. Krasnoyarsk é uma das mais de oitenta "subdivisões federais" da Rússia, como a constituição pós-soviética chama os equivalentes aos estados americanos ou províncias canadenses. Não é a pequena Delaware, nem sequer o Texas, ou, incrivelmente, o Alasca. Krasnoyarsk cobre quase toda a região central da Rússia, do mar Ártico no norte, quase até a fronteira com a Mongólia no sul. É uma sombra com pouco menos de 2,5 milhões de km^2, muito maior do que o Alasca, e até um pouco maior do que a Groenlândia. Muito espaço, mas pouquíssimos habitantes: a população inteira é quase a mesma que a de Chicago. Nessa vastidão, Sasha conseguiu encontrar o tiranossauro mais velho do mundo. O nome que ele lhe deu, *Kileskus*, baseia-se na palavra "lagarto" na língua local, falada por apenas alguns milhares de pessoas nessa isolada parte do mundo.

A descoberta não recebeu muita atenção da imprensa e escapou à atenção de muitos cientistas quando Sasha a descreveu em um obscuro periódico russo que não está no radar da maioria dos paleontólogos. O *Kileskus* não recebeu um apelido engraçado, e sem dúvida não apareceria em nenhum futuro filme da franquia *Jurassic Park*. É um daqueles cinquenta e poucos dinossauros anunciados todos os anos em um artigo científico técnico e depois praticamente esquecidos, exceto por um punhado de paleontólogos especializados. Para mim, porém, o *Kileskus* é uma das descobertas mais importantes da última década, pois é uma prova clara de que os tiranossauros tiveram seu ponto de partida evolucionário logo cedo. O *Kileskus* foi encontrado em rochas formadas durante a metade do Jurássico, cerca de 170 milhões de anos atrás, mais de 100 milhões de anos antes de o *T. rex* e seus primos colossais dominarem a América do Norte e a Ásia.

148 ASCENSÃO E QUEDA DOS DINOSSAUROS

O *Kileskus* pode ser importante, mas sua aparência não é muito impressionante. Eu analisei seus ossos pela primeira vez no escritório escuro de Sasha, em um formidável prédio antigo no gelado rio Neva, que ainda estava derretendo no início de abril. Sim, o fóssil de Sasha resume-se a apenas alguns ossos, mas isso não surpreende muito. A maioria das novas descobertas de dinossauros não passa de alguns fragmentos desordenados de ossos, pois é preciso muita sorte para mesmo uma pequena fração de um esqueleto suportar milhões de anos enterrada no solo. Não, o que me impressionou no *Kileskus* foi o quão pequeno ele era. Todos os ossos cabem com folga em algumas caixas de sapato. Eu podia erguê-los facilmente da prateleira. Se eu quisesse pegar o crânio do *T. rex* em Nova York, precisaria de uma empilhadeira.

É difícil acreditar que uma criatura dócil como o *Kileskus* possa ter dado origem a um gigante como o *T. rex*. Embora seja difícil fazer uma mensuração precisa do seu tamanho por termos poucos ossos à disposição, o *Kileskus* provavelmente só tinha entre 2 e 2,5 metros de comprimento, a maior parte consistindo da sua cauda fina. Ele atingia no máximo 60 centímetros de altura — teria alcançado sua cintura ou peito, como um cachorro grande. E pesava 45 quilos, ou por volta disso. Se o *T. rex* de 12 metros de comprimento, 3 metros de altura e 7 toneladas vivesse na Rússia no Jurássico Médio, poderia ter sacudido o *Kileskus* de lado sem grande esforço, mesmo com seus patéticos bracinhos. O *Kileskus* não era um monstro brutal. Não era um superpredador. Talvez fosse algo como um lobo ou chacal, um caçador leve e de pernas longas que usava a velocidade para perseguir presas pequenas. Sem dúvida, não é coincidência que a pedreira em Krasnoyarsk onde o *Kileskus* foi encontrado esteja cheia de fósseis de pequenos lagartos, salamandras, tartarugas e mamíferos. Eram essas coisas que os primeiros tiranossauros comiam, e não saurópodes de pescoço comprido ou estegossauros do tamanho de jipes.

Sendo tão diferente do *T. rex* em tamanho e hábitos de caça, como podemos afirmar com certeza que o *Kileskus* é um tiranossauro? Se o *Kileskus* tivesse sido descoberto na mesma época que o *T. rex*, talvez os cientistas não tivessem feito a conexão. Mesmo que o *Kileskus* tivesse

O TIRANO DOS DINOSSAUROS

sido encontrado algumas décadas atrás, é provável que não tivesse sequer sido identificado como um tiranossauro primitivo, um tetravô do *T. rex*. Agora sabemos, e, mais uma vez, devemos isso a novos fósseis.

Sasha teve a grande sorte de encontrar o *Kileskus* apenas quatro anos depois de uma equipe na extremidade mais ocidental da China, liderada pelo meu colega Xu Xing, ter se deparado com um carnívoro muito parecido do Jurássico Médio. Felizmente, a equipe de Xu não encontrou apenas um punhado de ossos quebrados. Eles encontraram dois esqueletos quase completos, um de um adulto e outro de um adolescente. A história de como esses dinossauros chegaram lá poderia ser escrita no roteiro de um filme de catástrofe. O adolescente foi encontrado no fundo de um fosso muito profundo, pisoteado pelo adulto. Os dois foram engolidos em lama e cinza vulcânica. Algo terrível claramente acontecera, mas o que foi tortura para esses dinossauros foi um golpe de sorte para os paleontólogos.

Xu e sua equipe deram o nome de *Guanlong* ao seu novo dinossauro, que significa "dragão coroado" em chinês. O nome faz referência à crista óssea no estilo moicano no topo do crânio. A crista é mais fina do que um prato e perfurada em vários pontos. É o tipo de coisa que parece absurda, e que provavelmente só tinha uma função: um ornamento para atrair parceiros sexuais e intimidar rivais, como a exuberante cauda de um pavão macho, que só serve para ser mostrada.

Passei dias analisando os ossos do *Guanlong* em Beijing. A princípio, a crista foi o que me chamou a atenção, mas outros traços dos ossos oferecem dicas importantes para colocarmos o *Guanlong* na árvore genealógica, ligando-o tanto ao *Kileskus* quanto ao *T. rex*. Para começar, ele é claramente muito parecido com o *Kileskus*: os dois têm aproximadamente o mesmo tamanho, narinas imensas que mais parecem janelas na frente do focinho e ossos compridos na mandíbula superior com uma depressão profunda acima dos dentes que deve ter abrigado um grande seio paranasal. Por outro lado, o *Guanlong* exibe muitas características que só são vistas no *T. rex* e em outros grandes tiranossauros entre todos os dinossauros carnívoros. Em outras palavras, novidades evolucionárias, como aprendemos anteriormente, são a chave para a compreensão da genealogia. Por exemplo, ele possui ossos nasais completamente fundidos no topo do focinho, este com uma parte posterior larga e arredondada, um pequeno chifre na frente do olho e duas cicatrizes de vínculo muscular na frente da pélvis. Há muitas outras semelhanças, detalhes anatômicos que podem parecer tediosos, mas que servem para que meus colegas cientistas e eu saibamos que o *Guanlong* é, definitivamente, um tiranossauro primitivo. E como os esqueletos completos do *Guanlong* compartilham tantos traços com os ossos muito mais fragmentados do *Kileskus*, o último provavelmente também é um tiranossauro primitivo.

Além de ajudar a provar que o *Kileskus* é um tiranossauro, os esqueletos completos do *Guanlong* também pintam um quadro mais claro da provável aparência desses primeiros e mais primitivos tiranossauros, como se comportavam e se encaixavam em seus ecossistemas. Com base nas dimensões de seus membros — que, sabemos, estão intimamente relacionadas ao peso corporal dos seres vivos —, o *Guanlong* deve ter pesado cerca de 70 quilos. O *Guanlong* era flexível e magro, com pernas magricelas compridas e uma cauda muito grande para garantir o equilíbrio. Sem dúvida, era um caçador rápido. Ele tinha a boca cheia de dentes afiados como facas para cortar carne, apropriados para um predador, mas também braços bem compridos com três dedos com garras capazes de agarrar presas com força extrema, completamente diferentes dos braços atrofiados de dois dedos do *T. rex*.

O *Guanlong* podia caçar com seu arsenal de velocidade, dentes afiados e garras mortais, mas não era um superpredador. Ele convivia com carnívoros muito maiores, como o *Monolophosaurus*, de mais de 4,5 metros de comprimento, e com o *Sinraptor*, um primo próximo do *Allosaurus* com 9 metros de comprimento e mais de 1 tonelada. O *Guanlong* vivia à sombra desses animais, e provavelmente também com medo deles. Na melhor das hipóteses, o *Guanlong* era um predador de segundo ou terceiro nível, um elo modesto em uma cadeia alimentar dominada por outros dinossauros. Isso também teria se aplicado ao *Kileskus* e outros tiranossauros pequenos e primitivos descobertos recentemente, como o menor de todos, o *Dilong*, do tamanho de um galgo, encontrado na China, e o *Proceratosaurus*, um dinossauro descoberto há mais de um século na Inglaterra que só recentemente foi reconhecido como um tiranossauro arcaico por ter uma crista no estilo moicano parecida com a do *Guanlong*.

Esses pequenos dinossauros podem não ter tido aparência muito notável, e não teriam causado pesadelos a ninguém, mas obviamente fizeram alguma coisa certa. Quanto mais fósseis encontramos, mais bem-sucedidos vemos que eram. Havia muitos deles, espalhados por todo o mundo durante os aproximadamente 50 milhões de anos do Jurássico Médio e até boa parte do Cretáceo, de cerca de 170 a 120 milhões de anos atrás. Eles claramente sobreviveram ao coquetel de mudanças ambientais e climáticas que extinguiram os *Allosaurus*, os saurópodes e os estegossauros por volta da transição entre o Jurássico e o Cretáceo. Hoje, temos fósseis deles espalhados pela Ásia, por vários lugares da Inglaterra, no oeste dos Estados Unidos e, provavelmente, até na Austrália. Eles conseguiram se dispersar tanto por terem vivido quando o supercontinente Pangeia ainda estava se dividindo, o que significa que podiam facilmente atravessar com um pulo as pontes terrestres que ligavam os continentes, os quais ainda precisavam se distanciar muito uns dos outros. Esses primeiros tiranossauros haviam conquistado um nicho como predadores de porte pequeno a médio vivendo entre os arbustos, e eram muito bons nisso.

EM ALGUM MOMENTO, contudo, os tiranossauros mudaram de coadjuvantes para os famosos superpredadores que nós todos amamos. Os primeiros sinais dessa transformação podem ser vistos nos fósseis do início do Cretáceo, cerca de 125 milhões de anos atrás. Os tiranossauros que viviam nessa época eram, em sua maioria, pequenos. O pequenino *Dilong* é o exemplo mais extremo, mal alcançando 9 quilos. Alguns eram um pouco maiores, como o *Eotyrannus*, da Inglaterra, e alguns de seus primos mais velhos, como o *Juratyrant* e o *Stokesosaurus*, eram maiores do que o *Dilong*, o *Guanlong* e o *Kileskus*, e talvez alcançassem até entre 3 e 3,5 metros e cerca de 450 quilos. Se vivêssemos naquela época, e esses tiranossauros de tamanho médio cooperassem, poderíamos tê-los cavalgado como cavalos, mas eles ainda não ocupavam o topo da cadeia alimentar.

Em 2009, outra peça do quebra-cabeça apareceu: uma equipe de cientistas chineses descreveu um fóssil extremamente incomum do nordeste do país, que chamaram de *Sinotyrannus*. Como acontece com frequência, o novo dinossauro estava em fragmentos: apenas uma pequena parte dos ossos foi preservada, incluindo a parte anterior do focinho e a mandíbula inferior, além de algumas partes da espinha dorsal e alguns pedaços da mão e da pélvis. Esses ossos eram muito parecidos com os do *Guanlong* e do *Kileskus*, que seriam descritos alguns meses depois. A base de uma elevada crista óssea podia ser vista exatamente onde o focinho estava quebrado, a abertura da narina era imensa e havia um imenso seio paranasal acima dos dentes. Mas havia uma diferença considerável: o *Sinotyrannus* era muito maior do que o *Guanlong*. Com base nas comparações dos ossos de outros dinossauros carnívoros, estima-se que esse novo predador tinha por volta de 9 metros de comprimento e, talvez, mais de 1 tonelada. Isso equivale a pelo menos dez *Guanlongs*. Com cerca de 125 milhões de anos de idade, o *Sinotyrannus* era o exemplo mais antigo de um tiranossauro grande já encontrado.

Quando li o anúncio dessa nova espécie, eu ainda era um pós-graduando, e faltava mais ou menos um ano para começar meu projeto de Ph.D. sobre a evolução de dinossauros carnívoros. Para mim, estava claro que o novo dinossauro era um tiranossauro, e que era grande, mas eu não sabia o que mais pensar dele. Os fósseis estavam muito danificados para se ter certeza do seu tamanho ou para encaixá-lo com precisão na árvore genealógica. Seria ele um parente muito próximo do *T. rex*, o primeiro membro do grupo de carnívoros realmente grandes, com crânios profundos e braços minúsculos — *Tyrannosaurus*, *Tarbosaurus*, *Albertosaurus*, *Gorgosaurus* — que dominou o finalzinho do Cretáceo, entre 84 e 66 milhões de anos atrás? Se esse fosse o caso, talvez ele pudesse nos dizer como esses ícones dos dinossauros se tornaram tão grandes e tão dominantes. Mas ele poderia ser outra coisa? Talvez fosse apenas um tiranossauro primitivo que cresceu mais do que seus contemporâneos. Afinal de contas, o *Sinotyrannus* viveu cerca de 60 milhões de anos antes do *T. rex*, numa época em que todos os outros tiranossauros que conhecemos podiam caber na caçamba de uma picape.

Poderia essa descoberta realmente reescrever a história dos tiranossauros? Eu tinha uma forte sensação de que esse fóssil seria um problema por um bom tempo. Isso acontece com muita frequência no campo da pesquisa de dinossauros: um fóssil surge, e esse único fóssil aponta para uma grande história evolucionária — o membro mais antigo de um grupo importante, ou o primeiro fóssil a exibir um comportamento ou um traço crucial do esqueleto —, mas está danificado demais, ou incompleto, ou não pode ser datado com precisão. Então, nenhum outro fóssil é encontrado, e o caso fica aberto, sem solução.

Mas eu não deveria ter sido tão pessimista. Passados apenas três anos, Xu Xing — o paleontólogo chinês que descreveu o *Guanlong* e o *Dilong* — publicou um artigo sensacional no periódico *Nature*. Xu e sua equipe anunciaram outro novo dinossauro, que chamaram *Yutyrannus*. Eles tinham mais do que alguns ossos à sua disposição — tinham esqueletos, três deles. Seu novo dinossauro era obviamente um tiranossauro, e era muito parecido com o *Sinotyrannus*. Havia semelhanças em tamanho e também nos ossos — o *Yutyrannus* tinha uma crista e narinas imensas, exatamente como o *Sinotyrannus*. O *Yutyrannus* era grande: o maior esqueleto tinha por volta de 9 metros de comprimento. Isso não era uma estimativa, pois Xu e sua equipe podiam usar uma fita métrica para medir seu novo dinossauro, em vez de utilizar equações matemáticas para fazer uma estimativa do tamanho de um esqueleto completo com base em apenas alguns ossos quebrados, como era o nosso único recurso no caso do *Sinotyrannus*. Assim, o *Yutyrannus* trouxe uma conclusão: realmente havia tiranossauros grandes no Cretáceo Inferior, pelo menos na China.

Havia mais uma coisa peculiar a respeito do *Yutyrannus*. Os esqueletos estavam tão bem preservados que detalhes do tecido mole eram visíveis. Geralmente, a pele, os músculos e os órgãos se degeneram muito antes de o fóssil ser definitivamente sepultado na rocha, deixando apenas as partes duras, como ossos, dentes e carapaças. Com o *Yutyrannus*, tivemos sorte — os esqueletos foram enterrados tão rápido depois de uma erupção vulcânica que algumas de suas partes mais moles não se degeneraram. Em torno dos ossos havia aglomerados densos de filamentos mais delicados, cada um com cerca de 15 centímetros de comprimento. Estruturas semelhantes foram preservadas no *Dilong*, muito menor, encontrado na mesma unidade de rocha no nordeste da China.

São penas. Não as penas usadas para fazer caneta que encontramos nas asas das aves atuais, mas penas mais simples, mais parecidas com punhados de cabelo. Estas eram as estruturas ancestrais a partir das quais as penas das aves se desenvolveram, e hoje se sabe que muitos (e talvez todos) dinossauros tinham-nas. O *Yutyrannus* e o *Dilong* não deixam dúvidas de que os tiranossauros estavam entre esses dinossauros penosos. Ao contrário da maior parte das aves, os tiranossauros certamente não voavam. Em vez disso, eles provavelmente usavam suas penas só como ornamentação ou para se aquecer. E como tanto tiranossauros grandes, a exemplo do *Yutyrannus*, quanto pequenos, a exemplo do *Dilong*, tinham penas, isso implica que o ancestral comum de todos os tiranossauros tinha penas e, portanto, que o grande *T. rex* provavelmente também era penoso.

Os esqueletos cobertos de penugem do *Yutyrannus* levaram esse novo dinossauro ao estrelato na imprensa internacional, mas as penas são uma história à qual retornaremos mais tarde. Para mim, a verdadeira importância do *Yutyrannus* era que ele podia nos ajudar a compreender melhor como os tiranossauros se desenvolveram para alcançar tamanhos consideráveis. O *Yutyrannus* e o *Sinotyrannus* eram grandes — muito maiores do que quaisquer outros tiranossauros que tenham vivido antes do final do Cretáceo, quando o *T. rex* e seus irmãos reinavam supremos. Entretanto, esses dois dinossauros chineses não eram de fato colossais: eles tinham mais ou menos o mesmo tamanho do *Allosaurus* ou do grande predador *Sinraptor*, que predava o *Guanlong*, não chegando nem perto do *T. rex*, com 12 metros de comprimento e 7 toneladas, e seus parentes próximos. Não só isso, mas quando os esqueletos completos do *Yutyrannus* são comparados osso a osso aos esqueletos do *T. rex*, torna-se claro que eles são bem diferentes. O *Yutyrannus* parece uma versão maior do *Guanlong*, com sua crista ornamental, suas narinas grandes e mãos compridas de três dedos. Não tem o crânio musculoso profundo, os dentes de pregos de ferrovias nem os braços patéticos do *T. rex*.

Isso leva a uma conclusão inesperada: apesar de seus corpos grandes, o *Yutyrannus* e o *Sinotyrannus* não eram parentes muito próximos do *T. rex*, e não tinham grande relação com a evolução dos tamanhos colossais nos tiranossauros do final do Cretáceo. Em vez disso, eram tiranossauros primitivos fazendo experiências com corpos de grande porte, independentemente de seus primos posteriores. Colocando de outro modo, eles eram becos sem saída evolucionários que, até onde sabemos, não existiam fora de uma região da China durante o início do Cretáceo. (Essa afirmação pode, é claro, ser posta por terra com novas descobertas.) Eles conviviam com tiranossauros pequenos, que eram de longe o tipo mais comum prosperando no Jurássico e no início do Cretáceo.

Mesmo que não tenham sido ancestrais diretos do *T. rex*, o *Yutyrannus* e o *Sinotyrannus* estão longe de serem desimportantes. Essas espécies do início do Cretáceo mostram que os tiranossauros tinham capacidade de alcançar tamanhos consideráveis logo no início da evolução. O *Yutyrannus* e o *Sinotyrannus* eram, até onde sabemos, os maiores predadores de seus ecossistemas. Eles ocupavam o topo da cadeia alimentar, senhores de uma floresta verdejante — úmida no verão, suscetível a ser soterrada por neve no inverno — que aderia às laterais de vulcões íngremes, vivos com o gorjeio de aves primitivas e dromeossaurídeos penosos. Eles tinham sua opção de presa: saurópodes corpulentos de pescoço comprido, se estivessem particularmente famintos, ou grandes grupos de *Psittacosaurus* herbívoros, com bicos e do tamanho de ovelhas, primos primitivos do *Triceratops*, que 60 milhões de anos depois lutaria contra o próprio *T. rex* nas planícies aluviais do oeste da América do Norte.

Em outros lugres, separados no tempo e no espaço das florestas da China do Cretáceo Inferior, onde as espécies de tiranossauros eram pequenas ou de porte médio, eles eram anões se comparados a predadores maiores. O *Guanlong* ficava à sombra do *Sinraptor* na China do Jurássico Médio. O *Allosaurus* superou em força o tiranossauro do tamanho de uma mula *Stokesosaurus* mais à frente no Jurássico da América do Norte. O carcarodontossauro *Neovenator* continha o *Eotyrannus* no Cretáceo Inferior da Inglaterra. E há muitos outros exemplos. Parece que o tiranossauro podia alcançar tamanhos grandes quando tinha a oportunidade, mas só se não houvesse predadores maiores ao redor.

A QUESTÃO PERMANECE: como o *T. rex* e seus parentes mais próximos alcançaram tamanhos tão impressionantes? Precisamos analisar o registro de fósseis para ver quando o primeiro tiranossauro realmente imenso com a clássica estrutura física do *T. rex* surgiu. Com isso, refiro-me aos tiranossauros de mais de 10,5 metros de comprimento e 1,5 tonelada, com os grandes crânios profundos, mandíbulas musculosas, dentes de tamanho de bananas, braços patéticos e pernas com músculos volumosos que definem o *T. rex*.

Esse tipo de tiranossauro — verdadeiros gigantes, superpredadores inquestionáveis de tamanho recorde — surgiu pela primeira vez no oeste da América do Norte por volta de 84 a 80 milhões de anos atrás. Quando eles começaram a surgir, apareceram por todos os lugares, tanto na América do Norte quanto na Ásia. Claramente, uma diversificação explosiva ocorrera.

Sabemos que a grande mudança aconteceu em algum momento no Cretáceo Médio, entre 110 e 84 milhões de anos atrás. Antes disso, havia muitos tiranossauros de porte pequeno a médio vivendo por todo o mundo, com apenas algumas espécies aleatórias maiores como o *Yutyrannus*. Depois desse período, tiranossauros imensos passaram a reinar pela América do Norte e Ásia, mas só nesses continentes, e não restou nenhuma espécie menor do que um micro-ônibus. Foi uma mudança dramática, uma das maiores de toda a história dos dinossauros. Para a nossa frustração, pouquíssimos fósseis registram o que aconteceu. O Cretáceo Médio é como uma era das trevas na evolução dos dinossauros. Por puro azar, pouquíssimos fósseis de todo esse período de 25 milhões de anos foram encontrados. Resta-nos, portanto, coçar a cabeça, como um detetive com a missão de solucionar um crime quando a cena do crime não preservou nenhuma impressão digital, traços de DNA ou qualquer evidência tangível.

O que podemos dizer, com base em uma compreensão crescente de como a Terra era durante o Cretáceo Médio, é que provavelmente não foi um ótimo período para ser um dinossauro. Cerca de 94 milhões de anos atrás, entre os subperíodos Cenomaniano e Turoniano do Cretáceo, houve um espasmo de mudança ambiental. As temperaturas decolaram, os níveis do mar oscilaram violentamente e os oceanos profundos ficaram sem oxigênio. Não sabemos ainda por que isso aconteceu, mas uma das principais teorias é que um surto de atividade vulcânica expeliu quantidades enormes de dióxido de carbono e outros gases tóxicos na atmosfera, causando um efeito estufa descontrolado e envenenando o planeta. Quaisquer que tenham sido as causas, essas mudanças ambientais desencadearam uma extinção em massa. Não foi tão grande quanto as extinções do final do Permiano e do final do Triássico, que ajudaram os dinossauros a alcançarem o domínio, mas algo mais parecido com o que aconteceu na transição entre o Jurássico e o Cretáceo. Não obstante, foi uma das piores matanças da Era dos Dinossauros. Muitos invertebrados marítimos desapareceram para sempre, assim como vários tipos de répteis.

O registro extremamente pobre de fósseis do Cretáceo Médio dificultou o entendimento de como esses dramas ambientais afetaram os dinossauros. Entretanto, os paleontólogos recentemente conseguiram um vislumbre de importantes novos espécimes dessa lacuna. Um padrão está claramente entrando em foco: nenhum dos grandes predadores desse período de tempo de 25 milhões de anos é um tiranossauro. Todos pertencem a outros grupos de carnívoros grandes, como os ceratossauros, os espinossauros e, especialmente, os carcarodontossauros. Este último grupo de ultrapredadores, que (como vimos no capítulo anterior) dominou completamente o Cretáceo Inferior, continuou com seu reinado até o Cretáceo Médio. O carcarodontossauro *Siats* de 10,5 metros era o predador alfa no oeste da América do Norte cerca de 98,5 milhões de anos atrás. Na Ásia, o *Chilantaisaurus*, que tinha quase o tamanho do *T. rex*, e o *Shaochilong*, de menor porte, eram os mandachuvas há cerca de 92 milhões de anos, e, na América do Sul, carcarodontossauros como o *Aerosteon* reinaram cerca de 85 milhões de anos atrás.

Os tiranossauros que conviviam com esses carcarodontossauros, por outro lado, ainda não eram muito especiais, pelo menos no que diz respeito à sua aparência exterior. Não temos muitos fósseis seus, mas alguns começaram a aparecer recentemente. Os melhores vêm do Uzbequistão, onde Sasha Averianov e seu colega Hans-Dieter Sues — um paleontólogo natural da Alemanha que está sempre sorrindo e tem uma risada contagiante, e que agora é pesquisador sênior do Instituto Smithsonian — trabalharam por mais de uma década no desolado deserto Kyzylkum.

Aquela caixa da era soviética que Sasha me entregou com cuidado alguns anos atrás continha alguns desses ossos. Eu os levei para uma tomografia computadorizada em Edimburgo porque dois desses espécimes eram caixas cranianas — o quebra-cabeça de ossos fundidos na parte de trás do crânio que cercava o cérebro e os ouvidos. Se você quiser ver o interior dessas caixas cranianas, nas cavidades que abrigavam o cérebro e o sistema sensorial, poderia abrir a caixa craniana com uma serra — que é o que Osborn fez com o primeiro crânio de *T. rex*, danificando-o para sempre em nome da ciência. Atualmente, podemos usar a tomografia computadorizada e seus raios X superpotentes, e não precisamos danificar nada. Quando fizemos a tomografia das caixas cranianas do Uzbequistão, confirmamos que elas pertenciam a um tiranossauro, já que tinham a mesma arquitetura de ossos em torno da coluna vertebral e a mesma cavidade comprida em forma de tubo do *T. rex*, do *Albertosaurus* e de outros tiranossauros. Tinham até um ouvido médio com uma cóclea muito comprida, outra marca registrada do tiranossauro, que permitia que esses predadores ouvissem melhor sons de baixa frequência. No entanto, o tiranossauro do Uzbequistão continuava sendo uma versão em miniatura, mais ou menos do tamanho de um cavalo.

Na primavera de 2016, Sasha, Hans e eu demos ao tiranossauro do Uzbequistão um nome científico formal, *Timurlengia euotica*. É uma homenagem a Timur, também conhecido como Tamerlão, o infame comandante militar da Ásia Central que governou o Uzbequistão e grande parte dos arredores no século XIV. É um nome apropriado para um tiranossauro, mesmo sendo um tiranossauro de porte médio alguns degraus abaixo do topo da cadeia alimentar. Embora não fosse nenhum colosso, o *Timurlengia* desenvolveu um cérebro maior e sentidos mais sofisticados — olfato, visão e audição mais apurados — do que outros dinossauros carnívoros, adaptações que finalmente iriam se tornar armas predatórias úteis para os futuros tiranossauros de grande porte. Os tiranossauros tornaram-se inteligentes antes de crescerem, mas não importava o quão inteligente fossem, o *Timurlengia* e seus camaradas continuavam vivendo sob o domínio dos verdadeiros governantes do Cretáceo Médio, os carcarodontossauros.

Então, quando o ponteiro bateu 84 milhões de anos atrás e os registros fósseis tornaram-se ricos outra vez, os carcarodontossauros desapareceram na América do Norte e na Ásia, substituídos por tiranossauros monstruosos. Uma grande virada evolucionária ocorrera. Teria sido devido aos efeitos remanescentes das mudanças na temperatura e no nível do mar ocorridas na transição entre o Cenomaniano e o Turoniano? Ela foi súbita ou gradual? Os tiranossauros superaram ativamente os carcarodontossauros, levando-os à extinção pela força física, ou os venceram com seu cérebro grande e sentidos bem desenvolvidos? Ou teriam as mudanças ambientais causado a extinção desses outros predadores grandes, mas poupado os tiranossauros, que aproveitaram a oportunidade e assumiram o papel de grandes predadores? Nós simplesmente não temos evidências suficientes para saber com certeza, mas, seja qual for a resposta, não há como negar que, no início do subintervalo Campaniano do final do Cretáceo, iniciado há 84 milhões de anos, os tiranossauros haviam alcançado o topo da pirâmide alimentar.

Durante os últimos 20 milhões de anos do Cretáceo, os tiranossauros prosperaram, dominando os vales dos rios, as margens dos lagos, as planícies aluviais, as florestas e os desertos da América do Norte e da Ásia. Sua aparência icônica é inconfundível: cabeça grande, corpo atlético, braços subdesenvolvidos, pernas musculosas, cauda comprida. Eles tinham uma mordida tão forte que mastigavam os ossos de suas presas; cresciam tão rápido que na adolescência ganhavam cerca de 2 quilos diariamente; e viviam com tanta intensidade que ainda não encontramos nenhum indivíduo que tenha morrido com mais de 30 anos. E tinham uma diversidade impressionante: encontramos quase vinte espécies de tiranossauros de ossos grandes do final do Cretáceo, e sem dúvida ainda há muitos outros aguardando para serem descobertos. O *Qianzhousaurus*, por grande sorte descoberto pelo ainda anônimo operador de uma retroescavadeira em um canteiro de obras chinês, é um dos exemplos mais recentes. Exatamente como Brown e Osborn pensaram mais de cem anos atrás, quando foram os primeiros humanos a colocarem os olhos em um tiranossauro, o *T. rex* e seus irmãos eram, de fato, os reis do mundo dos dinossauros.

O mundo que eles tinham diante de si era muito diferente do planeta em que os tiranossauros cresceram. Quando o *Kileskus*, o *Guanlong* e o *Yutyrannus* perseguiam suas presas, o supercontinente da Pangeia havia apenas acabado de começar a se separar, então os tiranossauros podiam migrar facilmente pela Terra. No final do Cretáceo, contudo, os continentes haviam se afastado muito, alcançando posições semelhantes às que ocupam hoje. Um mapa dessa época teria lembrado um pouco o globo terrestre atual. Havia, porém, algumas diferenças importantes. Devido ao aumento do nível do mar no Cretáceo Superior, a América do Norte era atravessada por um canal que ia do Ártico até o Golfo do México, e uma Europa inundada foi reduzida a poucas ilhas pequenas. A Terra do *T. rex* era um planeta fragmentado, com grupos diferentes de dinossauros habitando áreas separadas. Consequentemente, os governantes de uma região podem não ter sido capazes de conquistar outra por uma razão simples: eles não conseguiam chegar lá. Tiranossauros colossais não parecem ter conseguido se estabelecer nem na Europa nem nos continentes do sul, onde outros grupos de predadores grandes prosperavam, mas na América do Norte e na Ásia eles não tinham concorrência. Haviam se tornado o terror supremo que incendeia nossa imaginação.

6

O REI DOS DINOSSAUROS

O *TRICERATOPS* ESTAVA SEGURO. ELE estava do outro lado do rio, separado por correntes intransponíveis do perigo que crescia na margem oposta. Mas podia ver o que estava prestes a acontecer, e estava de mãos atadas para impedir.

A não mais do que 15 metros de distância, em uma ponta de terra e lama que se projetava do outro lado da água, um grupo de três *Edmontosaurus* aguardava. Seus bicos de pato afiados arrancavam folhas de arbustos floridos na margem. Suas bochechas — pesadas por estarem tão cheias de comida — balançavam de um lado para outro em um movimento de mastigação. O sol do final da tarde tremeluzia sobre as correntes, e o canto dos pássaros no topo das copas das árvores transmitia paz e tranquilidade.

Mas nem tudo estava bem. Lá do outro lado, o *Triceratops* identificou algo que o rebanho de *Edmontosaurus* não conseguia ver: outra criatura, escondida nas árvores mais altas na extremidade da selva, onde ela encontrava um banco de areia, sua pele verde escamosa quase perfeitamente camuflada. Eram seus olhos que a entregavam: duas esferas bulbosas, brilhando em antecipação. Eles se mexiam da esquerda para a direita, em intervalos que duravam menos de um segundo, sondando os três herbívoros desavisados. Esperando pelo momento certo.

E então ele veio, em uma explosão de violência.

O monstro de pele verde e olhos vermelhos pulou dos arbustos no caminho dos herbívoros. Era uma visão aterrorizante: o predador à espreita era mais comprido do que um ônibus urbano. Ele chegava a 13 metros de comprimento e pesava pelo menos 5 toneladas. Uma penugem saía entre suas escamas do pescoço e das costas — uma penugem cheia e suja. Sua cauda era comprida e musculosa, suas pernas eram grossas, seus braços ridiculamente pequenos, balançando nas laterais enquanto ele arremetia com a cabeça esticada e a boca aberta na direção do rebanho de *Edmontosaurus*.

Quando ele abriu a boca, havia cerca de cinquenta dentes pontiagudos, cada um do tamanho de um prego de ferrovia. Eles morderam a cauda de um dos *Edmontosaurus*, a cacofonia de ossos quebrando e os gritos agudos angustiados ecoando pela floresta.

Desesperado, o *Edmontosaurus* atacado conseguiu se libertar e cambaleou entre as árvores, a cauda ferida balançando atrás de si, carregando consigo um dente do predador, cicatriz da batalha. Ele sobreviveria ou sucumbiria aos ferimentos nas profundezas ocultas da floresta? O *Triceratops* jamais descobriria.

Irritada por causa do fracasso do primeiro ataque, a besta voltou sua atenção para a menor das criaturas com bico de pato, mas o jovem estava correndo para o interior da selva, desviando de troncos e arbustos a uma velocidade de corredor profissional. O imenso carnívoro percebeu que não tinha esperança de capturá-lo e emitiu um grito sentido de frustração do fundo da garganta.

Ainda restava um *Edmontosaurus*, acuado no banco de areia: água de um lado, o monstro carnívoro do outro. Quando o predador olhou para o rio, os dois se encararam. Era impossível fugir, e então o inevitável aconteceu.

A cabeça arremeteu. Os dentes cravaram a carne. Ossos eram quebrados enquanto o pescoço do herbívoro era dilacerado, o sangue escorrendo na água e se misturando com a espuma branca das correntes, os dentes quebrados do predador chovendo céu acima enquanto ele atacava a vítima.

Então, do fundo da floresta, veio um farfalho. Troncos foram quebrados e folhas voaram. O *Triceratops* observou impressionado quando quatro outros monstros de cabeça grande e dentes afiados — quase idênticos em tamanho e formato ao primeiro — aproximaram-se a passos largos do banco de areia. Era uma matilha; o primeiro a ter atacado era seu líder, e agora os liderados podiam compartilhar sua vitória. As cinco criaturas famintas bufavam e rangiam os dentes, mordiscando uns aos outros, enquanto disputavam os melhores pedaços de carne.

Do conforto da margem oposta, o *Triceratops* sabia exatamente o que via, pois já estivera ali antes: ele já escapara dos dentes de um desses

O REI DOS DINOSSAUROS

assassinos vorazes, ferindo-o com um de seus chifres até a besta soltá-lo. Esse temido predador era conhecido por todos os *Triceratops*. Ele era seu grande rival, o terror que surgia repentinamente como um fantasma de entre as árvores e abatia rebanhos inteiros. Era o *Tyrannosaurus rex* — o Rei dos Dinossauros, o maior predador terrestre nos 4,5 bilhões de anos da história da Terra.

O *T. REX* é uma celebridade — o pesadelo assombrador. Mas também é um animal de verdade. Os paleontólogos sabem bastante sobre ele: qual era sua aparência, como ele se movimentava, respirava e experimentava o mundo, o que comia, como crescia e por que conseguiu crescer tanto. Em parte, isso se deve ao fato de termos muitos fósseis: mais de cinquenta esqueletos, alguns quase completos, superando quase todos os outros dinossauros. Mas, acima de tudo, o motivo é a atração impulsiva de tantos cientistas pela majestade do Rei, a mesma obsessão que tantas pessoas sentem por astros do cinema e atletas. Quando os cientistas se apaixonam por algo, começamos a brincar com quase todos os instrumentos, experiências ou outro tipo de análise à nossa disposição. Usamos toda a caixa de ferramentas com o *T. rex*: tomografias computadorizadas para analisar seu cérebro e seu sistema sensorial, animações computacionais para entender sua postura e locomoção, software de engenharia para modelar como ele comia, o estudo microscópico de seus ossos para ver como crescia — e a lista não para por aí. Como resultado, sabemos mais sobre esse dinossauro do Cretáceo do que sobre muitos outros seres vivos.

Como era o *T. rex* como um animal vivente, respirando, alimentando-se, movimentando-se, crescendo? Deixe-me oferecer uma biografia não autorizada do Rei dos Dinossauros.

Comecemos pelo básico.

Como todos já sabem, o *T. rex* era imenso: os adultos tinham por volta de 13 metros de comprimento e pesavam, com uma boa estimativa, 7 ou 8 toneladas, isso com base nas equações apresentadas alguns capítulos atrás, que calculam o peso corporal a partir da espessura do fêmur. Essas proporções estão acima da média dos dinossauros carnívoros. Os governantes do Jurássico — o esquartejador *Allosaurus*, o *Torvosaurus* e outros — alcançavam mais ou menos 10 metros de comprimento e algumas toneladas; monstros, sem dúvida, mas que não chegavam nem perto do Rex. Depois que as alterações na temperatura e nos níveis do mar precipitaram a chegada do Cretáceo, alguns dos carcarodontossauros da África e da América do Sul cresceram mais ainda do que seus predecessores jurássicos. O *Giganotosaurus*, por exemplo, era tão longo quanto o *T. rex* e pode ter atingido cerca de 6 toneladas. Mas isso ainda é uma ou duas toneladas a menos do que o Rex, então o Rei é sem a menor sombra de dúvida o maior animal exclusivamente carnívoro que já habitou a terra durante a época dos dinossauros, ou, aliás, em qualquer período da história do planeta.

Se mostrarmos a foto de um *T. rex* a crianças do jardim de infância, elas imediatamente saberão o que é. Ele tem um estilo marcante, um corpo único — ou, no jargão científico, uma estrutura física distintiva. A cabeça era imensa, empoleirada sobre um pescoço curto e grosso como o de um fisiculturista. Para equilibrar a cabeça gigante, uma cauda comprida, que ia afinando horizontalmente como uma gangorra. O Rex ficava de pé sobre as patas traseiras, suas coxas e panturrilhas musculosas impulsionando seus movimentos. Como uma bailarina, ele se equilibrava nas pontas dos pés, o arco ou sola raramente tocando o chão, todo o peso suportado pelos enormes três dedos. Os membros dianteiros pareciam inúteis: coisinhas miúdas com dois dedos curtos e grossos, comicamente desproporcionais ao resto do corpo. E o corpo em si: não gordo como o dos saurópodes de pescoço comprido, mas tampouco magricela como o do rápido *Velociraptor*. Um corpo com seu próprio estilo.

O poder do Rex estava concentrado na cabeça. Ela era uma máquina assassina, uma câmara de tortura para suas presas e uma máscara assustadora, tudo isso ao mesmo tempo. Com cerca de 1,5 metro de comprimento do focinho às orelhas, o crânio tinha quase o mesmo tamanho de um humano. Mais de cinquenta dentes afiados como faca compunham um sorriso sinistro. Havia dentes pequenos para mordiscar na frente do focinho e fileiras de

O REI DOS DINOSSAUROS

lanças serreadas com o tamanho e o formato de bananas nas mandíbulas superior e inferior. Músculos feitos para abrir e fechar essas mandíbulas elevavam-se atrás da cabeça e perto do buraco do tamanho de uma tampa de garrafa que servia de ouvido. Cada globo ocular era do tamanho de uma toranja. Na frente de cada um, coberto de pele, havia um sistema de seios paranasais que ajudava a tornar a cabeça mais leve, e depois imensos chifres carnosos na ponta do focinho. Pequenos chifres projetavam-se na frente e atrás de cada olho, enquanto outro se projetava para baixo de cada bochecha — pontas nodosas de osso cobertas por queratina, o mesmo material que compõe nossas unhas. Imagine essa visão abominável como sua última memória antes de os dentes cravarem, quebrando seus ossos. Muitos dinossauros encontraram a morte dessa maneira.

Todo o corpo — a cabeça, os braços ridículos, as pernas fortes, até a ponta da cauda — era coberto por uma pele espessa e escamosa. Nesse aspecto, o *T. rex* lembrava um crocodilo ou um iguana gigante, com sua aparência semelhante à de um lagarto. Mas havia uma diferença importante: o Rex também tinha penas entre as escamas. Conforme mencionado no último capítulo, não eram penas imensas com subdivisões como as da asa de um pássaro, mas filamentos mais simples com a aparência e a textura de cabelos, os maiores sendo duros como as cerdas de um porco-espinho. O *T. rex* certamente não podia voar, tampouco seus ancestrais, que haviam desenvolvido primeiro esses protótipos de penas, logo nos primeiros dias de existência dos dinossauros. Não, como veremos mais tarde, as penas surgiram como simples filetes de tegumento, que criaturas como o *T. rex* usavam para se aquecer e como ornamentação para atrair parceiros sexuais e assustar rivais. Os paleontólogos ainda não encontraram penas fossilizadas em nenhum esqueleto de *T. rex*, mas estamos confiantes de que ele tinha alguma penugem, porque tiranossauros primitivos — o *Dilong* e o *Yutyrannus*, que conhecemos no último capítulo — foram encontrados cobertos de penas semelhantes a cabelos, assim como muitos outros tipos de terópodes preservados nas raras condições que permitem que fragmentos delicados se transformem em fósseis. Isso significa que os ancestrais do *T. rex* tinham penas, então é muito provável que o *Rex* também tivesse.

O *T. rex* viveu há cerca de 68 a 66 milhões de anos, e seu domínio dava-se sobre as planícies costeiras cobertas por florestas e vales de rios no oeste da América do Norte. Lá, ele reinava sobre ecossistemas diversos que continham uma abundância de presas: o chifrudo *Triceratops*, o *Edmontosaurus* com seu bico de pato, o tanque *Ankylosaurus*, o *Pachycephalosaurus* com sua cabeça em forma de cúpula, e muitos outros. Seus únicos concorrentes por comida eram os muito menores dromeossauros — dromeossaurídeos à la *Velociraptor* —, o que significa que eles na realidade não tinham muita concorrência.

Embora vários outros tiranossauros tenham se desenvolvido nesses mesmos ambientes durante os 10 a 15 milhões de anos anteriores, eles não eram os ancestrais do *T. rex*. Em vez disso, os primos mais próximos do Rex eram espécies asiáticas como o *Tarbosaurus* e o *Zhuchengtyrannus*. O *T. rex*, no final das contas, era um imigrante. Ele surgiu na China ou na Mongólia, atravessou pulando a Beríngia, viajou através do Alasca e do Canadá, e alcançou o coração do que hoje é a América. Quando o jovem Rex chegou ao seu novo lar, encontrou as coisas prontas para serem capturadas. Ele varreu o oeste da América do Norte, uma peste invasiva que se espalhou do Canadá até o Novo México e o Texas, tirando do seu caminho todos os outros dinossauros predadores de porte médio a grande, passando a controlar sozinho o continente inteiro.

Então, um dia, tudo acabou. O *T. rex* estava lá quando um asteroide caiu do céu, 66 milhões de anos atrás, pondo um fim violento no Cretáceo e exterminando todos os dinossauros que não voavam. Chegaremos a essa história mais tarde. Por enquanto, só um fato importa: o Rei estava no topo e foi abatido no auge de seu domínio.

QUE BANQUETE É digno de um Rei? Nós sabemos que o *T. rex* era um carnívoro da ordem mais alta, exclusivamente carnívoro. É uma das inferências mais simples que podemos fazer sobre qualquer dinossauro, e não precisamos de experiências ou máquinas sofisticadas para descobrir isso. O *T. rex* tinha uma boca cheia de dentes grossos, serrilhados,

O REI DOS DINOSSAUROS

afiados como lâminas. Suas mãos e os pés tinham garras pontiagudas. Só há uma única razão para um animal ter essas coisas: elas são armas, usadas para obter e processar carne. Se seus dentes parecem facas e os dedos das mãos e dos pés são ganchos, você não se alimenta de repolho. Para qualquer um que duvide disso, há várias outras evidências: foram encontrados ossos preservados na área do estômago dos esqueletos de tiranossauros e também nos coprólitos (fezes fossilizadas), e o oeste da América do Norte está cheio de esqueletos de dinossauros herbívoros — particularmente *Triceratops* e *Edmontosaurus* — com marcas de mordida que combinam perfeitamente com o tamanho e o formato dos dentes do *T. rex.*

Como muitos monarcas, o Rex era um glutão. Ele devorava carne. Cientistas estimam quanta comida um *T. rex* adulto precisava para sobreviver com base no consumo de predadores vivos ajustado para as proporções do tamanho do Rex. As estimativas são nauseantes. Se o *T. rex* tinha o metabolismo de um réptil, então precisava de cerca de 5,5 quilos de pedaços de *Triceratops* por dia. Mas isso muito provavelmente é uma estimativa por baixo, pois, como veremos mais à frente, os dinossauros eram muito mais parecidos com aves do que com répteis em seus comportamentos e na sua fisiologia, e (pelo menos muitos deles) podem até mesmo ter sido homeotérmicos como nós. Se for esse o caso, o Rex precisava consumir cerca de 111 quilos de comida todos os dias. Isso equivale a muitas dezenas de milhares de calorias, talvez até centenas de milhares, dependendo da quantidade de gordura que o Rei gostava de ter na carne que consumia. É mais ou menos a mesma quantidade de comida consumida por três ou quatro grandes leões machos, alguns dos carnívoros modernos mais vigorosos e famintos.

Talvez você tenha ouvido rumores de que o *T. rex* gostava da carne morta e putrefata, de que o Rex era um saprófago, um coletor de carcaças de 7 toneladas, lento demais, burro demais ou grande demais para caçar seu próprio alimento fresco. Essa acusação parece surgir de vez em quando, e é uma das histórias de que os repórteres especializados nas ciências não enjoam. Não acredite nela. Ela desafia o senso comum de que um animal ágil e cheio de energia, com uma cabeça com dentes que mais pareciam facas, quase do tamanho de um carro Smart, teria a obrigação de usar sua anatomia feita com tal objetivo para abater presas, e não simplesmente andar por aí se alimentando de sobras. Também vai contra o que sabemos sobre os carnívoros modernos: pouquíssimos carnívoros são exclusivamente saprófagos, e as exceções que fazem isso bem — como os abutres, por exemplo — são aves que podem varrer vastas áreas do céu e mergulhar sempre que veem (ou farejam) um corpo em decomposição. A maioria dos carnívoros, por outro lado, caça ativamente, mas também se alimenta de carne em decomposição quando tem a oportunidade. Afinal de contas, quem dispensa uma refeição de graça? Isso se aplica aos leões, leopardos, lobos e até hienas, que não são os exclusivamente saprófagos lendários, mas, na verdade, obtêm grande parte do seu alimento através da caça. Como esses animais, o *T. rex* provavelmente era tanto um caçador quanto um saprófago oportunista.

Ainda duvida que o Rex saía à caça de sua própria comida? Existem evidências fósseis que provam que o *T. rex* caçava, pelo menos em parte do tempo. Muitos dos ossos de *Triceratops* e *Edmontosaurus* com cicatrizes de impressões dos dentes do *T. rex* apresentam sinais de cura e regeneração, então eles devem ter sido atacados ainda quando vivos e sobrevivido. Os mais provocativos entre esses espécimes são um conjunto de dois cóccix de *Edmontosaurus* com um dente de *T. rex* entre eles, envolvido por uma massa nodosa de tecido de cicatrização que fundiu os dois ossos à medida que cicatrizaram. O pobre dinossauro com bico de pato foi agressivamente atacado por um tiranossauro e ficou com um ferimento terrível, mas manteve o dente do predador como troféu pela experiência de quase morte.

Muitas das marcas de mordida do Rex são peculiares. A maioria dos terópodes deixava traços simples de alimentação nos ossos de suas presas: arranhões compridos, paralelos e superficiais, sinal de que os dentes mal beijavam o osso. Isso não surpreende, pois apesar de os dinossauros poderem substituir seus dentes ao longo da vida (ao contrário de nós), nenhum predador iria querer quebrá-los todas as vezes que se alimentasse. O *T. rex* era diferente, contudo. As marcas de suas mordidas são mais complexas: elas começam com um furo circular

O REI DOS DINOSSAUROS   171

profundo, como um buraco de bala, que alonga em uma fenda maior. Isso é uma indicação de que o Rex dava mordidas profundas na vítima, com frequência atravessando os ossos, e depois rasgava. Os paleontólogos criaram um termo especial para esse estilo de deglutição: alimentação fura-puxa. Durante a fase de furar da mordida, o Rex mordia com força suficiente para literalmente quebrar os ossos da presa. É por isso que os montes de fezes fossilizadas deixados pelo *T. rex* estão cheios de pedaços de ossos. Morder ossos não é normal — alguns mamíferos, como as hienas, fazem isso, mas não é um hábito comum dos répteis modernos. Até onde sabemos, tiranossauros grandes como o *T. rex* eram os únicos dinossauros capazes de tal prática. Era um dos poderes que tornaram o Rei uma máquina assassina consumada.

Como o *T. rex* conseguia? Para começar, seus dentes eram perfeitamente adaptados. Os dentes espessos, semelhantes a estacas, eram tão fortes que não quebravam com facilidade quando atingiam o osso. Em seguida, devemos levar em conta o poder por trás desses dentes: os músculos da mandíbula do *T. rex* eram amontoados salientes maciços de tendões que forneciam energia o bastante para quebrar os membros, as costas e os pescoços de *Triceratops*, *Edmontosaurus* e outras presas. É possível concluir que o Rex tinha uma das mandíbulas com os músculos mais potentes entre os dinossauros, isso com base nas cavidades largas e profundas nos ossos do crânio onde os músculos ficavam presos.

Há experiências que simulam as ações dos músculos da mandíbula de um tiranossauro. Um dos meus colegas, Greg Erickson, da Universidade do Estado da Flórida, desenvolveu um experimento particularmente inteligente na metade da década de 1990, logo depois de ter concluído a faculdade. Greg é uma das pessoas com quem mais gosto de estar — ele fala com a cadência de um esportista do colegial, e com frequência faz o papel completo com seu boné de beisebol e uma cerveja gelada na mão. Alguns anos atrás, Greg falava regularmente em um programa da TV a cabo sobre incidentes esquisitos envolvendo animais — jacarés percorrendo esgotos e invadindo parques de trailers, esse tipo de coisa. Por mais engraçado que ele seja, admiro Greg profundamente como cientista, pois ele tem uma abordagem diferente diante da paleontologia — experimental, quantitativa, rigorosamente baseada em comparações com animais modernos.

Greg passa muito tempo com engenheiros, e, certo dia, eles tiveram uma ideia maluca: eles montariam uma versão de laboratório do *T. rex* para determinar a força exata de sua mordida. Começaram com a pélvis de um *Triceratops* que apresentava um furo de meia polegada de profundidade deixado por um Rex, e em seguida fizeram uma pergunta simples: quanta força seria necessária para deixar um furo dessa profundidade? Eles não podiam pegar um *T. rex* de verdade e fazê-lo morder um *Triceratops* de verdade, mas descobriram uma maneira de simular isso: produziram um molde de bronze e alumínio de um dente do *T. rex*, que acoplaram a uma escavadeira hidráulica, e o cravaram na pélvis de uma vaca, muito semelhante em formato e estrutura com um osso do *Triceratops*. Eles empurraram o dente até produzirem um buraco de meia polegada, e então usaram seus instrumentos para medir a força necessária: 13.400 newtons, o equivalente a cerca de 1.360 quilos.

É um número impressionante — mais ou menos o peso de uma picape antiga. Em comparação, os humanos exercem uma força de no máximo cerca de 80 quilos com os dentes molares, enquanto os leões africanos mordem com uma força de aproximadamente 430 quilos. O único animal terrestre moderno que se aproxima do *T. rex* é o jacaré, que também tem uma mordida de 1.360 quilos. Porém, precisamos lembrar que o cálculo de 1.360 quilos para o *T. rex* diz respeito a apenas um dente — imagine quanta força uma boca cheia desses pregos de ferrovia tinha! E, como é uma medida da força para produzir uma marca de mordida observada em um fóssil, é provável que seja uma estimativa por baixo da força máxima da mordida. O Rex provavelmente tinha a mordida mais forte de todos os animais terrestres que já existiram. Ele podia quebrar ossos com facilidade, e era forte o bastante para morder um carro.

Toda essa força vinha dos músculos da mandíbula; eles eram o motor que fornecia energia para os dentes provocarem uma mordida capaz de quebrar ossos. Mas a história não termina aí. Se os músculos forneciam força o bastante para quebrar os ossos da presa, também

O REI DOS DINOSSAUROS

podiam quebrar os ossos do crânio do próprio *T. rex*. É física básica: cada ação tem uma reação equivalente. Portanto, não era suficiente ter dentes imensos e músculos maciços nas mandíbulas, o *T. rex* precisava de um crânio capaz de suportar o estresse tremendo provocado cada vez que ele as fechava.

Para descobrirmos como, precisamos retornar aos engenheiros e a outro paleontólogo que ultrapassou os limites no reino de cientistas obcecados por números. O laboratório de Emily Rayfield, na Universidade de Bristol, Inglaterra, é uma sala espaçosa e clara com uma fileira de computadores, suas grandes janelas e arquitetura aberta e ventilada lembrando algo saído do Vale do Silício. As prateleiras estão cheias de manuais de pacotes de software, mas não há um fóssil à vista. Emily não coleta fósseis com frequência; ela não é esse tipo de paleontóloga. Em vez disso, constrói modelos computacionais de fósseis — digamos, do crânio do *T. rex* — e usa uma técnica chamada Método dos Elementos Finitos (MEF) para estudar como eles operavam no sentido mecânico.

O MEF foi desenvolvido por engenheiros e calcula as distribuições de estresse e tensão no modelo digital de uma estrutura submetida a várias cargas simuladas. Em termos simples, é uma forma de prever o que aconteceria com uma coisa se algum tipo de força fosse aplicado a ela. Isso é muito útil para engenheiros. Antes de uma equipe de obra começar a construir uma ponte, por exemplo, os engenheiros precisam ter certeza de que a ponte não cairá quando carros pesados começarem a passar por ela. A fim de se certificarem, eles podem construir um modelo computacional da ponte e usar o computador para simular o estresse causado por carros reais, analisando como a ponte reage. Ela absorve o peso e a força dos carros com facilidade, ou começa a rachar sob pressão? Se começa a rachar, o computador pode identificar os pontos fracos, e os engenheiros podem voltar às plantas da ponte, fazendo os ajustes necessários.

Emily faz a mesma coisa com dinossauros, e o *T. rex* tem sido uma de suas musas favoritas. Ela construiu um modelo digital do crânio do Rex com base em tomografias computadorizadas de um fóssil bem preservado, e depois usou o programa do MEF para simular as forças de uma mordida capaz de quebrar ossos e analisar como o crânio reagiria. O veredicto: o *T. rex* tinha um crânio notavelmente forte, aperfeiçoado para suportar as forças extremas de pressão e tração de sua mordida de 1.360 quilos. Ele foi construído como uma fuselagem de avião: os ossos individuais firmemente suturados para não cederem sob o estresse. Os ossos nasais acima do focinho eram fundidos em um tubo longo e arqueado, que atuava como um sistema de escoamento de estresse. Barras ósseas espessas em torno do olho garantiam força e rigidez, e a robusta mandíbula inferior era quase circular em um corte transversal, a fim de poder suportar pressões elevadas de todas as direções. Nenhuma dessas coisas estava presente em outros terópodes, que tinham crânios mais delicados com conexões mais frouxas entre os diversos ossos.

Foi a última peça do quebra-cabeça, o último componente do kit de ferramentas que permitia que o *T. rex* mordesse com tanta força a ponto de furar e depois puxar os ossos do seu jantar. Dentes espessos parecidos com estacas, músculos imensos nas mandíbulas e um crânio rígido: essa foi a combinação premiada. Sem qualquer dessas coisas, o *T. rex* teria sido um terópode comum, fatiando e dividindo sua presa com cuidado. Era assim que os outros meninos grandes faziam — os *Allosaurus*, os *Torvosaurus* e os carcarodontossauros —, porque não tinham o arsenal necessário para quebrar ossos. Mais uma vez, o Rei se destaca.

O *T. REX* era capaz de morder quase tudo que quisesse comer, estivesse ele se esbaldando com um *Edmontosaurus* de 12 metros de comprimento ou lanchando contemporâneos menores, como o ornitísquio *Thescelosaurus*. Mas como ele capturava sua comida?

Não era, conforme a conclusão, com uma velocidade excepcional. O *T. rex* era um dinossauro especial em muitos aspectos, mas uma coisa que não conseguia fazer era se movimentar muito rápido. Há uma cena famosa em *O parque dos dinossauros* em que o sanguinário *T. rex*, levado pelo seu apetite insaciável por carne humana, persegue um jipe à velocidade de um veículo em uma autoestrada. Não acredite na magia do cinema — o *T. rex* real provavelmente teria comido poeira assim que o jipe tivesse passado para a terceira marcha. Não que o Rex fosse um animal preguiçoso, de caminhar pesado, arrastando-se a passos lentos pela floresta. Longe disso — o *T. rex* era ágil e vigoroso, e avançava com propósito, a cabeça e a cauda equilibrando-se enquanto ele arremetia na ponta dos pés na direção da presa. Mas sua velocidade máxima provavelmente ficava entre 16 e 40 km/h. Isso é mais rápido do que podemos correr, mas não tão rápido quanto um cavalo de corrida ou, certamente, um carro numa estrada aberta.

Mais uma vez, é a modelagem computacional de alta tecnologia que permitiu que os paleontólogos estudassem como o *T. rex* se movimentava. Esse trabalho pioneiro começou no início dos anos 2000, obra de John Hutchinson, americano que se mudou para a Inglaterra e hoje é professor no Colégio Real Veterinário, perto de Londres. Ele passa os dias trabalhando com animais: monitorando o gado no campus de pesquisa da universidade, fazendo elefantes andarem sobre balanças para estudar sua postura e locomoção, dissecando avestruzes, girafas e outras criaturas exóticas. John narra suas aventuras em um blog popular, maravilhosa e ao mesmo tempo perturbadoramente intitulado *What's in John's Freezer?* [O que está no freezer de John?] Também aparece frequentemente em documentários para a televisão, muitas vezes usando sua camiseta favorita, que, inexplicavelmente, não quebra as câmeras com a cor berrante. Como Greg Erickson, John é um cientista que admiro há muito tempo por causa de seu ângulo único no estudo dos dinossauros. Para John, o presente é a grande chave do passado: descobrir o que pudermos sobre a anatomia e os comportamentos dos animais da atualidade irá nos ajudar a entender os dinossauros.

Se você visitar o laboratório de John, ele realmente tem freezers cheios de cadáveres congelados de animais de todos os formatos e tamanhos, e do mundo inteiro. É provável que um ou dois sejam tirados e preparados para a mesa de dissecação. Mas há um lado mais estéril no laboratório de John: os computadores, que ele usa para produzir modelos digitais de dinossauros, como aqueles que vimos no capítulo 3, feitos para a determinação do peso e da postura dos saurópodes de pescoço comprido. Ele começa com um modelo tridimensional de um esqueleto, capturado por meio de tomografias computadorizadas, varredura de superfície a laser ou pelo método da fotogrametria sobre o qual falamos anteriormente. Em seguida, ele usa seu conhecimento sobre animais modernos para cobri-lo: ele acrescenta músculos (cujos tamanhos e posições baseiam-se nos pontos de ligação visíveis nos ossos dos fósseis) e outros tecidos moles, o envolve com pele e o posiciona em posturas realistas. O computador faz sua mágica, submetendo o modelo a todos os tipos de rotinas de ginástica, e calcula o quão rápido o animal real provavelmente se movimentava. A modelagem de John nos fornece a estimativa de 16 a 40 km/h que citei para a velocidade do *T. rex*.

Os modelos computacionais também esclarecem que o Rex precisaria de pernas com músculos absurdamente grandes para correr na mesma velocidade que um cavalo: mais de 85% da sua massa corpórea total só nas coxas, o que é obviamente impossível. O *T. rex* era grande demais para correr excepcionalmente rápido. Seu tamanho também gerava outro ponto negativo: o Rei Tirano não conseguia se virar muito rápido, ou capotaria como um caminhão fazendo uma curva subitamente. Assim, na realidade, Spielberg estava errado. O *T. rex* não era um velocista, e emboscava sua presa com um ataque rápido em vez de persegui-la como um guepardo.

Emboscar uma presa pode requerer muita energia — descargas de energia. Por sorte, o *T. rex* tinha outro truque na manga, ou, mais precisamente, no fundo do peito. Lembra-se dos pulmões hipereficientes dos saurópodes, que lhes permitiram alcançar tamanhos gigantes? O *T. rex* tinha os mesmos pulmões. São os mesmos pulmões das aves de hoje: foles rígidos ancorados à espinha dorsal, capazes de extrair oxigênio quando o animal inspira *e* também quando expira. Eles são diferentes dos nossos pulmões, que podem puxar oxigênio apenas durante a inalação, e depois eliminam dióxido de carbono durante a exalação. Eles são um feito incrível da engenharia biológica. Quando as aves da atualidade — assim como o *T. rex* — inspiram, ar rico em oxigênio percorre os pulmões, como já esperaríamos. Entretanto, parte desse ar inalado não percorre os pulmões de imediato, mas é desviado para um sistema de bolsas conectado ao pulmão. Lá, ele espera, até ser liberado quando o animal expira, passando pelos pulmões e fornecendo oxigênio mesmo enquanto o dióxido de carbono está sendo expelido. As aves recebem duas vezes oxigênio, um suprimento contínuo de matéria-prima de energia. Se você alguma vez se perguntou como alguns pássaros podem voar a dezenas de milhares de pés, no ar rarefeito, onde teríamos dificuldade para respirar (basta perguntar a qualquer um que já tenha experimentado as máscaras de oxigênio liberadas durante um voo), seus pulmões são sua arma secreta.

Os paleontólogos ainda não encontraram um pulmão de *T. rex* fossilizado, e provavelmente jamais encontrarão. Os tecidos finos são delicados demais para se fossilizar. Mas sabemos que o Rex tinha um pulmão parecido com o das aves, ultraeficiente, pois esse tipo de sistema de respiração deixa impressões nos ossos, estes sim que se fossilizam. Tudo está relacionado às bolsas de ar, os compartimentos de armazenamento de ar cruciais para o pulmão das aves. Essas bolsas são parecidas com balões: elas são bolsas moles, de paredes finas e flexíveis, que inflam e esvaziam durante o ciclo ventilatório. Muitas bolsas de ar estão conectadas ao pulmão, aninhadas entre os muitos outros órgãos do peito, incluindo a traqueia, o esôfago, o coração, o estômago e os intestinos. Às vezes, elas ficam sem espaço e passam a ocupar o único espaço ainda disponível: os próprios ossos. Elas invadem o osso através de buracos grandes, de paredes lisas, e quando entram se expandem em câmaras. É fácil identificar essas marcas em fósseis. Nós as vemos nas espinhas dorsais do *T. rex*, bem como em diversos outros dinossauros, inclusive, como vimos anteriormente, os imensos saurópodes. Nunca vemos essas coisas em mamíferos, lagartos, sapos, peixes ou quaisquer outros tipos de animais — apenas nas aves modernas, nos dinossauros extintos e em poucos parentes muito próximos, impressões reveladoras de seus pulmões únicos.

O drama de uma emboscada do *T. rex* começa a entrar em foco. Os pulmões forneciam a energia, que era, em seguida, transferida para os músculos das pernas, que impeliam o Rex com uma descarga de velocidade a arremeter contra sua vítima chocada. E depois o que aconteceu? Imagine o *T. rex* como um gigante tubarão terrestre. Como um tubarão-branco, toda a ação ficava a cargo da cabeça. O Rex investia com a cabeça e usava suas fortes mandíbulas para agarrar o jantar, submetê-lo, matá-lo e mastigar carne, entranhas e ossos antes de engolir. O *T. rex* simplesmente precisava investir com a cabeça, pois seus braços eram miseravelmente pequenos. O Rei desenvolveu-se a partir de tiranossauros ancestrais menores, como o *Guanlong* e o *Dilong*, que usavam seus braços muito mais compridos para agarrar as presas. Mas, no curso da evolução do tiranossauro, a cabeça cresceu, os braços diminuíram e o crânio gradualmente assumiu todas as funções de caça que os braços antes exerciam.

Por que, então, o *T. rex* ainda tinha braços? Por que não os perdeu completamente, do mesmo modo que as baleias descartaram os membros traseiros ao se tornarem desnecessários, quando elas evoluíram de mamíferos terrestres que colonizaram a água? Esse mistério atraiu cientistas por muito tempo, além de ter abastecido cartunistas e comediantes com uma fonte interminável de matéria-prima para piadas ruins. Acontece que aqueles bracinhos — por mais ridículos que fossem — não eram inúteis. Apesar de curtos, eles eram grossos e musculosos, e tinham um propósito.

Sara Burch descobriu isso. Sara e eu fizemos treinamento no laboratório de Paul Sereno, na Universidade de Chicago, onde nos tornamos amigos, mas nossos caminhos depois se separaram: eu segui a rota do estudo da genealogia e da evolução, enquanto Sara se ocupou de ossos e músculos. Ela fez Ph.D. no departamento de anatomia, onde dissecou um zoológico inteiro de animais, e desde então fez uma carreira comum para os paleontólogos: lecionar anatomia humana para estudantes de Medicina. Sara sabe mais sobre a estrutura anatômica dos dinossauros do que praticamente qualquer outra pessoa viva — como seus ossos se conectavam, que tipo de músculos eles tinham. Ela reconstruiu os músculos do antebraço do *T. rex* e de muitos outros terópodes, determinando quais músculos estavam presentes e seu tamanho a partir dos pontos de ligação preservados nos ossos, isso com a ajuda de comparações com aves e répteis modernos. Os braços aparentemente patéticos do Rex na verdade tinham fortes

O REI DOS DINOSSAUROS

extensores nos ombros e flexores nos cotovelos — exatamente os músculos necessários para agarrar algo que esteja tentando fugir, mantendo-o próximo ao peito. Parece que o *T. rex* usava seus braços curtos, mas fortes, para segurar as presas que se debatiam enquanto as mandíbulas faziam o trabalho de quebrar ossos. Os braços eram acessórios para matar.

Há ainda uma última reviravolta na história de como o *T. rex* caçava. Estamos cada vez mais passando a acreditar que o Rex não ia à caça sozinho; ele viajava em grupos. A evidência vem de um sítio de fósseis localizado entre Edmonton e Calgary, no que hoje é o Dry Island Buffalo Jump Provincial Park. Foi descoberto em 1910 por ninguém menos que Barnum Brown, que, apenas alguns anos antes, encontrou o primeiro esqueleto de *T. rex* em Montana. Brown estava viajando pelo coração das pradarias canadenses, navegando pelo rio Red Deer em um barco e ancorando onde quer que visse ossos de dinossauros apontando às margens do rio. Quando chegou a Dry Island, ele identificou alguns ossos de um primo um pouco mais velho do *T. rex* chamado *Albertosaurus*, um dos superpredadores da América do Norte pouco antes de o Rex ter imigrado da Ásia. Ele teve tempo para coletar apenas uma pequena amostra antes de voltar a Nova York.

Esses ossos passaram décadas abandonados nos confins do Museu Americano, até que Phil Currie — o maior caçador de dinossauros do Canadá (e um dos caras mais legais que já conheci) — soube da sua existência na década de 1990. Ele refez os passos de Brown, localizou o sítio e começou a escavar. Na década seguinte, sua equipe coletou mais de mil ossos, pertencentes a pelo menos uma dúzia de indivíduos, de jovens a adultos, todos *Albertosaurus*. Só há uma maneira de um número tão grande de indivíduos da mesma espécie ter sido preservado em conjunto: eles devem ter vivido e morrido juntos. Alguns anos depois, a equipe de Phil encontrou um cemitério em massa semelhante na Mongólia, cheio de vários *Tarbosaurus*, o primo asiático mais próximo do *T. rex*. O *Albertosaurus* e o *Tarbosaurus* eram, evidentemente, animais que andavam em bandos, assim como o Rex. Se um predador de tocaia de 7 toneladas e capaz de mastigar ossos não é assustador por si só, imagine um bando operando junto. Bons sonhos!

VAMOS ENTRAR NA cabeça do Rei. O que ele pensava? Como ele experimentava o mundo? Como ele localizava sua presa? É claro que essas são perguntas muito difíceis de responder. Mesmo com seres vivos modernos, é quase impossível nos colocarmos nos seus pés, ou patas, ou nadadeiras, e sentir como é seu mundo. Mas podemos estudar seu cérebro e seu sistema sensorial para começar a montar um quadro. Com os dinossauros, contudo, não costumamos ter muita sorte: o cérebro, os olhos, nervos e tecidos associados aos ouvidos e ao nariz são moles e se degeneram facilmente, o que significa que raramente sobrevivem aos rigores da fossilização. Então, o que podemos fazer?

A tecnologia, mais uma vez, possibilita o impossível. O cérebro, os ouvidos, o nariz e os olhos dos dinossauros podem ter se desintegrado há muito tempo, mas esses órgãos ocupavam espaços nos ossos. A cavidade cerebral, o globo ocular etc. Podemos estudar esses espaços para ter uma ideia de como eram os órgãos que os preencheram originalmente, mas há mais um problema: muitos desses espaços ficam dentro dos ossos e não podem ser observados de fora. É aí que a tecnologia entra: podemos usar a tomografia computadorizada para visualizar o interior dos ossos dos dinossauros. A tomografia computadorizada simplesmente são raios X de alta potência. É por isso que é um exame popular na medicina: se você sentir uma dor na barriga ou algum estalo nos ossos, seu médico provavelmente vai submetê-lo a uma tomografia computadorizada para ver o que está acontecendo no seu corpo sem precisar abri-lo. Fazemos o mesmo com os dinossauros. Hoje, é possível usar raios X para produzir uma série de imagens internas, que depois podemos reunir em modelos tridimensionais com o uso de vários pacotes de software. Esse procedimento tornou-se praticamente rotina na paleontologia, de modo que muitos laboratórios — inclusive o meu, em Edimburgo — têm seu próprio tomógrafo. O nosso foi construído à mão por um colega, Ian Butler, um geoquímico por formação que agora faz tomografias de um fóssil após outro, cada uma fazendo-o cair mais fundo no vício que é a paleontologia.

Ian e eu somos novatos no jogo da tomografia de fósseis. Estamos seguindo os passos de alguns gigantes da área: Larry Witmer, da Uni-

O REI DOS DINOSSAUROS 181

versidade de Ohio; Chris Brochu, da Universidade de Iowa; e a equipe composta do casal Amy Balanoff e Gabe Bever, que começaram na Universidade do Texas, mudaram-se para o Museu Americano em Nova York (onde os conheci quando fazia meu Ph.D.) e hoje estão na Universidade Johns Hopkins, em Baltimore. Balanoff e Bever são virtuosos capazes de interpretar tomografias computadorizadas da mesma forma que um linguista decifra manuscritos antigos. Eles identificam nas manchas cinzentas dos raios X as estruturas internas responsáveis pela inteligência e pelas proezas sensoriais de dinossauros há muito mortos. Tiranossauros como o *T. rex* têm estado entre seus objetos de estudo — ou seus pacientes — favoritos, cujos comportamentos e capacidades cognitivas são mistérios a serem diagnosticados.

As tomografias nos dizem muito sobre nosso paciente. Em primeiro lugar, o Rex tinha um cérebro distintivo. Ele não se parecia em nada com o nosso cérebro, mas era mais um tubo comprido com uma leve dobra na parte de trás, cercado por uma imensa rede de seios paranasais. Também é um cérebro relativamente grande, pelo menos para um dinossauro, o que indica que o *T. rex* era consideravelmente inteligente. Mas a análise da inteligência envolve muitas incertezas, até para os humanos: basta pensarmos em todos os testes de QI, exames, simulados e outras coisas que usamos na tentativa de medir a inteligência das pessoas. Entretanto, existe uma medida simples usada pelos cientistas para estimar a inteligência dos diferentes animais. Ela se chama quociente de encefalização (QE). É basicamente uma medida do tamanho relativo do cérebro comparado ao tamanho do corpo (pois, afinal de contas, animais maiores têm cérebro maior simplesmente por causa do tamanho do corpo: os elefantes têm cérebro maior do que o nosso, mas não são mais inteligentes). Os maiores tiranossauros, como o *T. rex*, tinham um QE que variava entre 2,0 e 2,4. Em comparação, o nosso QE é de cerca de 7,5; o dos golfinhos varia entre 4,0 e 4,5; o dos chimpanzés fica por volta de 2,2 a 2,5; o dos cachorros e dos gatos, na faixa de 1,0 a 1,2; e dos camundongos e ratos fica em torno de mísero 0,5. Com base nesses números, podemos dizer que o Rex era mais ou menos tão inteligente quanto um chimpanzé, e mais inteligente do que cachorros e gatos. Isso corresponde a uma inteligência muito maior do que a média dos dinossauros.

Uma parte do cérebro dos tiranossauros era particularmente grande: os bulbos olfatórios. Estamos falando dos lobos na frente do cérebro que controlam o sentido do olfato. Os dois bulbos eram, cada um, um pouco maior do que uma bola de golfe, muito maiores em tamanho absoluto do que os de quaisquer outros terópodes. É claro que o *T. rex* era um dos maiores terópodes, então, talvez tivesse lobos olfatórios tão colossais simplesmente por causa do seu porte. Seria necessário saber, portanto, a medida relativa do tamanho do bulbo olfatório. Minha amiga Darla Zelenitsky, da Universidade de Calgary, fez exatamente isso. Ela reuniu tomografias computadorizadas de inúmeros terópodes, calculou o tamanho de seus bulbos olfatórios e os normalizou dividindo-os pelo tamanho do corpo. Mesmo depois de tudo isso, os tiranossauros continuaram apresentando uma discrepância extrema: como os dromeossaurídeos, eles tinham bulbos olfatórios proporcionalmente imensos e, portanto, um olfato aguçado se comparado a outros dinossauros carnívoros.

E não era só o nariz. Outros sentidos também eram reforçados. As tomografias permitem-nos ver dentro do ouvido interno do Rex: a rede de tubos em forma de pretzel que controla tanto a audição quanto o equilíbrio. Os canais semicirculares no topo do ouvido interno — que produzem o formato de pretzel — eram compridos e enrolados. Conforme sabemos a partir de comparações com animais modernos, isso significa que o *T. rex* era ágil e capaz de movimentos extremamente coordenados da cabeça e dos olhos. Estendendo-se em sentido descendente a partir do pretzel, encontramos a cóclea, a parte do ouvido interno que regula a audição. No *T. rex*, a cóclea era alongada, mais do que na maioria dos outros dinossauros. Há um relacionamento íntimo nos seres vivos: quanto mais longa a cóclea, melhor a sensibilidade a sons de baixa frequência. Em outras palavras, o Rex também tinha uma ótima audição. O mesmo pode ser dito da visão: os imensos globos oculares do *T. rex*, virados parcialmente para a lateral e parcialmente para frente, significam que eles podiam usar

ÁRVORE GENEALÓGICA DOS DINOSSAUROS

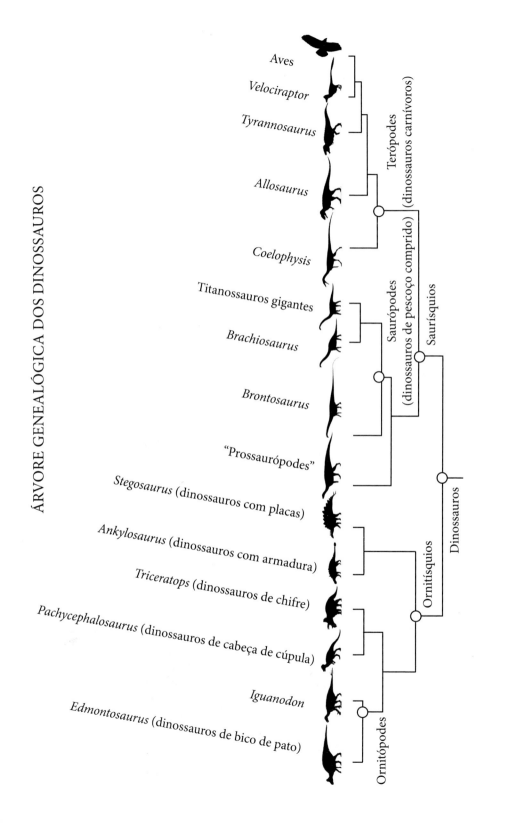

MAPAS DA TERRA PRÉ-HISTÓRICA
© 2016 Colorado Plateau Geosystems, Inc.

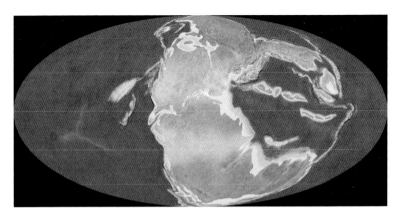

Período Triássico (c. 220 milhões de anos atrás)

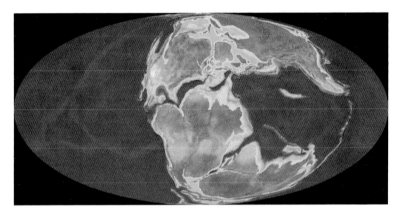

Período Jurássico tardio (c. 150 milhões de anos atrás)

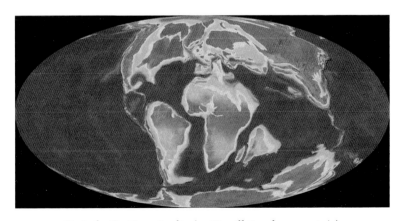

Período Cretáceo tardio (c. 80 milhões de anos atrás)

Zhenyuanlong.

Junchang Lü e eu estudando o belíssimo
fóssil do *Zhenyuanlong*.

Grzegorz Niedźwiedzki examina um modelo em tamanho real do *Prorotodactylus*, um protodinossauro muito parecido com o ancestral que deu origem aos dinossauros.
CORTESIA DE GRZEGORZ NIEDŹWIEDZKI

Pegada de uma pata dianteira sobre a de uma pata traseira de um *Prorotodactylus*, na Polônia. Para dar uma ideia da escala, a pegada dianteira tem cerca de 2,5 cm de comprimento.

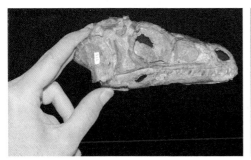 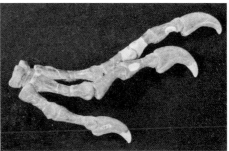

O crânio do *Eoraptor* e a mão do *Herrerasaurus*, dois dos dinossauros mais antigos.

Escavando o leito de ossos de *Metoposaurus* no Algarve, em Portugal, com Octávio Mateus, Richard Butler e nossa equipe.

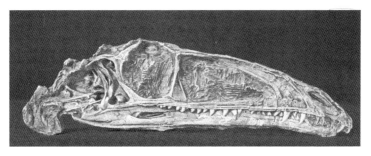

Crânio de um *Coelophysis*, o terópode primitivo
encontrado em abundância em
Ghost Ranch. CORTESIA DE
LARRY WITMER

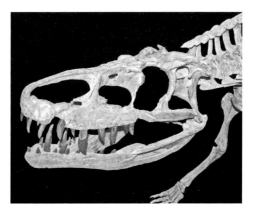

O cruel predador *Batrachotomus*, um dos arcossauros
da linha dos crocodilos (rauissúquios) que tinham
como presas os primeiros dinossauros.

Crânio de *Plateosaurus*, um dos prossaurópodes,
o grupo ancestral que deu origem
aos saurópodes.

A encantadora paisagem da Ilha de Skye, Escócia.

Dugie Ross removendo um osso de dinossauro de um penedo na Ilha de Skye.

Pista de dança de patas de saurópodes descoberta com Tom Challands na Ilha de Skye.

Brontosaurus no Museu Americano de História Natural em Nova York com um esqueleto humano para dar ideia da escala. BIBLIOTECA DO MUSEU AMERICANO DE HISTÓRIA NATURAL DE NOVA YORK, IMAGEM #36246A

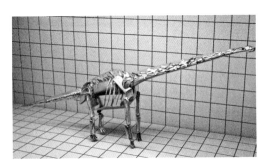

Modelo digital do esqueleto do saurópode *Giraffatitan*, que ajuda os cientistas a calcularem o peso do animal. CORTESIA DE PETER FALKINGHAM E KARL BATES

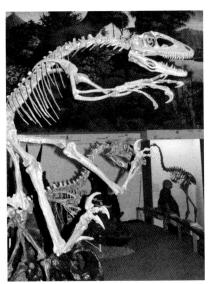

O terópode *Deinonychus* de guarda diante do mural de Zallinger no Museu Peabody, Universidade de Yale.

Paul Sereno em Wyoming.

Escavando ossos de saurópode na Formação Morrison perto de Shell, Wyoming. Atrás, ao centro, está Sara Burch, que mais tarde iria se tornar uma especialista em braços de *T. rex* (ver capítulo 6).

Edward Drinker Cope, o protagonista da Guerra dos Ossos. BIBLIOTECA DO MUSEU AMERICANO DE HISTÓRIA NATURAL DE NOVA YORK, IMAGEM #238372

Página do caderno de campo de 1874 de Cope, retratando as rochas ricas em fósseis do Novo México. BIBLIOTECA DO MUSEU AMERICANO DE HISTÓRIA NATURAL DE NOVA YORK, IMAGEM #328221

Esboço de Cope de um dinossauro com chifre (um ceratopsiano), de 1889. Uma ideia de como ele imaginava dinossauros enquanto seres vivos. (Ele era muito melhor cientista do que artista.) BIBLIOTECA DO MUSEU AMERICANO DE HISTÓRIA NATURAL DE NOVA YORK, IMAGEM #312963

O rival de Cope na Guerra dos Ossos, Othniel Charles Marsh (ao centro, na fileira de trás), e sua equipe de estudantes voluntários na expedição de 1872 ao oeste americano. CORTESIA DO MUSEU PEABODY DE HISTÓRIA NATURAL, UNIVERSIDADE DE YALE

Stegosaurus, um dos dinossauros mais famosos descobertos na Formação Morrison durante o período da Guerra dos Ossos. Esqueleto em exibição no Museu de História Natural de Londres. PUBLICADO EM MAIDMENT ET AL., PLOS ONE, 2015, 10 (10): E0138352

Os crânios de um *Diplodocus* (esquerda) e de um *Camarasaurus* (direita), dois saurópodes que usavam crânios e dentes de formas diferentes para se alimentarem com diferentes tipos de plantas. CORTESIA DE LARRY WITMER

Os ossos faciais do *Alioramus altai*, uma nova espécie de tiranossauro de focinho longo da Mongólia que descrevi quando cursava meu Ph.D. FOTOGRAFIA DE MICK ELLISON

Barnum Brown (esquerda) e Henry Fairfield Osborn desenterrando ossos de dinossauro em Wyoming, 1897. BIBLIOTECA DO MUSEU AMERICANO DE HISTÓRIA NATURAL DE NOVA YORK, IMAGEM #17808

Esqueleto do *Dilong*, tiranossauro primitivo do tamanho de um cachorro.

Crânio do *Guanlong*, tiranossauro do tamanho de um humano, exibindo a exuberante crista óssea no topo da cabeça.

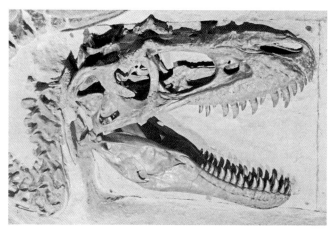

O crânio do *Gorgosaurus*, um tiranossauro corpulento do final do Cretáceo que tinha parentesco próximo com o *T. rex*.

Esqueleto de *Tyrannosaurus rex* no Museu Americano de História Natural, em Nova York. BIBLIOTECA DO MUSEU AMERICANO DE HISTÓRIA NATURAL DE NOVA YORK, IMAGEM #00005493

Crânio de um *Tyrannosaurus rex*.
CORTESIA DE LARRY WITMER

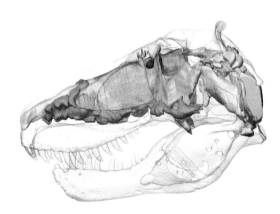

A cavidade craniana (canto direito superior) e seios paranasais no interior do crânio de um *Tyrannosaurus rex*, revelações de tomografias computadorizadas.
CORTESIA DE LARRY WITMER

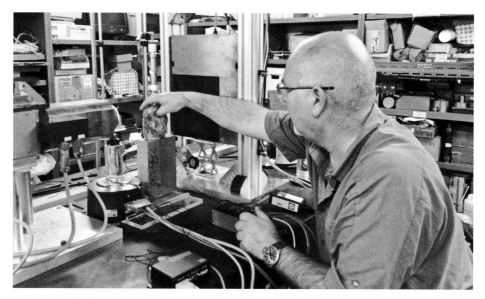

Ian Butler fazendo uma tomografia computadorizada do crânio do tiranossauro primitivo *Timurlengia* na Universidade de Edimburgo.

Reconstrução feita a partir da tomografia computadorizada do cérebro, do ouvido interno e dos nervos e vasos sanguíneos associados do *Tyrannosaurus rex*.
CORTESIA DE LARRY WITMER

Esqueleto de um *Tyrannosaurus rex* em exibição no Museu Real de Tyrrell, em Alberta, Canadá.

Crânio do *Triceratops*, o icônico dinossauro chifrudo.

Um aglomerado de ossos de *Triceratops* no sítio de Homer, pertencentes a um bando de animais jovens.

Meu caderno de campo da expedição de 2005 do Museu Burpee a Hell Creek, exibindo o mapa que fiz do sítio do *Triceratops* Homer.

O *Pachycephalosaurus*, dinossauro de Hell Creek com uma cabeça de cúpula que usava para enfrentar rivais.

Roberto Candeiro procurando fósseis em Goiás, Brasil.

Mátyás Vremir explorando as encostas na Transilvânia, à procura de fósseis de dinossauros anões.

O pé do *Balaur*, o minúsculo superpredador da ilha da Transilvânia do final do Cretáceo.
FOTOGRAFIA DE MICK ELLISON

O esqueleto coberto por penas do *Archaeopteryx*, o registro fóssil mais antigo de uma ave.

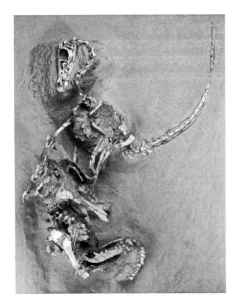

O dromeossaurídeo *Velociraptor* capturado em combate com o dinossauro primitivo de chifres *Protoceratops*, no deserto de Gobi, na Mongólia. FOTOGRAFIA DE MICK ELLISON, COM ASSISTÊNCIA DE DENIS FINNIN

O dromeossauro (dromeossaurídeo) com penas *Sinornithosaurus*, de Liaoning, China.
FOTOGRAFIA DE MICK ELLISON

Closes das penas simples, semelhantes a filamentos, na cabeça (canto superior), e das penas mais compridas, parecidas com as usadas em canetas, no antebraço (canto inferior) do *Sinornithosaurus*.
FOTOGRAFIA DE MICK ELLISON

Mark Norell usando um de seus truques exclusivos para coletar fósseis em condições úmidas: encharcar o invólucro de gesso que cobre o fóssil com gasolina e atear fogo. AINO TUOMOLA

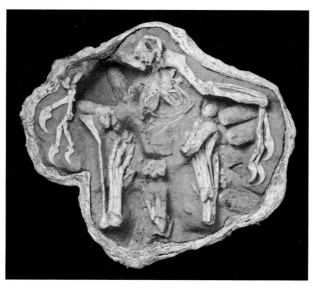

Ovirraptorossauro enterrado enquanto protegia seu ninho, coletado por Mark Norell na Mongólia.

Darla Zelenitsky coletando dinossauros na Mongólia.

O *Yanornis*, uma espécie de ave verdadeira, capaz de voar batendo suas grandes asas cobertas por penas, de Liaoning, China.

Jingmai O'Connor, a maior especialista do mundo nos fósseis mais antigos de aves.

A Terra 45 segundos após o impacto do asteroide de Chicxulub, com uma nuvem crescente de poeira e rocha derretida erguendo-se em direção à atmosfera e um pulso de calor comburente começando a se espalhar pelos oceanos e pela terra.
ARTE DE DONALD E. DAVIS, NASA

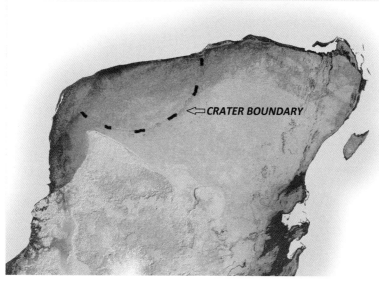

Mapa de relevo da Península de Yucatán, no México, exibindo o contorno da cratera de Chicxulub (o que restou da cratera está submerso).
CORTESIA DA NASA

Trabalho de campo nas terras áridas da bacia de
San Juan, no Novo México, EUA.
TOM WILLIAMSON

Eu coletando fósseis dos mamíferos que
sucederam os dinossauros.

Walter Alvarez apontando para o
limite entre as rochas do Cretáceo
(abaixo) e as rochas do Paleoceno
(acima), em Gubbio, Itália.
O limite é a faixa localizada
entre seu martelo de geólogo
e seu joelho direito.
CORTESIA DE
NICOLE LUNNING

Dentes fossilizados de um mamífero que viveu
algumas centenas de milhares de anos depois do
impacto do asteroide no final do Cretáceo, do
Novo México.

a visão binocular. O Rei era capaz de ver em três dimensões e tinha percepção da profundidade, como nós. Há outra cena em *O parque dos dinossauros* em que dizem aos seres humanos aterrorizados que fiquem parados, pois, se não se movimentarem, o *T. rex* não poderá vê-los. Isso não faz sentido — como percebia profundidade, um Rex de verdade teria transformado facilmente aquelas pessoas patéticas e desinformadas em uma refeição.

Portanto, não era só força bruta. O *T. rex* de fato tinha força, mas também inteligência. Muita inteligência, um olfato aguçado, bem como audição e visão. Esse era o arsenal, o que o Rex usava para capturar suas vítimas, para escolher quais pobres dinossauros teriam que morrer.

QUANDO VISUALIZO O *T. rex* como um animal real, o que mais me impressiona é o fato de ele começar a vida como um filhote. Todos os dinossauros, até onde sabemos, eram ovíparos. Ainda precisamos encontrar ovos de *T. rex*, mas temos ovos e ninhos de muitos terópodes que são seus parentes próximos. A maioria desses dinossauros parecia guardar seus ninhos e oferecer ao menos algum cuidado a seus filhotes. Sem algum amor paternal, os bebês dinossauros não teriam esperança, pois eram minúsculos: nenhum ovo de dinossauro que conheçamos é maior do que uma bola de basquete, então mesmo as espécies mais poderosas, como o *T. rex*, tinham, no máximo, o tamanho de um pombo ao chegarem ao mundo.

Na época em que meus pais aprendiam sobre dinossauros na escola, supunha-se que o *T. rex* e seus parentes cresciam como iguanas: eles cresciam ao longo de toda a vida, ficando gradualmente cada vez maiores. O Rex alcançava tamanhos tão grandes porque vivia muito tempo: após cerca de um século, ele alcançava seu tamanho máximo de 13 metros e 7 toneladas, e enfim se afastava e morria. Esse tipo de pensamento estava até nos livros sobre dinossauros que li na infância, mas, como muitas noções outrora interessantes sobre dinossauros, ela no final das contas é falsa. Dinossauros como o *T. rex* cresciam rápido, muito mais como aves do que como lagartos.

184 ASCENSÃO E QUEDA DOS DINOSSAUROS

A evidência está enterrada nas profundidades dos ossos dos dinossauros, e paleontólogos como Greg Erickson encontraram uma maneira de extraí-la. Ossos não são material estático ou bolhas presas nos nossos corpos; não, são dinâmicos, crescem, são tecidos vivos que se regeneram e se remodelam constantemente. É por isso que nossos ossos se regeneram quando os quebramos. À medida que a maioria dos ossos cresce, eles se ampliam em todas as direções, expandindo a partir do centro, mas, geralmente, crescem rápido só durante certas partes do ano: no verão ou em estações chuvosas, quando a comida é abundante. O crescimento desacelera durante o inverno e em períodos de seca. Se cortarmos um osso, podemos ver registros de cada transição de crescimento, tenha sido rápida ou lenta: um anel. É isso mesmo — tal como árvores, os ossos têm anéis em seu interior, e, como a transição do verão para o inverno acontece uma vez por ano, isso significa que, a cada ano, um anel surge. Contando os anéis, podemos dizer qual era a idade de um dinossauro quando ele morreu.

Greg recebeu permissão para abrir os ossos de vários esqueletos diferentes de *T. rex*, assim como de vários outros parentes próximos do tiranossauro como o *Albertosaurus* e o *Gorgosaurus*. Para seu choque, nenhum osso tinha mais do que trinta anéis de crescimento. Isso significa que os tiranossauros amadureciam, alcançavam a idade adulta e morriam em três décadas. Dinossauros grandes como o *T. rex* não cresciam devagar ao longo de muitas décadas (ou séculos), mas deviam alcançar seus tamanhos gigantescos crescendo rápido durante um período muito mais curto. Mas o quão rápido? Para descobrir isso, Greg construiu curvas de crescimento: ele traçou a idade de cada esqueleto, determinada a partir do número de anéis nos ossos em relação ao tamanho do corpo, calculado por meio das equações que vimos anteriormente e que estimam o peso com base nas dimensões dos membros. Isso permitiu que Greg calculasse o quão rápido o *T. rex* crescia a cada ano. O número é quase grande demais para ser apreciado: durante a sua adolescência, mais ou menos dos 10 aos 20 anos, o Rex ganhava cerca de 760 quilos por ano. Isso equivale a quase 2,5 quilos por dia! Não surpreende que o *T. rex* precisasse comer tanto — toda aquela carne

O REI DOS DINOSSAUROS

185

de *Edmontosaurus* e *Triceratops* alimentava o surto de crescimento da adolescência que transformava o filhote do tamanho de um gatinho no Rei dos Dinossauros.

Poderíamos chamar o *T. rex* de James Dean dos dinossauros: ele vivia rápido e morria jovem. E essa vida dura tinha um tremendo preço para seu corpo. O esqueleto suportava o acréscimo diário de 2,5 quilos durante os anos mais intensos. De algum modo, o corpo precisava se transformar de um pequeno filhote em um monstro. Assim, não é de surpreender que o esqueleto do *T. rex* mudasse dramaticamente à medida que ele amadurecia. Na juventude, eles eram guepardos elegantes, como adolescentes com aparência de velocistas, e, quando adultos, monstros de sangue puro, mais compridos e pesados do que um ônibus. Os mais jovens provavelmente corriam muito mais rápido do que os adultos, e talvez pudessem perseguir suas presas, enquanto os mais velhos eram tão grandes que só podiam emboscar, usando muito mais sua força do que sua velocidade. O que é particularmente assustador é que jovens e adultos pareciam viver juntos em bandos, o que significa que podem ter caçado em equipe, complementando as habilidades uns dos outros para infernizar as vidas de suas presas.

Um dos meus amigos paleontólogos mais queridos fez carreira estudando como o *T. rex* mudava à medida que crescia. Ele é um canadense chamado Thomas Carr, hoje professor da Carthage College, no Wisconsin. Podemos avistar Thomas a 2 quilômetros de distância. Ele tem o estilo de um pastor dos anos 1970 e os maneirismos de Sheldon Cooper, de *The Big Bang Theory*. Thomas sempre usa ternos pretos de veludo, geralmente com uma camisa preta ou de tom escuro por baixo. Ele tem costeletas cheias e compridas e cabelos claros. Sua mão é adornada por um anel prateado com uma caveira. Ele fica facilmente obcecado pelas coisas, com uma antiga paixão por absinto e pela banda The Doors. E também por tiranossauros: ele fala muito sobre o *T. rex*, pois é seu assunto favorito. Desde a juventude, ele queria estudar o Rei Tirano, e acabou escrevendo uma dissertação de Ph.D. sobre como o crânio do *T. rex* mudava com o amadurecimento. Ela tem 1.270 páginas; meticuloso como Thomas sempre é, esse é um de seus trabalhos acadêmicos mais curtos.

Osso por osso, Thomas narrou a metamorfose do *Tyrannosaurus rex*. A cabeça quase inteira era remodelada à medida que ele mudava de menino para homem, ou de menina para mulher. O crânio começava comprido e baixo, com um focinho esticado, dentes finos e depressões rasas para os músculos da mandíbula. Ao longo da adolescência, ele ficava maior, mais profundo e mais forte. As suturas entre os ossos ficavam mais firmes, as depressões dos músculos da mandíbula tornavam-se muito mais profundas, e os dentes se transformavam em estacas que destroem ossos. Os jovens não eram capazes da alimentação fura-puxa; isso só se tornava possível na vida adulta, por volta da mesma época em que o Rex passava de um caçador de alta velocidade para um caçador de emboscada mais lento. Também havia outras mudanças: os seios paranasais no interior do crânio se expandiam, provavelmente para ajudar no equilíbrio de uma cabeça cada vez mais pesada, e os pequenos chifres sobre os olhos e bochechas tornavam-se maiores e mais proeminentes, as pequenas protuberâncias transformavam-se em ornamentos vistosos para atrair parceiros sexuais quando os hormônios da adolescência entravam em ação.

Era uma transformação e tanto. Depois de todas as refeições, da década de crescimento exponencial, da total reconfiguração do crânio, da perda da capacidade de correr rápido, compensada pela aquisição de uma mordida fura-puxa, o Rex era um homem (ou mulher) completo, pronto para ascender ao seu trono.

E AÍ ESTÁ um vislumbre da vida e da era do dinossauro mais famoso da história. O *T. rex* mordia com tanta força que era capaz de quebrar os ossos de sua presa, era tão musculoso que não conseguia correr rápido na vida adulta, crescia tanto na adolescência que ganhava 2,5 quilos por dia durante uma década, tinha um cérebro grande e sentidos aguçados, andava em bandos e era até mesmo coberto por penas. Talvez não seja a biografia que você esperava. E esse é o problema. Tudo que aprendemos sobre o *T. rex* conta-nos que eles — e os dinossauros em geral — eram feitos incríveis da evolução, bem adaptados a seus am-

O REI DOS DINOSSAUROS

bientes, governantes de sua era. Longe de serem fracassos, eles foram histórias de sucesso evolucionário. Também eram muito parecidos com os animais da atualidade, particularmente as aves — o Rex tinha penas, crescia rápido e até respirava como uma ave. Os dinossauros não eram criaturas alienígenas. Não, eram animais que precisavam fazer o que todos os animais fazem: crescer, comer, movimentar-se, reproduzir-se. E nenhum deles fez isso melhor do que o *T. rex*, o único Rei de verdade.

7

DINOSSAUROS COM TUDO SOB CONTROLE

POR MAIS ATERRORIZANTE QUE FOSSE, o *T. rex* não era um supervilão global. Seu domínio estava sobre a América do Norte — o oeste da América do Norte, para ser mais preciso. Nenhum dinossauro asiático, europeu ou sul-americano vivia com medo do *T. rex*. Na verdade, eles sequer se deparavam com um.

Durante o final do Cretáceo — os últimos espasmos da evolução do dinossauro, cerca de 84 a 66 milhões de anos atrás, quando o *T. rex* e seus primos gigantescos ocupavam o topo de cadeia alimentar —, a harmonia geográfica da Pangeia era uma memória distante. Àquela altura, já fazia um bom tempo que o supercontinente se dividira em várias partes, cada pedaço afastando-se um do outro lentamente ao longo do Jurássico e do Cretáceo Inferior ao Médio, as lacunas entre os novos fragmentos de terra preenchidas por oceanos. Quando o *T. rex* tomou sua coroa, apenas 2 milhões de anos antes de a Era dos Dinossauros terminar com um estrondo, o mapa era mais ou menos o mesmo que temos hoje.

Ao norte do Equador, havia duas grandes massas de terra: a América do Norte e a Ásia, essencialmente com seus formatos modernos. Elas beijavam-se levemente perto do Polo Norte, mas, fora isso, eram separadas por um largo Oceano Pacífico. Também havia um Oceano Atlântico do outro lado da América do Norte, que circundava uma série de ilhas, correspondentes à Europa da modernidade. O nível do mar era tão elevado durante o final do Cretáceo — resultado de um mundo de estufa onde havia pouquíssima, se é que havia alguma, água presa em calotas glaciais — que a maior parte da Europa, de baixa altitude, estava inundada. Só uma constelação de pedaços de terra aleatórios — as partes mais elevadas do continente europeu — apontava entre as ondas. O nível elevado do mar também empurrava a água para o interior, de modo que os mares subtropicais quentes invadiam tanto a América do Norte quanto a Ásia. O canal norte-americano estendia-se do Golfo do México até o Ártico. Na prática, ele dividia o continente em uma fatia oriental chamada Appalachia e um microcontinente ocidental chamado Laramídia, o território de caça do *T. rex.*

A situação era bem parecida no sul. O quebra-cabeça em yin e yang composto de América do Sul e África havia acabado de se separar, um corredor estreito do Atlântico Sul aninhado entre uma e outra. A Antártida ficava no fundo do mundo, equilibrada no Polo Sul. Ao norte, estava a Austrália, mais parecida com uma lua crescente do que hoje. Dedos de crosta mantinham a Antártida em contato tanto com a Austrália quanto com a América do Sul, mas eram dedos de crosta tênues, suscetíveis a serem varridos a qualquer momento em que o nível do mar subisse um pouco. Durante esses períodos de mar alto, assim como no norte, os mares invadiam o interior dos continentes do sul, inundando a região norte da África e o sul da América do Sul. O que é hoje o Saara ficava coberto por água. Entretanto, durante os períodos em que os mares recuavam um pouco, um arquipélago servia de rota entre a África e a Europa — uma estrada, ainda que durasse um breve momento e fosse traiçoeira, entre o norte e o sul.

A algumas centenas de quilômetros da costa leste da África, ficava uma pedra angular, um continente em forma de ilha. Era a Índia, o único pedaço grande de terra do final do Cretáceo que hoje pareceria deslocado para nós. A Índia iniciou sua vida como uma lasca da antiga Gondwana — a grande massa de terras do sul que se separou do norte quando a Pangeia começou a se dividir — espremida entre o que iria se tornar a África e a Antártida. Ela cortou todos os vínculos com os vizinhos em algum momento do início do Cretáceo, começando sua corrida em direção ao norte, movimentando-se a mais de 15 centímetros por ano. A maioria dos continentes, ao contrário, deslocou-se a um ritmo muito mais lento, mais ou menos à velocidade que nossas unhas crescem hoje. Isso levou a Índia, no final do Cretáceo, à metade do que mais tarde tornar-se-ia o Oceano Índico, um pouco ao sul do Chifre da África. Mais cerca de 10 milhões de anos, ela concluiria sua jornada, colidindo com a Ásia para formar os Himalaias. Mas, a essa altura, os dinossauros já haviam morrido muito tempo atrás.

DINOSSAUROS COM TUDO SOB CONTROLE

Entre esses pedaços de terra, ficavam os oceanos — um domínio que os dinossauros jamais conseguiriam conquistar. As águas quentes do Cretáceo, como durante o Jurássico e mesmo o Triássico, eram o território de caça de vários tipos de répteis gigantes: plesiossauros com pescoço comprido com formato de macarrão, pliossauros com cabeça gigante e nadadeiras parecidas com remos, criaturas aerodinâmicas de barbatanas chamadas ictiossauros, versões reptilianas dos golfinhos, e muitos outros. Eles jantavam uns aos outros, além de peixes e tubarões (a maioria dos quais tinha um porte muito menor do que as espécies de hoje), que, por sua vez, alimentavam-se de um plâncton com carapaça que era abundante nas correntes oceânicas. Nenhum desses répteis era um dinossauro — mesmo que sejam, com frequência, confundidos com dinossauros em livros e filmes populares, eles não passavam de primos reptilianos distantes. Por alguma razão — e ainda não sabemos a resposta —, nenhum dinossauro conseguiu fazer o que as baleias fizeram: começar na terra, modificar seus corpos para máquinas de nadar e extrair sua subsistência da água.

Eles ficaram presos na terra, um dos poucos limites que jamais conseguiram superar. No final do Cretáceo, isso significava que precisavam lidar com um mundo dividido. A terra estava decomposta em diferentes reinos, fragmentos de terreno seco separados por mares infestados de répteis, seus dinossauros isolados uns dos outros. E isso inclui o *T. rex*. O Rei poderia ter sido capaz de subjugar facilmente os dinossauros da Europa, ou da Índia, ou da América do Sul, mas nunca teve a chance. Ele ficou preso na América do Norte.

Isso foi bom para outros dinossauros, especialmente para os herbívoros, mas também deu a outros tipos de carnívoros a oportunidade de conquistar seus próprios reinos, e foi o que muitos fizeram, a história um pouco diferente em cada um dos continentes do Cretáceo. Cada massa de terra tinha um grupo único de dinossauros — seus próprios megapredadores, caçadores da segunda ordem, saprófagos, herbívoros grandes e pequenos, e onívoros. O provincianismo estendia-se a outras espécies: havia tipos distintos de crocodilos, tartarugas, lagartos, sapos e peixes nas diversas parcelas de terra, e, é claro, também diferentes tipos de plantas. Desse modo, o isolamento promovia a diversificação.

Foi assim que o final do Cretáceo — um mundo de tamanha complexidade geográfica e ecológica, com diferentes ecossistemas espalhados por continentes diferentes — foi o auge dos dinossauros. Foi sua era de grande diversidade, o apogeu de seu sucesso. Havia mais espécies do que em qualquer outro período, das mais minúsculas às mais gigantescas, comendo todo tipo de comida, dotadas de uma variedade espetacular de cristas, chifres, espinhos, penas, garras e dentes. Os dinossauros no topo, saindo-se muito bem ou melhor do que haviam se saído, ainda no controle mais de 150 milhões de anos depois de seus primeiros ancestrais terem nascido na Pangeia.

PARA ENCONTRAR OS melhores fósseis de dinossauros do final do Cretáceo — inclusive ossos do próprio *T. rex* —, você precisa ir ao inferno — ou, melhor, às terras áridas ao redor de Hell Creek, um afluente antes corrente do rio Missouri que hoje é um braço inundado de um reservatório no nordeste de Montana. É um lugar de umidade sufocante e nuvens de mosquitos, com brisas raras e pouca sombra. Escarpas de rocha que se estendem para o horizonte em todas as direções, radiando calor como uma sauna.

Barnum Brown foi um dos primeiros exploradores a terem visitado Hell Creek à procura de dinossauros, e foi nessas montanhas desagradáveis, cerca de 160 quilômetros a sudeste de Hell Creek, que ele encontrou o primeiro esqueleto de *T. rex* em 1902. Seus chefes em Nova York ficaram em êxtase, e Brown recebeu uma ordem para levar mais fósseis para a cidade grande. Nos anos seguintes, com seu casaco de pele e a picareta pendurada no ombro, ele explorou as escarpas, ravinas e fundos de rios secos às margens do Missouri e mais a sudeste. Os fósseis não paravam de aparecer, e após algum tempo Brown compreendeu a geologia da área. Todos os ossos estavam enterrados em uma sequência espessa de rochas que formavam grande parte da topografia das terras áridas — um bolo em camadas de diversas cores, vermelho, laranja, marrom, bege e preto, compostas de areia e lama depositadas por rios antigos. Ele chamou essas rochas de Formação Hell Creek.

DINOSSAUROS COM TUDO SOB CONTROLE 195

As rochas de Hell Creek foram formadas por volta de 67 a 66 milhões de anos atrás, por um emaranhado de rios que desaguavam das jovens montanhas Rochosas a oeste, serpeando pelas vastas planícies aluviais, ocasionalmente transbordando e inundando lagos e pântanos, antes de desaguar a leste no grande canal que dividia a América do Norte em duas. Eram ambientes férteis e verdejantes, cenário perfeito para o desenvolvimento de muitos tipos de dinossauros. Também era um ambiente onde sedimentos estavam sendo depositados, transformando-se em rochas, com ossos no seu interior. Muitos dinossauros e muitos sedimentos — eis a receita para uma profusão de fósseis.

Fiz minha primeira viagem a Hell em 2005, um século depois do *T. rex* de Brown ter sido revelado em Nova York. Eu era um universitário, e havia um mês que fizera minha primeira expedição à caça de dinossauros, escavando saurópodes do Jurássico em Wyoming com Paul Sereno. Buscando experiência adicional no trabalho de campo, fui de carro a Montana com uma equipe da coisa mais próxima que eu poderia chamar de meu museu local, o já mencionado Museu Burpee de História Natural de Rockford, Illinois.

Rockford não é o tipo de lugar onde esperaríamos encontrar um museu de dinossauros. Em primeiro lugar, nenhum fóssil de dinossauro jamais foi encontrado em Illinois — meu estado natal é plano demais, geologicamente comum demais, quase desprovido de rochas formadas durante o período em que os dinossauros reinaram. Além disso, as últimas décadas não foram boas para a sua economia, baseada na manufatura. No entanto, Rockford possui um dos melhores museus de história natural do meio-oeste. A equipe do Museu Burpee costuma referir-se a si mesma como "pequeno museu que poderia", em referência às reviravoltas do destino que eles precisaram enfrentar. Durante a maior parte de sua existência, o museu não passou de uma coleção bolorenta de aves empalhadas, rochas e pontas de flechas americanas, localizado em uma outrora grandiosa mansão do século XIX. Então, na década de 1990, o museu recebeu uma gorda doação de um benfeitor particular, e uma nova ala foi acrescentada. Exposições eram necessárias para preencher o espaço, então os administradores programaram uma viagem a Hell Creek para encontrar dinossauros.

196 ASCENSÃO E QUEDA DOS DINOSSAUROS

Na época, o Museu Burpee só tinha um curador de paleontologia na sua folha de pagamento, um rapaz de voz suave e peito largo do norte de Illinois chamado Mike Henderson, apaixonado pelos fósseis manchados de vermes que viveram centenas de milhões de anos antes dos dinossauros. Ele precisava de ajuda, então convocou um amigo de infância — um homem barulhento, extrovertido e cheio de entusiasmo chamado Scott Williams. Além de revistas em quadrinhos e filmes de super-heróis, Scott desde criança amava dinossauros, mas não tivera a oportunidade de se dedicar à paleontologia como carreira, e acabou trabalhando na aplicação da lei. Ele ainda era um policial — e tinha toda a pinta de um, com seu corpo trabalhado, seu cavanhaque e seu sotaque carregado de Chicago — quando o conheci no Museu Burpee, ainda no colegial. Alguns anos depois, após deixar a polícia por uma carreira em tempo integral na ciência, ele se tornou o diretor das coleções do museu, e hoje ajuda a administrar uma das maiores coleções de dinossauros do mundo, no Museu das Rochosas, em Montana.

No verão de 2001, Mike e Scott lideraram uma equipe eclética de funcionários do museu, estudantes de Geologia e voluntários amadores no coração de Hell. Eles acamparam perto da cidade minúscula de Ekalaka, Montana, de cerca de trezentos habitantes, não muito distante da junção em T onde Montana encontra as duas Dakotas. Brown já explorara esse terreno, mas Mike e Scott encontraram algo que escapara até mesmo ao mestre. Eles tropeçaram no melhor e mais completo esqueleto de um *T. rex* adolescente já encontrado. Ele foi *o* fóssil crucial que permitiu aos paleontólogos concluírem que o Rei era um corredor desengonçado, de focinho comprido e dentes finos na juventude, antes de se transformar em um bruto do tamanho de um caminhão e capaz de mastigar ossos na vida adulta.

Mike, Scott e sua equipe descobriram um fóssil que imediatamente tornou o Museu Burpee um elemento essencial na pesquisa sobre os dinossauros. Quando o esqueleto — que eles apelidaram de Jane, em homenagem a uma doadora do museu — entrou em uma exposição alguns anos depois, paleontólogos do mundo inteiro rumaram para a anônima Rockford, em Illinois, a fim de vê-lo — assim como muitas centenas de milhares de crianças, famílias e turistas. O Museu Burpee agora tinha um superastro como destaque no seu novo salão de exibição.

Mike e Scott continuaram retornando a Hell em espaços de meses nos próximos verões. Por fim, eles me convidaram para acompanhá-los, mas só depois de eu ter conquistado sua confiança. Eu fizera amizade com Mike e Scott durante minhas visitas frequentes ao Museu Burpee, iniciadas quando eu ainda era um calouro no colegial. Eles me conheceram como um adolescente irritante obcecado por dinossauros que, com um gravador e uma caneta Sharpie para autógrafos na mão, comparecia religiosamente à PaleoFest do Museu, que contava com palestras de cientistas notáveis sobre suas aventuras no estudo dos dinossauros (onde, por acaso, conheci dois dos paleontólogos eminentes que mais tarde iriam se tornar meus mentores acadêmicos: Paul Sereno e Mark Norell). Continuei indo a Rockford durante toda a faculdade, e depois que comecei a estudar formalmente para me tornar um paleontólogo no laboratório de Sereno, Mike e Scott concluíram que eu estava pronto para me juntar a eles em sua descida anual a Hell.

Rockford é separada de Ekalaka por 1.600 quilômetros. Quando chegamos, nós nos estabelecemos em lugar chamado Camp Needmore, um aglomerado de alojamentos de madeira nas profundezas dos pinheirais que se erguem em terras inférteis. Naquela primeira noite, não consegui dormir por causa do som de um sintetizador, proveniente de uma das cabines vizinhas. Era um alojamento ocupado por um trio de voluntários que vieram separadamente de Rockford, todos profissionais tirando uma folga do trabalho no escritório. Seu líder era um rapaz baixinho e peculiar. Seu nome — Helmuth Redschlag — evocava imagens de um soberbo general prussiano, mas ele era da classe média americana, e seu trabalho era muito mais comum: ele era arquiteto. Toda noite, ele festejava até o amanhecer com os amigos — banqueteando-se com filé mignon e queijos importados da Itália, bebericando cervejas belgas adocicadas ao som da batida de disco trash. Ainda assim, todas as manhãs, às 6 horas, ele já estava de pé, ansioso por voltar à fornalha de Hell em busca de dinossauros.

"Isto me faz sentir vivo. O calor. O sol brilhando, queimando a gente, marcando o pescoço e as costas, deixando-nos desesperados por sombra e água", Helmuth me disse na tranquilidade de uma manhã, antes de partirmos para o inferno. Certo, certo, concordei, sem saber de fato o que pensar dele.

Dois dias depois, enquanto eu explorava com Scott e alguns outros estudantes voluntários, recebemos um telefonema exaltado de Helmuth. Ele estava perambulando a alguns quilômetros de distância na estrada, saboreando a dor do sol em sua pele, quando algo chamou sua atenção em uma ravina: uma protuberância marrom-escura em meio às rochas lamacentas de cor bege e entediante. Muitas coisas chamaram a atenção de Helmuth — ele era arquiteto, afinal de contas, e muito bom, portanto sua atenção aos detalhes das formas e texturas tornava-o um ótimo caçador de fósseis. Ele sentiu que esse era especial, então começou a cavar na encosta. Quando chegamos ao local, ele havia exposto um fêmur, várias costelas e vértebras, e parte do crânio de um dinossauro. Os ossos da cabeça entregaram sua identidade. Muitos deles eram pedaços de formas aleatórias de algo achatado, parecido com um prato, lembrando vidro quebrado, enquanto outros eram cones pontiagudos: chifres. Só um dinossauro no ecossistema de Hell Creek se encaixava no perfil: o *Triceratops*, com três chifres no focinho e uma franja larga, espessa, semelhante a um outdoor entre os olhos.

O *Triceratops*, assim como seu arqui-inimigo *T. rex*, era um dinossauro icônico. Nos filmes e documentários, ele geralmente interpreta um simpático e gentil herbívoro, o antagonista perfeito para o Rei Tirano. Sherlock versus Moriarty, Batman versus Coringa, Trike versus Rex. Mas nem tudo é um filme mágico; não, esses dois dinossauros de fato foram rivais 66 milhões de anos atrás. Eles viveram juntos, às margens dos lagos e rios do mundo de Hell Creek, e eram as espécies mais comuns do local — o *Triceratops* constituindo cerca de 40% dos fósseis de Hell Creek, enquanto o *T. rex* fica com o segundo lugar: 25%. O Rei precisava de quantidades imensas de carne para alimentar seu metabolismo; seu camarada de três chifres eram 14 toneladas de carne de primeira ambulante. Não preciso contar o que acontecia. Aliás, as marcas de mordidas no *Triceratops* que combinam com o *T. rex* atestam suas batalhas em tempos idos; mas não ache nem por um momento que era uma luta injusta, sempre destinada a ter o predador como vencedor. O *Triceratops* era bem armado: seus chifres, um grosso no nariz e outros dois mais compridos e finos, cada um sobre um olho. Como a franja na cabeça, os chifres provavelmente se desenvolveram, a princípio, como ornamentos — para dar ao *Triceratops* uma aparência sensual para parceiros em potencial e assustadora para seus rivais. Contudo, sem dúvida, o *Triceratops* os usava para se defender sempre que precisava.

O *Triceratops* é um novo tipo de dinossauro na nossa história. Ele pertence a um grupo de ornitísquios herbívoros chamados ceratopsianos, descendentes de algumas das criaturas pequenas, rápidas, com dentes em formato de folha, como o *Heterodontosaurus* e o *Lesothosaurus*, do Jurássico Inferior. A partir de algum período no Jurássico, os ceratopsianos seguiram seu próprio caminho evolutivo. Eles deixaram de andar sobre as pernas traseiras para se tornarem quadrúpedes, e começaram a desenvolver uma variedade de chifres e franjas na cabeça, que se tornavam maiores e mais espalhafatosos quando o filhote se transformava em um adulto cheio de hormônios que precisava atrair parceiros. Os primeiros ceratopsianos eram do tamanho de um cachorro; um deles, o *Leptoceratops*, ficou para trás no Cretáceo Superior, em que viveu ao lado do *Triceratops*, seu primo muito maior. À medida que os ceratopsídeos tornavam-se cada vez maiores ao longo do tempo — transformando-se em versões bovinas de dinossauros muito comuns na América do Norte no final do Cretáceo —, tinham as mandíbulas modificadas para poderem abocanhar quantidades notáveis de plantas. Eles tinham os dentes muito juntos, o que tornava as mandíbulas praticamente lâminas — quatro, no total, uma de cada lado da mandíbula superior e uma de cada lado da inferior. As mandíbulas fechavam-se em um movimento simples de subida e descida, as lâminas opostas cortando como uma guilhotina. Na frente do focinho, ficava um bico afiado como navalha, que arrancava os caules e folhas, transmitindo-as para as lâminas. O *Triceratops* sem dúvida era tão bom em comer plantas como o *T. rex* era devorando carne.

Encontrar um *Triceratops* foi outro feito para o Museu Burpee, exatamente o fóssil ideal para fazer companhia ao *T. rex* no novo espaço para exibição. No momento em que Helmuth nos mostrou os ossos no solo, percebi que Mike e Scott estavam pensando exatamente nisso. Helmuth também — e, como descobridor do novo dinossauro, coube-lhe dar a ele um apelido. Como eu, ele é um grande fã dos *Simpsons*, então decidiu chamá-lo de Homer. Suspeitávamos que, um dia, Homer iria se juntar a Jane nos salões do Museu Burpee.

Mas, primeiro, precisávamos tirar Homer do solo. A equipe começou a embalar os ossos expostos em bandagens de gesso para protegê-los durante o transporte de volta a Rockford. Outros ficaram com a tarefa de encontrar mais ossos. Thomas Carr — meu amigo fã de absinto e da moda gótica que estuda o *T. rex* — estava conosco durante a expedição e fazia parte dessa equipe. Usando cáqui (estava quente demais para seu costumeiro traje preto) e bebendo galões de Gatorade (o absinto era um amor para ambientes internos), ele atacou o arenito com seu martelo de pedra (que apelidou de Guerreiro) e sua picareta (Comandante), expondo vários ossos de *Triceratops*. Enquanto ele e os outros pulverizavam a encosta, mais ossos eram liberados. No final das contas, o sítio da escavação estendia-se por cerca de 64 m², e rendeu mais de 130 ossos.

Ela rapidamente se tornou muito complexa, então Scott me deu a tarefa de fazer um mapa — habilidade que eu aprendera no mês anterior com Paul Sereno. Coloquei uma rede metro a metro de cordas presas por cinzéis na rocha. Usando a rede como referência, esbocei a localização de cada osso no meu caderno de campo. Na página seguinte, identifiquei cada osso, atribuindo-lhes números, e fiz anotações sobre seu tamanho e orientação. Desse modo, começamos a interpretar o caos.

O mapa e o inventário dos ossos revelaram algo peculiar. Havia três cópias do mesmo osso: três nasais esquerdos, o osso que compõe a frente e a lateral do focinho. Cada *Triceratops* tinha apenas um osso nasal esquerdo, do mesmo modo que tinha só uma cabeça ou um cérebro. Foi assim que nos demos conta: tínhamos três *Triceratops*: não só Homer, mas também Bart e Lisa. Helmuth encontrara um cemitério de *Triceratops*.

Era a primeira vez que alguém achava mais de um *Triceratops* em um único lugar. Até Helmuth deparar-se com aquela ravina, pensávamos que o *Triceratops* era um animal solitário — e tínhamos quase certeza em razão de o *Triceratops* ser tão comum, já conhecido a partir de centenas de fósseis encontrados em mais de cem anos, cada um individualmente, descoberto sozinho. Mas uma descoberta pode mudar tudo, e por causa do que Helmuth encontrou, agora achamos que o *Triceratops* era uma espécie que andava em bandos.

Na verdade, não é muito surpreendente, pois há várias evidências de que primos próximos do *Triceratops* — algumas das outras espécies ceratopsianas grandes e com chifres que moravam em outras partes da América do Norte nos últimos 20 milhões de anos do Cretáceo — eram criaturas sociáveis que viviam em grupos grandes. Uma dessas espécies, a do *Centrosaurus*, que viveu na Alberta da atualidade cerca de 10 milhões de anos antes do *Triceratops* e tinha um chifre gigantesco no focinho, também fora encontrada em um leito de ossos — não um leito de ossos modesto como o sítio de Homer, mas com uma área de quase trezentos campos de futebol, que serviu de túmulo para mais de mil indivíduos. Vários outros ceratopsianos também foram encontrados em cemitérios coletivos, uma abundância em evidências circunstanciais de que essas espécies grandes, lentas, chifrudas e herbívoras viviam coletivamente. Isso me traz à mente uma imagem evocativa: esses dinossauros provavelmente transitavam no Cretáceo Superior, no oeste da América do Norte, em grandes bandos, compostos de milhares de integrantes, pisoteando o chão e chutando nuvens de poeira enquanto percorriam o cenário, não muito diferentes dos bisões que conquistaram as mesmas planícies muitos milhões de anos depois.

Após concluirmos o trabalho no sítio de Homer, continuamos explorando quilômetros de terras monótonas nos arredores de Ekalaka, tentando sair ao raiar do dia para evitar o pior do calor. Encontramos muitos outros fósseis de dinossauros — nenhum tão importante como Homer, mas pistas sobre alguns dos outros animais que compartilharam as planícies aluviais do final do Cretáceo com o *Triceratops* e o *T. rex*. Descobrimos muitos dentes de carnívoros menores, inclusive dromeossaurídeos do molde *Velociraptor*, bem como do animal do tamanho de um pônei chamado *Troodon*, um parente próximo dos dromeossaurídeos que haviam desenvolvido uma dieta mais onívora. Também nos deparamos com alguns ossos das patas de terópodes onívoros do tamanho de humanos chamados ovirraptorossauros — dinossauros esquisitos sem dentes com cristas ósseas exuberantes adornando os crânios e bicos afiados adaptados para a ingestão de uma variedade de alimentos, de nozes e moluscos a plantas, mamíferos pequenos e lagartos. Outros fósseis apontavam para dois tipos diferentes de herbívoros: um ornitísquio muito simplório chamado *Thescelosaurus*, mais ou menos do tamanho de um cavalo, e uma criatura um pouco maior e muito mais interessante chamada *Pachycephalosaurus*, um dos dinossauros de "cabeça de cúpula" com um crânio de bola de boliche que usava para vencer rivais em lutas por parceiros e território.

Também passamos alguns dias escavando em outra localidade, que esperávamos que se tornasse tão produtiva quanto o sítio de Homer. Ela não atendeu às expectativas, mas produziu ossos do que é o terceiro dinossauro mais comum da Formação Hell Creek: outro herbívoro chamado *Edmontosaurus*. Com cerca de 7 toneladas e 12 metros do focinho à cauda, o *Edmontosaurus* era um herbívoro grande como o *Triceratops*, mas de um tipo muito diferente. Ele era um hadrossauro, membro do clã bicudo de dinossauros que se desenvolveu a partir de um ramo separado da árvore genealógica dos ornitísquios. Eles também eram muito comuns no Cretáceo Superior — em particular na América do Norte —, e muitos viviam em bandos, movimentando-se sobre duas ou quatro patas, dependendo da rapidez que quisessem alcançar, e comunicando-se com bramidos produzidos por câmaras nasais convolutas como espaguete, localizadas no interior de suas elaboradas cristas. Seu apelido vem do largo bico de pato sem dentes na frente do focinho, que usavam para arrancar galhos e folhas. Como os ceratopsianos, suas mandíbulas foram modificadas, tornando-se tesouras — mas com dentes mais numerosos e mais próximos ainda. Além disso, suas mandíbulas não eram limitadas a movimentos simples de subida e descida, mas podiam girar de um lado para outro e até se dobrar um pouco para frente, permitindo movimentos complexos de mastigação. Elas estão entre as máquinas de alimentação mais complexas já produzidas pela evolução.

Os hadrossauros, e provavelmente também os ceratopsianos, tinham essas mandíbulas sofisticadas por uma razão. Elas foram especialmente ajustadas pela evolução para que eles pudessem se alimentar de um novo tipo de planta originado mais cedo no Cretáceo: as angiospermas. Embora as angiospermas sejam muito abundantes hoje — fonte de grande parte dos nossos alimentos, ornamentando muitos jardins —, elas não foram conhecidas pelos primeiros dinossauros que habitaram a Pangeia no Triássico. Tampouco foram conhecidas pelos saurópodes gigantes de pescoço comprido do Jurássico, que consumiam outros tipos de vegetação como samambaias, cicadófitas, ginkgos e árvores perenifólias. Então, por volta de 125 milhões de anos atrás, no Cretáceo Inferior, pequenas flores surgiram na Ásia. Com mais 60 milhões de anos de evolução, essas protoangiospermas haviam se diversificado em uma série de arbustos e árvores, entre as quais palmeiras e magnólias, que enfeitavam o cenário do Cretáceo Superior e eram comida saborosa para os novos tipos de dinossauros herbívoros. Pode ter havido um pouco de grama — um tipo muito específico de angiosperma — pontilhando o solo, mas prados propriamente ditos só iriam se desenvolver muito mais tarde, muitas dezenas de milhões de anos depois de os dinossauros terem sido extintos.

Hadrossauros e ceratopsianos comendo flores. Ornitísquios menores alimentando-se de arbustos. Paquicefalossauros dando cabeçadas uns nos outros em testes de domínio. Dromeossaurídeos do tamanho de poodles procurando salamandras, lagartos e até alguns de nossos primeiros parentes mamíferos, todos conhecidos dos fósseis de Hell Creek. Uma variedade de onívoros — o *Troodon* e os esquisitíssimos ovirraptorossauros — aproveitando todos os restos que os carnívoros e herbívoros deixavam para trás. Outros dinossauros que ainda não mencionei, como os demônios velozes que eram os ornitomimossauros e os *Ankylosaurus*, com sua armadura pesada, lutando por seus próprios nichos. Pterossauros e aves primitivas no céu; crocodilos espreitando às margens de rios e lagos. Nenhum saurópode à vista, e o Rei — o grande *T. rex* em pessoa — governando tudo.

Esse era o Cretáceo Superior da América do Norte, o último ato dos dinossauros antes do desastre. Em virtude da abundância de fósseis descobertos por tantos, de Barnum Brown às equipes do Museu Burpee, ele é o ecossistema de dinossauros mais rico conhecido pela ciência de toda a Era dos Dinossauros no mundo inteiro, nosso quadro mais completo de como uma variedade de dinossauros conviviam e se encaixavam na cadeia alimentar.

O mesmo se repetia na Ásia, onde grandes tiranossauros como o meu Pinóquio rex reinavam sobre comunidades de bicos de pato, cabeças de cúpula, dromeossaurídeos e onívoros terópodes — devido à proximidade física com a América do Norte, havia uma troca regular de espécies entre os dois continentes.

Enquanto isso, ao sul do Equador, as coisas eram muito diferentes.

QUASE ESTAMPADO NO meio do Brasil, encontra-se um planalto suave, outrora coberto por uma savana de matas, mas que hoje é usado pela agricultura. Nele, há algumas das mesmas plantações encontradas entre a minha cidade natal e o Museu Burpee — essencialmente, milho e soja —, mas também algumas coisas mais exóticas, como cana-de-açúcar, eucalipto e uma variedade de frutas deliciosas, mas pouco familiares. Essa área se chama Goiás, e é uma região no interior do continente com cerca de 6 milhões de habitantes, cruzada por estradas desertas. A capital da nação, Brasília, fica a algumas horas de distância, e a Amazônia se encontra a alguns milhares de quilômetros ao norte. Poucos turistas estrangeiros vêm aqui.

Goiás, contudo, guarda muitos segredos. Devido à topografia comum, você não desconfiaria, mas debaixo das fazendas se encontra uma paisagem oculta, que esteve na superfície entre 86 e 66 milhões de anos atrás. Era um terreno de desertos onde o vento soprava, às margens de grandes vales de rios, representado hoje por um porão de rochas de 300 metros de espessura, a fundação para as plantações de milho e feijão.

DINOSSAUROS COM TUDO SOB CONTROLE 205

Essas rochas foram moldadas a partir de dunas, rios e lagos do Cretáceo Superior, no que então era uma grande bacia, formada pelas tensões residuais da separação entre a América do Sul e a África. Essa bacia era um paraíso para os dinossauros.

As rochas do Cretáceo de Goiás continuam em sua maioria ocultas, mas emergem aqui e ali, nas beiras das estradas ou às margens dos riachos. O melhor lugar para vê-las, contudo, é nas pedreiras, onde o maquinário pesado rasgou a terra para expor as camadas de lamito e arenito abaixo. Foi lá que eu fui parar certo dia no início de julho de 2016, quando começa o inverno austral, mas um local onde continua quente e úmido, adornado com um capacete para proteger a cabeça das pedras que caem e protetores até os joelhos contra um perigo bem maior: cobras. Fui convidado para ir ao Brasil por Roberto Candeiro, professor da Universidade Federal de Goiás, a principal universidade do estado, e especialista em dinossauros da América do Sul. Eu havia escavado e estudado muitos dinossauros do Cretáceo Superior da América do Norte e da Ásia, mas Roberto me aconselhou a obter uma perspectiva do sul. Ele não mencionou as cobras como parte do acordo.

Alguns anos antes, Roberto iniciara um novo programa de Geologia para universitários no campus enfeitado por palmeiras onde trabalha, nos arredores em amplo crescimento de Goiânia, capital do estado. O branco gelo das salas de aula — com corredores abertos para a brisa subtropical — representava um grande contraste com as ruas poeirentas e com os barracos com telhado de alumínio a poucos quilômetros de distância. Lambretas roncavam através do tráfego, enquanto homens idosos abriam cocos com machadinhas na beira da estrada e macacos se penduravam em árvores a distância. Na minha próxima visita, muitos desses resquícios do antigo Brasil provavelmente terão desaparecido.

A excitação do novo curso no campus movimentado da maior cidade da região atraiu vários estudantes interessados, alguns dos quais iriam se juntar a mim e a Roberto na viagem à pedreira. Havia André, um comediante barrigudo cheio de vida que retornara à faculdade depois de ter experimentado carreiras diferentes — plantador de mamão, taxista e, anos atrás, responsável em uma fazenda por extrair manualmente o sêmen dos porcos machos e fazer a inseminação artificial das fêmeas em uma das grandes propriedades nas planícies. Havia Camila, muito mais jovem, com 18 anos, uma moça baixinha cujo tamanho oculta uma energia e uma ferocidade inesgotáveis — ela alivia o estresse praticando kickboxing em seu tempo livre. E havia, ainda, Ramon, um daqueles rapazes nascidos para partir corações, alto e bronzeado, que, com seus skinny jeans, poderia ter saído diretamente de um dos videoclipes das boy-bands brasileiras que pareciam tocar nas televisões de todos os restaurantes.

A pedreira onde nos reunimos era propriedade de um jovem cuja família tinha fazenda na região central do Brasil havia gerações. Eles tiravam fertilizante da rocha. É um tipo estranho de pedra que parece concreto, com seixos de vários tamanhos e formatos entremeados em uma matriz branca. O material branco é calcário; os seixos são várias rochas que foram trazidas pelos rios caudalosos do Brasil do final do Cretáceo. Entre esses seixos, encontram-se ossos raros — fósseis de dinossauros. Talvez a cada 10 ou 20 mil deles, encontra-se um osso em vez de uma pedra, mas quaisquer ossos encontrados são tesouros, pois são os restos de alguns dos últimos dinossauros da América do Sul, as espécies que viveram na mesma época que o *T. rex*, o *Triceratops* e toda a gangue de Hell Creek no norte.

Infelizmente, após muitas horas de busca, não encontramos nenhum osso na pedreira quando a visitei. Também não fomos picados por nenhuma cobra, então eu havia tido um dia raro, tendo saído do campo de mãos vazias, mas feliz. Mais tarde durante a viagem, encontramos alguns ossos em outros lugares, mas apenas fragmentos. Não haveria novas espécies dessa vez — o que acontece com frequência quando exploramos uma nova área, pois encontrar um dinossauro completamente novo é difícil, depende de sorte e das circunstâncias. Mas Roberto liderou muitas dessas viagens a campo na última década, frequentemente levando sua equipe heterogênea de estudantes, e eles encontraram muitos ossos. Roberto guarda alguns em seu laboratório, em Goiânia, onde passei o restante do meu tempo no Brasil trabalhando com ele e

DINOSSAUROS COM TUDO SOB CONTROLE   207

um amigo seu, um geólogo de uma companhia petrolífera chamado Felipe Simbras, que estuda dinossauros como hobby.

Quando olhamos para os fósseis nas prateleiras do laboratório de Roberto, é chocante não vermos nenhum *T. rex*. Não se sabe de nenhum tiranossauro de qualquer tipo, aliás, que tenha vivido no Brasil no final do Cretáceo. Basta passar um dia andando por Hell Creek, em Montana, e você provavelmente verá vários dentes de *T. rex* — eles são muito comuns mesmo. Mas nenhum no Brasil, ou em qualquer outro lugar no hemisfério sul do planeta. Em vez disso, Roberto tem gavetas de dentes de outros tipos de dinossauros carnívoros. Alguns deles pertencem a um grupo que já encontramos: os carcarodontossauros, o clã de poderosos carnívoros que se desenvolveram a partir dos alossauros e aterrorizaram grande parte do planeta mais cedo no Cretáceo. Alguns deles, como o *Carcharodontosaurus* da África que estudei com Paul Sereno, eventualmente alcançaram tamanhos comparáveis ao do *T. rex*. Ao norte, os carcarodontossauros surgiram e desapareceram, reinando por dezenas de milhões de anos antes de cederem sua coroa para os tiranossauros no Cretáceo Médio. Mais ao sul, eles persistiram até o final do Cretáceo, conservando seu título de pesos pesados por não haver tiranossauros ao redor para tomá-lo.

Há outro tipo de dente que é comumente encontrado no Brasil. Também são dentes afiados e serrilhados, então devem ter vindo da boca de um carnívoro. Contudo, costumam ser um pouco menores e mais delicados. Eles pertencem a um grupo diferente de terópodes chamados abelissaurídeos, uma ramificação dos dinossauros jurássicos que dominaram os continentes do sul durante o Cretáceo. Um esqueleto decente de um deles, chamado *Pycnonemosaurus*, foi encontrado em um estado vizinho a Goiás, o Mato Grosso. Os ossos estão fragmentados, mas a suspeita é de que pertenceram a um animal de cerca de 9 metros de comprimento e 2 toneladas.

Esqueletos melhores de abelissaurídeos foram descobertos mais ao sul, na Argentina, e também em Madagascar, na África e na Índia. Esses fósseis mais completos — entre os quais o *Carnotaurus*, o *Majungasaurus* e o *Skorpiovenator* — revelam que eles eram animais ferozes um pouco menores do que os tiranossauros e os carcarodontossauros, mas ainda no topo ou perto do topo da cadeia alimentar. Eles tinham crânios curtos e profundos, às vezes com chifres pequenos próximos aos olhos. Os ossos da face e do focinho eram incrustados com uma textura grossa e irregular, que provavelmente servia de apoio para uma cobertura de queratina. Caminhavam sobre duas pernas musculosas, como o *T. rex*, mas tinham braços ainda mais patéticos. Embora tivesse 9 metros de comprimento e 1,6 tonelada, o *Carnotaurus* tinha braços que mal passavam do tamanho de uma espátula culinária, os quais balançava inutilmente, provavelmente quase invisíveis se pudéssemos observá-lo em sua rotina. Está claro que os abelissaurídeos não precisavam de braços, usando as mandíbulas e os dentes para todo o trabalho sujo.

Esse trabalho sujo, tanto para os abelissaurídeos quanto para os carcarodontossauros, era capturar e mastigar os outros dinossauros com os quais conviviam, em particular os herbívoros. Alguns eram parecidos com espécies do norte — por exemplo, alguns dinossauros com bico de pato foram encontrados na Argentina. Mas a maioria dos herbívoros do sul era diferente. Não havia bandos de ceratopsianos como o *Triceratops*, nem os paquicefalossauros com sua cabeça de cúpula. Havia, por outro lado, saurópodes. Hordas deles. O *T. rex* não perseguia nenhum desses titãs de pescoço comprido na antiga Montana, já que os saurópodes pareciam ter desaparecido na maior parte da América do Norte em algum período durante o Cretáceo Médio (embora ainda tivessem uma presença considerável nas partes meridionais do continente). Isso não aconteceu no Brasil nem nas outras terras austrais. Lá, os saurópodes continuaram ocupando o lugar de principais herbívoros de corpos grandes, até o final da Era dos Dinossauros.

Foi um tipo particular de saurópode que se espalhou pelo sul. Os dias felizes do Jurássico já pertenciam a um passado distante, e os *Brachiosaurus*, *Brontosaurus*, *Diplodocus* não se reuniam mais nos mesmos ecossistemas, dividindo nichos tenuamente entre si com seus dentes, pescoço e estilos de alimentação distintivos. O que restou no final do Cretáceo foi um grupo mais restrito de saurópodes, um subgrupo chamado de titanossauros. Alguns tinham proporções verdadeiramente bíblicas — como o *Dreadnoughtus*, da Argentina, ou o *Austroposeidon*, descrito por Felipe, o petroleiro, e seus colegas a partir de uma série de vértebras — cada uma do tamanho de uma banheira — encontradas logo ao sul de Goiás, no Estado de São Paulo. Foi o maior dinossauro já encontrado no Brasil, provavelmente com cerca de 25 metros de comprimento do focinho à cauda. É difícil imaginarmos quanto ele deve ter pesado, mas provavelmente entre 20 e 30 toneladas, talvez muito mais.

Outros titanossauros que sobreviveram por um bom tempo no sul — no Brasil e em outros países — eram consideravelmente menores. Os chamados aeolossauríneos eram criaturas modestas, pelo menos em se tratando de saurópodes, com algumas das espécies mais conhecidas, como o *Rinconsaurus*, com não mais do que 4 toneladas e 11 metros de comprimento. Outro subgrupo, o dos chamados saltassauros, tinha o mesmo tamanho geral e se protegia dos famintos abelissaurídeos e carcarodontossauros com uma armadura retalhada implantada na pele.

Também sabemos que havia alguns terópodes menores, mas nada como a panóplia de carnívoros de porte pequeno a médio e de onívoros da América do Norte. Talvez, seria possível argumentar, nós simplesmente não tenhamos encontrado seus ossos pequenos e delicados ainda, mas essa não é uma explicação muito satisfatória, pois muitos esqueletos de animais de tamanho próximo foram encontrados no Brasil, mas são esqueletos de crocodilos, e não de terópodes. Alguns eram animais aquáticos muito comuns que provavelmente não competiram muito com os dinossauros, mas outros eram animais bizarros adaptados à vida terrestre, muito diferentes dos crocodilos atuais. O *Baurusuchus* era um predador perseguidor de longas pernas que lembrava um cachorro. O *Mariliasuchus* tinha dentes parecidos com os incisivos, os caninos e os molares dos mamíferos, que ele provavelmente usava como um porco para consumir sua dieta onívora de aperitivos. O *Armadillosuchus* era um escavador com faixas de armadura corporal flexível, e pode ter sido capaz de se enrolar como um tatu, daí seu nome. Nenhum desses animais viveu na América do Norte, pelo menos até onde sabemos. Parece que, no Brasil e em todo o hemisfério sul, esses crocodilos preenchiam nichos ecológicos dominados pelos dinossauros em outras partes do mundo.

Carcarodontossauros e abelissaurídeos em vez de tiranossauros, saurópodes em vez de ceratopsianos, uma população numerosa de crocodilos em vez de dromeossaurídeos, ovirraptorossauros e outros terópodes pequenos. O norte e o sul eram diferentes durante os últimos anos do Cretáceo, isso é certo. Mas essas grandes áreas continentais eram evidentemente comuns — até tediosas — se comparadas ao que acontecia ao mesmo tempo no meio do Atlântico, onde alguns dos dinossauros mais esquisitos a terem surgido percorriam os resquícios inundados da Europa.

DE TODAS AS pessoas que já estudaram os dinossauros, coletaram seus ossos, ou até pensaram em dinossauros com qualquer nível de seriedade, nunca houve alguém como Franz Nopcsa von Felső-Szilvás.

Barão Franz Nopcsa von Felső-Szilvás, devo dizer, pois esse homem era literalmente um aristocrata que escavava ossos de dinossauro. Ele parece uma invenção de um romancista louco, um personagem tão estranho, tão ridículo, que só pode ser um truque da ficção. Mas ele foi muito real — um janota exuberante e um gênio trágico, cujas aventuras caçando dinossauros na Transilvânia foram breves intervalos da insanidade do resto de sua vida. O Barão dos Dinossauros, sem nenhum exagero, não ficava devendo em nada ao Drácula.

Nopcsa nasceu em 1877, em uma família nobre, nos montes suaves da Transilvânia, onde hoje é território romeno, mas na época fazia parte do decadente Império Austro-húngaro. Ele falava várias línguas em casa, e lhe incutiram a vontade de viajar. Ele também tinha outras necessidades, e aos 20 e poucos anos tornou-se amante de um conde da Transilvânia, um homem mais velho que o regalava com histórias sobre um reino oculto nas montanhas ao sul, onde tribos com roupas extravagantes bramiam espadas compridas e falavam uma língua indecifrável. Os homens da montanha local chamavam sua terra natal de Shqipëri. Nós a conhecemos hoje como Albânia, mas, na época, era uma região isolada na extremidade sul da Europa, ocupada durante séculos por outro grande império, o Otomano.

O barão decidiu conhecê-la pessoalmente. Ele partiu para o sul, percorrendo as fronteiras que separavam os dois impérios, e, ao chegar à Albânia, foi recebido por um tiro, que pegou seu chapéu de raspão e por pouco não acertou seu crânio. Sem se deixar desanimar, ele atravessou grande parte do país a pé. Ele aprendeu a língua, deixou o cabelo crescer, começou a se vestir como os nativos e ganhou o respeito das tribos isoladas aninhadas entre os picos das montanhas. Mas talvez os membros dessas tribos não tivessem sido tão receptivos se soubessem a verdade: Nopcsa era um espião. Ele estava sendo pago pelo governo austro-húngaro para fornecer informações sobre seus vizinhos otomanos, uma missão que se tornou ainda mais crucial — e perigosa — quando os impérios caíram e o mapa da Europa foi redesenhado em meio ao inferno da Primeira Guerra Mundial.

Isso não quer dizer que o barão fosse completamente mercenário. Ele se apaixonou pela Albânia: na verdade, ficou obcecado. Tornou-se um dos principais especialistas da Europa sobre a cultura albanesa e acabou por realmente amar seu povo: uma pessoa em particular. Nopcsa apaixonou-se por um jovem de uma vila de pastores no topo das montanhas. O homem — Bajazid Elmaz Doda — tornou-se, pelo menos para os outros, o secretário de Nopcsa. Mas ele era muito mais, embora isso não fosse mencionado abertamente em tempos menos tolerantes. Os dois amantes passariam quase três décadas juntos, suportando os olhares maliciosos dos convivas, sobrevivendo à desintegração de seus respectivos impérios, viajando pela Europa de moto (Nopcsa na moto, Doda no carrinho lateral). Doda estava ao lado de Nopcsa quando, em meio ao caos da Grande Guerra, o barão tramou uma insurgência de homens da montanha contra os turcos — chegando ao ponto de traficar armas de fogo para montar um arsenal — e depois tentou instaurar-se como rei da Albânia. Os dois esquemas falharam, então Nopcsa mudou de foco.

Desta vez, seriam dinossauros.

Na verdade, Nopcsa já tinha interesse por dinossauros antes de saber qualquer coisa sobre a Albânia, e antes de conhecer Doda. Quando tinha 18 anos, sua irmã encontrou um crânio quebrado na propriedade da família. Os ossos haviam se transformado em pedra, e não se parecia com nenhum animal que o jovem já tivesse visto correndo ou voando em suas terras magnificentes. Ele o levou consigo quando começou a cursar a universidade em Viena no final daquele ano, e, ao mostrá-lo a um de seus professores, um geólogo, recebeu a orientação de ir procurar outros. E foi o que fez, explorando obsessivamente os campos, as montanhas e as margens do rio das terras que mais tarde herdaria, a pé e a cavalo. Quatro anos depois, sangue azul de nome, mas ainda um estudante, ele pôs-se diante dos homens eruditos da Academia Austríaca de Ciências e anunciou o que vinha fazendo e o que descobrira: um ecossistema inteiro de dinossauros estranhos.

Nopcsa continuou coletando dinossauros na Transilvânia por grande parte da vida, fazendo intervalos aqui e ali quando seus serviços eram requeridos na Albânia. Ele também os estudou e, ao fazê-lo, foi uma das primeiras pessoas a terem tentado entender como os dinossauros eram como animais vivos, e não simplesmente como ossos a serem classificados. Ele era um verdadeiro gênio quando se tratava de interpretar fósseis, e não levou muito tempo para perceber que havia algo estranho nos ossos que estava encontrando em sua propriedade. Era possível concluir que eles pertenciam a grupos comuns em outras partes do mundo — uma nova espécie batizada por ele de *Telmatosaurus* era um bico de pato, uma criatura de pescoço comprido chamada *Magyarosaurus* era um saurópode, e ele também encontrou ossos de dinossauros com carapaça. No entanto, eles eram menores do que seus parentes no continente — em alguns casos, muito menores; enquanto seus primos sacudiam a Terra com suas 30 toneladas no Brasil, o *Magyarosaurus* mal chegava ao tamanho de uma vaca. A princípio, Nopcsa achou que os ossos pertenciam a jovens, mas, quando os analisou sob um microscópio, deu-se conta de que eles tinham texturas características de adultos. Só havia uma possível explicação: os dinossauros da Transilvânia eram miniaturas.

Isso levou a uma questão óbvia: por que eles eram tão pequenos? Nopcsa teve uma ideia. Além de seus conhecimentos em espionagem, linguística, antropologia cultural, paleontologia, motocicletas e tramas em geral, o barão também era um ótimo geólogo. Ele mapeou as rochas

DINOSSAUROS COM TUDO SOB CONTROLE 213

onde os fósseis de dinossauros se encontravam e concluiu que haviam se formado em rios — sequências espessas de arenito e lamito que foram depositadas nos canais ou às margens, quando os rios foram inundados. Debaixo dessas rochas havia outras camadas provenientes do oceano — finas camadas de argila e xisto cheias de fósseis microscópicos de plâncton. Traçando a extensão da área das rochas do rio e analisando o contato entre as camadas fluviais e oceânicas, Nopcsa percebeu que sua propriedade antes fizera parte de uma ilha, que emergira da água em algum momento do final do Cretáceo. Os minidinossauros viviam em um pequeno pedaço de terra, provavelmente com cerca de 80 mil km^2 de área, mais ou menos do tamanho do Haiti.

Talvez, Nopcsa presumiu, os dinossauros fossem pequenos *por causa* do seu hábitat na ilha. Ele tirou essa suposição da ideia que alguns biólogos da época começavam a explorar, com base no estudo de espécies modernas que habitavam ilhas e na descoberta de alguns estranhos pequenos fósseis de mamíferos no meio do Mediterrâneo. Segundo essa teoria, as ilhas são semelhantes a laboratórios da evolução, onde algumas das regras comuns que governam grandes massas de terra são quebradas. As ilhas são remotas, então nunca se sabe ao certo quais espécies podem chegar a elas, carregadas pelo vento ou de carona em troncos flutuantes. Há menos espaço nas ilhas, e, portanto, menos recursos. Assim, algumas espécies podem não conseguir ficar tão grandes. E, como as ilhas estão separadas do continente, suas plantas e animais podem se desenvolver em um esplêndido isolamento, seu DNA distinto de seus primos no continente, cada geração nascida na ilha tornando-se mais diferente, mais peculiar com o tempo. Nopcsa presumiu que fosse por isso que os dinossauros da ilha eram tão pequenos e tinham aparências tão diferentes.

Pesquisas posteriores mostraram que Nopcsa estava certo, e seus dinossauros anões hoje são considerados um grande exemplo do "efeito insular" em ação. Fora isso, o destino não foi muito bom para o barão. A Áustria-Hungria ficou do lado derrotado da Grande Guerra, e a Transilvânia foi entregue a um dos vencedores, a Romênia. Nopcsa perdeu suas terras e seu castelo, e numa tentativa imprudente de recuperar sua propriedade ele acabou sendo espancado por uma gangue de camponeses e deixado à própria sorte à beira de uma estrada. Com pouco dinheiro para financiar seu estilo de vida caro, Nopcsa aceitou relutantemente a diretoria do Instituto Geológico Húngaro em Budapeste, mas a vida burocrática não era para ele, então Nopcsa se demitiu. Ele vendeu seus fósseis e se mudou para Viena com Doda, pobre e tomado por uma melancolia que provavelmente hoje seria diagnosticada como depressão. Ele não aguentaria muito tempo. Em abril de 1933, o velho barão colocou sedativo no chá do companheiro. Quando Doda adormeceu, Nopcsa matou-o com um tiro, em seguida suicidando-se.

A morte trágica deixou para trás um mistério. O barão solucionara a charada dos dinossauros insulares e sabia por que eram pequenos, mas quase todos os ossos que encontrou — saurópode, dinossauro com bico de pato ou anquilossauro com sua armadura — vinham de herbívoros. Ele não sabia quais predadores rondavam seu jardim zoológico em miniatura. Haveria versões esquisitas de tiranossauros ou carcarodontossauros dominando a ilha, talvez de dinossauros que pudessem ter passado de um continente para outro? Outros tipos de carnívoros também de pequena estatura? Ou talvez não tenha havido nenhum carnívoro — os herbívoros tendo sido capazes de encolher por não haver nada caçando-nos.

Seriam necessários mais um século e outro personagem marcante para resolver o problema, outro homem da Transilvânia do mesmo feitio de Nopcsa. Mátyás Vremir também é polímata, poliglota, um viajante que visita terras estranhas com pouco além de uma mochila. Ele nunca foi espião — até onde sei —, mas passou muitos anos perambulando pela África, trabalhando em plataformas de petróleo e explorando novos poços. Hoje, ele administra a própria companhia em sua cidade-natal, Cluj-Napoca, fazendo pesquisas ambientais e prestando consultoria geológica em projetos de construção. Ele tem ainda muitas outras ocupações: esquia e explora cavernas nos Cárpatos, faz canoagem no Delta do Danúbio e escalada em rochas, com frequência levando a esposa e os dois filhos jovens (aqui, há uma diferença entre ele e Nopcsa). Alto e magro, com o cabelo comprido de um roqueiro e os olhos penetrantes de um lobo, ele tem um código de honra pessoal intenso e não tolera qualquer tolo — ou, na verdade, nenhum —, mas, se gostar de você e respeitá-lo, ele é capaz de ir à guerra ao seu lado. É uma das minhas pessoas favoritas no mundo inteiro. Se eu algum dia me encontrasse em qualquer tipo de perigo real, em qualquer canto do planeta esquecido por Deus, seria ele que eu gostaria de ter ao meu lado, um homem que sei que poderia confiar a minha vida.

Ele tem muitos talentos, mas o que Mátyás faz melhor é encontrar dinossauros. Junto com meu amigo Grzegorz, da Polônia, que encontrou todas aquelas pegadas de dinossauromorfos, Mátyás tem o melhor faro para fósseis que já vi. E ele parece nem precisar se esforçar; quando estamos juntos na Romênia, eu com meu caro equipamento de campo e Mátyás perambulando de bermuda, o cigarro pendurado nos lábios, é sempre ele que vê os fósseis bons. Mas não é tão fácil. Mátyás, na verdade, é implacável: quando sente o cheiro de fósseis, ele entra nos rios frígidos do inverno romeno, desce abismos de 30 metros ou se contorce para entrar nas cavernas mais apertadas e profundas. Certa vez, eu o vi enfrentar uma corredeira com o pé quebrado porque viu um osso apontando do outro lado do rio.

Nesse mesmo rio, no outono de 2009, Mátyás fez a descoberta mais importante de sua vida. Ele estava explorando com os filhos quando viu aglomerados brancos apontando entre as rochas vermelhas à margem, alguns metros acima da linha da água. Ossos. Ele pegou suas ferramentas e riscou o lamito, e outros ossos saíram: os membros e o tronco de uma criatura do tamanho de um poodle. A excitação logo se transformou em medo: a usina local em pouco tempo descarregaria uma grande quantidade de água no rio, e o aumento das correntes provavelmente levaria os ossos embora. Então, Mátyás trabalhou rápido, mas com a precisão de um cirurgião, e extraiu o esqueleto de seu sepulcro de 69 milhões de anos. Ele o levou para Cluj-Napoca, certificou-se de colocá-lo em segurança em um museu e depois se dedicou à investigação do que era. Ele tinha certeza de que era um dinossauro, mas nada como ele jamais fora encontrado na Transilvânia. Seria útil ter uma ajuda de fora, então Mátyás mandou um e-mail para um paleontólogo que já havia escavado e descrito uma grande variedade de pequenos dinossauros do Cretáceo Superior: Mark Norell, o curador dos dinossauros do Museu Americano de História Natural, o cara que assumiu a antiga posição de Barnum Brown.

Como eu, Mark recebe muitos e-mails aleatórios de pessoas lhe pedindo para identificar fósseis, que com frequência não passam de rochas deformadas ou pedaços de concreto. Mas, quando abriu o e-mail de Mátyás e baixou as fotos anexadas, Mark ficou em choque. Eu sei, porque estava lá. Na época, eu era aluno de Ph.D. de Mark, escrevendo uma tese sobre a genealogia e a evolução dos terópodes. Mark me chamou até sua sala — uma suíte elegante com vista para o Central Park — e me perguntou o que eu achava da mensagem críptica que acabara de receber da Romênia. Nós dois concordamos que os ossos pareciam ser de um terópode, e, quando fizemos uma pesquisa, chegamos à conclusão de que nenhum bom esqueleto de dinossauro carnívoro jamais fora encontrado na Transilvânia. Mark respondeu a Mátyás, e eles fizeram amizade. Meses depois, nós três estávamos juntos no frio de fevereiro de Bucareste.

Reunimo-nos no escritório com painéis de madeira de um dos colegas de Mátyás, um professor de 30 e poucos anos chamado Zoltán Csiki-Sava, que, depois da queda do comunismo, encerrou o serviço militar forçado no exército de Ceausescu, fez faculdade e se tornou um dos maiores especialistas em dinossauros da Europa. Todos os ossos foram dispostos à nossa frente sobre uma mesa, e coube a nós quatro identificá-los. Ao ver o espécime com nossos próprios olhos, não tivemos dúvida de que era um terópode. Muitos de seus leves e delicados ossos lembravam os de um *Velociraptor* e outras espécies ágeis e ferozes. Era mais ou menos do mesmo tamanho que o *Velociraptor*, ou talvez um pouco menor. Mas algo não se encaixava completamente. O dinossauro de Mátyás tinha quatro dedos grandes em cada pé, os dois internos com garras imensas em forma de foice. Os dromeossaurídeos eram famosos por suas garras retráteis em forma de foice — que usavam para cortar e eviscerar suas presas —, mas eles só tinham uma em cada pé. Estávamos em uma situação difícil, e parecia possível estarmos com um novo dinossauro em nossas mãos.

Durante a semana, continuamos estudando os ossos, medindo e comparando-os com os esqueletos de outros dinossauros. Finalmente, nós nos demos conta. Esse novo terópode romeno era um dromeossaurídeo, mas um dromeossaurídeo peculiar, com dedos adicionais nos pés e garras parecidas com as dos seus parentes do continente. Foi uma revelação e tanto: enquanto os dinossauros herbívoros da antiga ilha da Transilvânia ficaram pequenos, os predadores ficaram esquisitos. Não era só o par de garras assassinas e o dedo adicional. O dromeossaurídeo romeno era mais corpulento do que *Velociraptor*, muitos dos ossos de seus braços e pernas eram fundidos, e ele teve até mesmo sua mão encolhida em uma massa aglomerada de dedos grossos e ossos do pulso. Era uma nova espécie de dinossauro carnívoro, e alguns meses depois demos a ele um nome científico apropriado: *Balaur bondoc*; a primeira palavra é um termo arcaico romeno para dragão, enquanto a segunda significa "troncudo".

O *Balaur bondoc* era o cão alfa das ilhas europeias do Cretáceo Superior. Mais um assassino do que um tirano, o *Balaur* empregava seu arsenal de garras para subjugar os saurópodes do tamanho de vacas, os dinossauros em miniatura com bico de pato e os dinossauros com armadura, isolados no meio do Atlântico que subia. Até onde podemos dizer, ele foi o maior dinossauro carnívoro das ilhas. Quem sabe que fósseis Mátyás ainda encontrará? Mas parece muito provável que ele nunca se deparará com um carnívoro gigante como o tiranossauro. Após um século de buscas, depois da coleta de milhares de fósseis — não só de ossos, mas também de ovos e pegadas, e não só de dinossauros, mas também de lagartos e mamíferos —, nem um único traço de um grande devorador de carne jamais apareceu. Nem sequer um dente. Essa ausência provavelmente nos diz algo: a ilha era muito pequena para acomodar monstros gigantes devoradores de ossos, então foram carinhas mal-humorados como o *Balaur* que ocuparam o topo da cadeia alimentar — outro sinal do quão incomuns esses ecossistemas notáveis de dinossauros eram nos últimos anos do Cretáceo.

EM UMA DAS minhas viagens à Transilvânia, tiramos uma tarde de folga da caça aos dinossauros e partimos para as montanhas. Mátyás parou o carro em frente a um castelo, perto de um pequeno vilarejo chamado Săcel. Ele pode já ter sido grandioso, mas agora estava em ruínas, abandonado há muito tempo. A maior parte da tinta verde-clara da fachada havia desbotado, expondo os tijolos. As janelas estavam todas quebradas, o chão de madeira desintegrava-se e o gesso estava coberto por pichações. Cães selvagens perambulavam pelo local como zumbis. Havia poeira em todas as superfícies. Mas, de alguma forma, como se desafiasse as leis da gravidade e a devastação característica do tempo, um candelabro dourado continuava orgulhosamente pendurado no teto. Lá em cima, encontramos mais sinais de abandono: uma sala que havia se transformado em um precipício, com um buraco imenso onde antes ficava uma janela saliente.

Era ali — cem anos atrás, quando era uma biblioteca — que o barão Nopcsa sentava-se e lia sobre dinossauros, aprendendo os detalhes de seus ossos, pensando em teorias para explicar por que os fósseis que ele estava encontrando nas terras lá fora eram tão estranhos. Esse castelo foi o lar de Nopcsa, a sede da dinastia de sua família por séculos. Muitas gerações de Nopcsa viveram lá, e quando o próprio barão estava no auge de seu sucesso — espionando os albaneses para seu império e dando palestras sobre dinossauros para plateias lotadas em todo o continente —, provavelmente parecia que muitas gerações iriam se suceder.

O mesmo aconteceu com os dinossauros. Perto do fim do Cretáceo — quando o *T. rex* e o *Triceratops* brigavam na América do Norte, os carcarodontossauros caçavam saurópodes gigantes no sul e um desfile de anões havia colonizado as ilhas europeias —, os dinossauros pareciam invencíveis. Contudo, como castelos, como impérios e como nobres geniais com uma queda para o drama, as grandes dinastias da evolução também podem cair — às vezes, quando menos se espera.

8

OS DINOSSAUROS ALÇAM VOO

HÁ UM DINOSSAURO EM FRENTE à minha janela. Estou observando-o enquanto escrevo estas linhas.

Não é uma foto em um outdoor, ou uma cópia de um esqueleto de um museu, ou ainda uma daquelas coisas animatrônicas detestáveis que vemos em parques de diversões.

É um dinossauro absolutamente real, vivo, respirando, em movimento. Um descendente dos dinossauromorfos impetuosos que surgiram na Pangeia 250 milhões de anos atrás, parte da mesma árvore genealógica que o *Brontosaurus* e o *Triceratops*, e primo do *T. rex* e do *Velociraptor*.

Ele tem mais ou menos o tamanho de um gato doméstico, mas com braços compridos enfiados na frente do peito e um par de pernas magras bem mais curtas. A maior parte de seu corpo é branca, no mesmo tom de um vestido de noiva, mas as extremidades de seus braços são cinza, e as pontas das mãos são pretas como azeviche. De pé, as pernas esticadas, no telhado do meu vizinho, sua cabeça orgulhosamente arqueada para frente, ele tem um perfil régio, com as nuvens da Escócia como pano de fundo.

Quando o sol as penetra por um momento, enxergo o brilho de seus olhos radiantes, que começam a se mover de um lado para outro. Sem dúvida, essa é uma criatura de sentidos aguçados e grande inteligência, e está armando alguma coisa. Talvez, ele saiba que estou observando-o.

Então, sem aviso, ele abre a boca e emite um grito agudo — um alarme para seus companheiros, talvez, ou um canto do acasalamento. Talvez, ainda, seja uma ameaça para mim. Seja o que for, posso ouvi-lo claramente através do vidro duplo, grato agora por haver um painel de vidro entre nós.

A criatura penosa fica em silêncio outra vez e gira o pescoço, passando a olhar diretamente para mim. Ele definitivamente sabe que estou aqui. Esperando outro grito, fico surpreso quando ele fecha a boca, as mandíbulas reunindo-se para formar um bico amarelo afiado, que se encaixa à frente. Ele não tem dentes, mas esse bico parece uma arma poderosa, capaz de causar muitos danos. Lembrando outra vez que estou dentro de casa, em segurança, dou uma batidinha no vidro.

E então a criatura parte para a ação. Com uma graça que é difícil descrever, ele dá impulso com os pés para decolar do telhado de ardósia, abre os braços penosos e salta para a brisa. Perco-o de vista quando ele desaparece entre as árvores, provavelmente na direção do mar do Norte.

O DINOSSAURO QUE estou observando é uma gaivota. Há milhares delas vivendo nos arredores de Edimburgo. Vejo-as todos os dias, às vezes mergulhando para pescar no mar, alguns quilômetros ao norte da minha casa, mas com mais frequência eu as observo com certa repulsa comendo os restos de embalagens de hambúrgueres ou qualquer outro lixo nas ruas da Cidade Velha. De vez em quando, vejo uma delas mergulhando para atacar um turista inocente, roubando uma ou duas batatas fritas com o bico antes de alçar voo outra vez com destino ao céu. Quando observo esse tipo de comportamento — a astúcia, a agilidade, a vilania —, enxergo claramente o *Velociraptor* interior no que, de outra forma, seria uma gaivota fácil de esquecer.

As gaivotas, assim como todas as outras aves, desenvolveram-se a partir dos dinossauros. Isso faz delas dinossauros. Reformulando, a ascendência das aves remonta a um ancestral comum dos dinossauros, e, portanto, elas são tão dinossauros quanto o *T. rex*, o *Brontosaurus* ou o *Triceratops*, do mesmo modo que meus primos e eu somos Brusattes por termos o mesmo avô. As aves são simplesmente um subgrupo dos dinossauros, exatamente como os tiranossauros ou os saurópodes — um dos muitos ramos da árvore genealógica dos dinossauros.

É uma noção tão importante que vale a pena repetir. *As aves são dinossauros.* Sim, pode ser difícil contemplar isso. Muitas vezes, as pessoas tentam argumentar comigo: claro, as aves podem ter se desenvolvido a partir dos dinossauros, elas dizem, mas elas são tão diferentes do *T. rex*, do *Brontosaurus* e dos outros dinossauros mais conhecidos, que não deveríamos colocá-las no mesmo grupo. As aves são pequenas, têm penas, voam — não deveríamos chamá-las de dinossauros. Pode parecer um argumento razoável. Mas sempre tenho uma resposta rápida na manga. Os morcegos têm uma aparência e um comportamento muito diferentes dos camundongos, ou das raposas, ou dos elefantes, mas ninguém argumentaria que não são mamíferos. Não, os morcegos são apenas um tipo esquisito de mamífero que desenvolveu asas e a capacidade de voar. As aves são apenas um grupo esquisito de dinossauros que fez a mesma coisa.

E, para não haver confusão, estou falando de aves — aves reais, de verdade. Isso não tem nada a ver com outro membro favorito do elenco da Era dos Dinossauros, os pterossauros. Com frequência chamados de pterodátilos, estes eram répteis que voavam e deslizavam pelo ar com asas compridas e finas, ancoradas por um quarto dedo esticado (o dedo anelar). A maioria era do tamanho das aves comuns da atualidade, mas alguns tinham envergaduras maiores do que aviões pequenos. Eles surgiram por volta da mesma época que os dinossauros da era da Pangeia, no Triássico, e morreram com a maioria dos dinossauros, no final do Cretáceo, mas não eram dinossauros, e não eram aves. Em vez disso, eram primos próximos dos dinossauros. Os pterossauros foram o primeiro grupo de vertebrados (animais com espinha dorsal) a ter desenvolvido asas e voado. Os dinossauros — representados pelas aves — foram o segundo.

Isso significa que os dinossauros continuam entre nós. Estamos acostumados a dizer que os dinossauros foram extintos, mas, na realidade, mais de 10 mil espécies de dinossauros continuam entre nós, partes integrantes dos ecossistemas modernos, às vezes como parte da nossa alimentação ou como animais de estimação, e, no caso das gaivotas, como pragas. A verdade é que a maioria dos dinossauros de fato foi extinta 66 milhões de anos atrás, quando o que restava do mundo do Cretáceo, de *T. rex* versus *Triceratops*, dos saurópodes brasileiros gigantes e dos anões da ilha da Transilvânia, mergulhou no caos. O reinado dos dinossauros chegou ao fim, e o que se seguiu foi uma revolução, forçando-os a cedê-lo a outras espécies. Mas alguns retardatários sobreviveram, alguns dinossauros que tinham o necessário para sobreviver. Os descendentes desses sobreviventes notáveis vivem hoje como aves, um legado de mais de 150 milhões de anos de domínio dos dinossauros, de um império morto.

A DESCOBERTA DE que as aves são dinossauros provavelmente é o fato mais importante já revelado pelos paleontólogos especialistas em dinossauros. Embora tenhamos aprendido muito sobre os dinossauros nas últimas décadas, essa não é uma ideia nova e radical defendida pela minha geração de cientistas. É o oposto: uma teoria que remonta a muito tempo atrás, à era de Charles Darwin.

O ano era 1859. Após duas décadas sentado, analisando as observações que fizera na juventude, enquanto percorria o mundo no HMS *Beagle*, Darwin finalmente estava pronto para ir a público com sua descoberta chocante: espécies não são entidades fixas; elas evoluem ao longo do tempo. Ele tinha até um mecanismo para explicar a evolução, um processo que chamou de seleção natural. Em novembro daquele ano, ele publicou *A origem das espécies*.

É assim que funciona. Todas as populações de organismos têm traços variáveis. Por exemplo, se você der uma olhada em um grupo de coelhos na natureza, verá que eles têm pelos de cores diferentes, mesmo que pertençam à mesma espécie. Às vezes, uma dessas variações confere uma vantagem para a sobrevivência — digamos, pelos mais escuros ajudam um coelho a se camuflar melhor — e, por causa disso, os indivíduos com essa variação têm uma chance maior de viverem e se reproduzirem mais. Se essa variação for hereditária — se puder ser transmitida à prole —, então, ao longo do tempo, ela irá se espalhar pela população, de modo que toda a espécie de coelhos esteja agora com pelos escuros. Os pelos escuros foram selecionados pela natureza, e os coelhos evoluíram.

Esse processo pode até produzir uma nova espécie: se uma população for, de alguma forma, dividida, e cada subgrupo seguir seu próprio caminho, desenvolvendo seus próprios traços selecionados pela natureza até os dois grupos se tornarem tão diferentes que passam a ser incapazes de reproduzir entre si, eles se desenvolveram em espécies distintas. Esse processo produziu todas as espécies do mundo no curso de bilhões de anos. Isso significa que todas as espécies de seres vivos — modernas e extintas — têm um parentesco, são primas em uma grande árvore genealógica.

OS DINOSSAUROS ALÇAM VOO

Elegante em sua simplicidade, tão ampla em suas implicações, hoje consideramos a teoria da evolução de Darwin pela seleção natural uma das regras fundamentais do mundo que conhecemos. Foi o que produziu os dinossauros, o que os transformou em uma variedade tão fantástica de espécies capazes de governar o planeta por tanto tempo, adaptando-se a continentes que se dividiram, à alteração dos níveis do mar, a mudanças climáticas e à ameaça de concorrentes que queriam roubar sua coroa. A evolução pela seleção natural também foi o que nos produziu, e não se engane, ela continua operando agora mesmo, constantemente, ao nosso redor. É por isso que nos preocupamos tanto com as superbactérias que desenvolvem resistência a antibióticos, porque sempre precisamos de novos medicamentos para permanecer um passo à frente de bactérias e vírus que podem nos prejudicar.

Alguns continuam duvidando até hoje da teoria da evolução — e não direi mais nada sobre isso —, mas, sejam quais forem os contra--argumentos da atualidade, eles não são nada em face do que aconteceu na década de 1860. O livro de Darwin — escrito numa prosa linda e acessível para o consumo público — gerou fúria. Algumas das noções mais queridas da sociedade sobre religião, espiritualidade e sobre o lugar da humanidade no universo de repente pareciam estar sendo desafiadas. Evidências e acusações voavam de um lado para outro, e os dois lados procuravam a última cartada. Para muitos dos partidários de Darwin, a prova definitiva de sua nova teoria seriam os "elos perdidos", fósseis em transição que capturam, como uma fotografia, a evolução de um tipo de animal para outro. Eles não só demonstrariam a evolução em ação, mas poderiam exibi-la visualmente ao público de um modo que nenhum livro ou palestra jamais poderia.

Darwin não precisou esperar muito tempo. Em 1861, operários de uma pedreira na Baviera encontraram algo peculiar. Eles estavam extraindo um tipo de lamito fino que se quebra em camadas delgadas, usado na época em litografias. Um dos mineradores — cujo nome se perdeu na História — abriu um bloco de pedra e encontrou um esqueleto de 150 milhões de anos de um Frankenstein no seu interior. Ele tinha garras afiadas e uma cauda comprida como um um réptil, mas penas e asas como uma ave. Outros fósseis do mesmo animal logo seriam encontrados em outras pedreiras de lamito espalhadas pela zona rural da Baváira, incluindo um espetacular que teve quase seu esqueleto inteiro preservado. Este tinha uma fúrcula, como uma ave, mas suas mandíbulas apresentavam dentes afiados, como um réptil. O que quer que essa criatura tenha sido, ela parecia metade réptil, metade ave.

Esse híbrido jurássico foi chamado de *Archaeopteryx* e se tornou uma sensação. Darwin o incluiu em edições posteriores de *A origem das espécies* como prova de que as aves tinham uma história complexa, que só poderia ser explicada pela evolução. O estranho fóssil também chamou a atenção de um dos melhores amigos e mais inflamados defensores de Darwin. Talvez Thomas Henry Huxley seja mais lembrado pelo termo *agnosticismo*, que descreve suas visões religiosas incertas, mas, na década de 1860, ele era popularmente conhecido como o Buldogue de Darwin. Foi um apelido que deu a si mesmo, pois era incansável em sua defesa da teoria de Darwin, atacando qualquer um — pessoalmente ou em textos — que a criticasse. Huxley concordou que o *Archaeopteryx* era um fóssil transicional, ligando os répteis às aves, mas foi um passo além. Percebeu que ele lembrava outro fóssil descoberto nas mesmas minas de lamito da Baváira, um pequeno dinossauro carnívoro chamado *Compsognathus*. Então, ele propôs sua própria nova ideia radical: as aves eram descendentes dos dinossauros.

O debate teve continuidade no século seguinte. Alguns cientistas seguiram Huxley; outros não aceitaram a ligação entre dinossauros e aves. Mesmo quando um dilúvio de novos fósseis de dinossauros surgiu no oeste americano — os dinossauros jurássicos da Formação Morrison, como os *Allosaurus*, e seus muitos compatriotas saurópodes, bem como a congregação de *T. rex* e *Triceratops* do Cretáceo de Hell Creek —, não parecia haver evidências suficientes para resolver a questão. Então, na década de 1920, um livro de um artista dinamarquês apresentou um argumento simplista de que as aves não poderiam ter vindo dos dinossauros, pois, aparentemente, os dinossauros não

OS DINOSSAUROS ALÇAM VOO

tinham clavícula (que, nas aves, fundia-se na fúrcula), e, embora possa parecer um pouco absurdo, esse ponto de vista ganhou força até os anos 1960 (e hoje sabemos que os dinossauros na realidade tinham clavícula, o que anula o argumento). Enquanto a beatlemania se espalhava pelo globo, os manifestantes marchavam em defesa dos direitos civis na América do Sul e a guerra tomava conta do Vietnã, o consenso era de que não havia relação entre os dinossauros e as aves. Eles não passavam de primos muito distantes com certas semelhanças.

Tudo isso mudou em 1969, o ano tumultuado de Woodstock. A revolução se desenrolava, enquanto as normas e tradições sociais eram desafiadas por todo o Ocidente. Esse espírito de rebelião também se infiltrou na ciência, e os paleontólogos começaram a ver os dinossauros de um modo diferente. Não como os desperdícios de espaço pouco inteligentes, de cores desbotadas e lentos, que definiram uma era irrelevante da Pré-História, mas como animais mais ativos, dinâmicos e enérgicos, que dominaram seu mundo com talento e sagacidade, criaturas muito parecidas, em diversos aspectos, com animais atuais — particularmente, com as aves. Uma nova geração — liderada por um professor despretensioso de Yale chamado John Ostrom e seu exuberante aluno Robert Bakker — repensou completamente os dinossauros, apresentando até mesmo o argumento de que os dinossauros viviam em bandos, tinham sentidos aguçados, cuidavam dos filhotes e podem ter sido homeotérmicos como nós.

A catálise para a chamada Renascença dos Dinossauros foi uma série de fósseis escavados alguns anos antes, em meados da década de 1960, por Ostrom e sua equipe. Eles estavam no extremo sul de Montana, perto da fronteira com Wyoming, explorando rochas coloridas formadas em uma planície aluvial durante o Cretáceo Inferior, entre 125 e 100 milhões de anos atrás. Eles encontraram mais de mil ossos de um dinossauro — um dinossauro extremamente parecido com uma ave. Tinha braços compridos, muito parecidos com asas, e a compleição leve de um dínamo veloz. Após alguns anos estudando os ossos, Ostrom anunciou-os em 1969 como uma nova espécie: *Deinonychus*, um dromeossaurídeo. Ele era um primo próximo do *Velociraptor*, que foi descoberto na década de 1920 na Mongólia e descrito por Henry Fairfield Osborn (o aristocrata de Nova York que batizou o *T. rex*), mas, naquela era anterior a *O parque dos dinossauros*, ainda não havia se tornado um nome popular.

Ostrom percebeu as implicações consideráveis de sua descoberta. Ele usou o *Deinonychus* para ressuscitar a ideia de Huxley de que as aves haviam se desenvolvido a partir dos dinossauros, o que defendeu em uma série de artigos científicos, verdadeiros marcos nos anos 1970, um advogado defendendo seu caso com uma apresentação meticulosa de evidências incontroversas. Enquanto isso, seu vivaz ex-aluno Bakker pegava uma rota diferente. O filho dos anos 1960, com seus cabelos no estilo hippie cobertos por um chapéu de caubói, tornou-se um pregador. Ele pregou a conexão entre dinossauros e aves — bem como a nova imagem dos dinossauros como animais homeotérmicos de cérebro grande com uma história de sucesso evolucionário — para o público com uma história de capa na *Scientific American* em 1975 e um livro de imenso sucesso nos anos 1980, *The Dinosaur Heresies*. O contraste de estilo dos dois causou conflitos constantes entre eles, mas, juntos, Ostrom e Bakker revolucionaram o ponto de vista de todos sobre os dinossauros. No final da década de 1980, a maioria dos estudantes sérios de Paleontologia havia adotado o mesmo pensamento.

O reconhecimento de que as aves vinham dos dinossauros levantou uma questão provocativa. Talvez, Ostrom e Bakker supunham, algumas das características mais familiares das aves modernas tivessem começado a se desenvolver nos dinossauros. Talvez, dromeossaurídeos como o *Deinonychus* — tão parecido com uma ave em seus ossos e nas proporções do corpo — até mesmo tivessem a característica mais essencial das aves: penas. Afinal de contas, como as aves se desenvolveram a partir dos dinossauros, e como o *Archaeopteryx,* metade dinossauro, metade ave, foi encontrado coberto por penas fossilizadas, as penas devem ter surgido em algum momento da sua linhagem evolucionária — talvez em um dinossauro, muito antes do surgimento das aves. Além disso, se alguns dinossauros de fato tivessem penas, esse poderia ser o último

OS DINOSSAUROS ALÇAM VOO 229

golpe para os bastiões da tradição, que não aceitavam a conexão entre dinossauros e aves.

O problema, contudo, era que Ostrom e Bakker não podiam ter certeza de que dinossauros como o *Deinonychus* tinham penas. Tudo o que eles tinham eram ossos. Partes delicadas, como pele, músculos, tendões, órgãos internos e, sim, penas, raramente sobrevivem à morte, à decadência e ao soterramento para serem fossilizadas. O *Archaeopteryx* — que Ostrom e Bakker consideravam a ave mais antiga nos registros fósseis — foi uma exceção de sorte, tendo sido enterrado rapidamente em uma lagoa tranquila e rapidamente se transformado em rocha. Talvez, eles nunca tivessem certeza. Assim, aguardaram, na esperança de que alguém, em algum lugar, de alguma forma, encontrasse penas em um dinossauro.

Então, em 1996, quando sua carreira já chegava ao fim, Ostrom encontrava-se na reunião anual da Sociedade da Paleontologia de Vertebrados, em Nova York, onde caçadores de fósseis do mundo inteiro se reúnem para apresentar novas descobertas e discutir suas pesquisas. Enquanto caminhava pelo Museu Americano, Ostrom foi abordado por Phil Currie, um canadense que fez parte da primeira geração pós-1960, criada com a ideia de que aves eram dinossauros. A teoria fascinava tanto Currie que ele passara grande parte das décadas de 1980 e 1990 procurando pequenos dromeossaurídeos parecidos com aves no oeste do Canadá, na Mongólia e na China. Aliás, ele havia acabado de voltar de uma de suas viagens à China. Enquanto esteve lá, ele tomou conhecimento de um fóssil extraordinário. Currie tirou uma foto do bolso e mostrou para Ostrom.

Lá estava um pequeno dinossauro cercado por um halo de penas fofas, imaculadamente preservado, como se tivesse morrido ontem. Ostrom começou a chorar. Seus joelhos bambearam e ele quase caiu no chão. Alguém encontrara seu dinossauro com penas.

O fóssil que Currie mostrou a Ostrom — mais tarde batizado de *Sinosauropteryx* — foi apenas o começo. Cientistas correram para a região de Liaoning, no nordeste da China, onde ele havia sido encontrado, com a ambição fanática de exploradores na corrida do ouro.

230 ASCENSÃO E QUEDA DOS DINOSSAUROS

Mas as verdadeiras autoridades eram os fazendeiros locais. Eles conheciam as terras profundamente e compreenderam que mesmo um único espécime, se vendido a um museu, poderia lhes dar mais dinheiro do que uma vida inteira trabalhando no campo. Em alguns anos, fazendeiros de toda a zona rural haviam registrado várias outras espécies de dinossauros com penas, que receberam nomes como *Caudipteryx*, *Protarchaeopteryx*, *Beipiaosaurus* e *Microraptor*. Hoje, cerca de duas décadas depois, mais de vinte espécies com penas são conhecidas, representadas por milhares de fósseis individuais. Esses dinossauros tiveram o grande azar de viver em uma floresta densa ao redor de um mundo maravilhoso de lagos antigos, um cenário periodicamente varrido por vulcões. Algumas dessas erupções cuspiam tsunamis de cinzas, que se combinavam à água para inundar a paisagem com um caldo viscoso que enterrava tudo à vista. Os dinossauros eram capturados em seus hábitos diários, preservados no estilo Pompeia. É por isso que os detalhes das penas estão tão impecáveis.

Ostrom foi um cara que passou horas esperando um ônibus, e então, de repente, cinco chegaram ao mesmo tempo. Ele hoje tem um ecossistema inteiro de dinossauros com penas, o que provava que ele estava certo: as aves realmente vieram dos dinossauros, uma extensão da mesma família que o *T. rex* e o *Velociraptor*. Os dinossauros com penas de Liaoning estão hoje entre os fósseis mais celebrados do mundo, e com razão. Quando o assunto são as descobertas de novos dinossauros, nada que tenha acontecido durante a minha vida chega sequer perto da sua importância.

UM DOS MAIORES privilégios que tive na minha carreira foi ter estudado muitos dos dinossauros com penas de Liaoning, em museus espalhados pela China. Tive até mesmo a chance de batizar e descrever um inédito, o dromeossaurídeo *Zhenyuanlong*, que encontramos nas primeiras páginas deste livro, a criatura do tamanho de uma mula com asas. Esses dinossauros de Liaoning são fósseis belíssimos — tão adequados para uma galeria de arte quanto para um museu de história —, mas são muito mais do que isso.

Eles são *os* fósseis que nos ajudam a desvendar uma das maiores charadas da biologia: como a evolução produz grupos radicalmente novos de organismos, com corpos reformulados capazes de novos comportamentos notáveis. A formação de aves pequenas, homeotérmicas, capazes de voar e que crescem rápido a partir de ancestrais semelhantes ao *T. rex* e ao *Allosaurus* é um dos principais exemplos desse tipo de salto — o que os biólogos chamam de uma grande transição evolucionária.

Precisamos de fósseis para estudar grandes transições, pois elas não são o tipo de coisa que podemos recriar no laboratório ou testemunhar na natureza. Os dinossauros de Liaoning são um estudo de caso quase perfeito. Existem muitos deles, e eles exibem uma grande diversidade no tamanho e no formato do corpo, bem como na estrutura das penas. Eles vão de ceratopsianos herbívoros do tamanho de cachorros, com pelos simples no estilo dos ouriços, a primos primitivos do *T. rex,* com 9 metros de comprimento, cobertos por uma cabeleira semelhante à dos humanos (como o *Yutyrannus*, que também encontramos alguns capítulos atrás), dromeossaurídeos como o *Zhenyuanlong*, com asas completas, e até esquisitões do tamanho de corvos com asas nos braços e nas pernas, algo que não vemos em nenhuma ave moderna. Cada um corresponde a uma foto, e quando elas são reunidas em uma árvore genealógica, apresentam algo parecido com um filme da transição evolucionária em ação.

Mais fundamentalmente, os fósseis de Liaoning confirmam onde as aves se encontram na árvore genealógica dos dinossauros. As aves são um tipo de terópode; eles fazem parte do grupo de ferozes carnívoros que tem como membros mais famosos o *T. rex* e o *Velociraptor*, além de vários dos outros predadores já citados: o *Coelophysis*, de Ghost Ranch, o esquartejador *Allosaurus*, da Formação Morrison, os carcarodontossauros e os abelissaurídeos que aterrorizavam os continentes do sul. Isso foi exatamente o que Huxley e, mais tarde, Ostrom propuseram. Os fósseis de Liaoning anularam as dúvidas, confirmando quantos traços as aves e outros terópodes compartilham apenas entre si: não só penas, mas também fúrculas, mãos com três dedos que se curvam contra o corpo, e centenas de outros aspectos do esqueleto.

Não existe nenhum outro grupo de animais — vivos ou extintos — que compartilhe essas coisas com aves ou terópodes: isso deve significar que as aves vêm dos terópodes. Qualquer outra conclusão requer uma apelação especial completamente nova.

Entre os terópodes, as aves se encaixam em um grupo avançado chamado paraves. Esses carnívoros quebram alguns dos estereótipos que as pessoas ainda conservam em relação aos dinossauros, particularmente os terópodes. Eles não eram monstros desajeitados, como o *T. rex*, mas espécies menores, mais rápidas, mais inteligentes, a maioria das quais tinha o tamanho de um humano ou menor. Com efeito, eles eram um subgrupo de terópodes que seguiram seu próprio caminho, trocando a força bruta e a circunferência de seus ancestrais por cérebro maior, sentidos mais aguçados e esqueleto mais compacto e leve que permitiam um estilo de vida mais ativo. Entre outras paraves estão o *Deinonychus*, de Ostrom, o *Velociraptor* e o meu *Zhenyuanlong*, tão parecido com um pássaro, além de outras espécies de dromeossaurídeos e de troodontídeos. Esses dinossauros são os parentes mais próximos das aves. Todos tinham penas, muitos tinham asas, e mais do que alguns, sem dúvida, pareciam e agiam como aves modernas.

Em algum lugar nesse grupo de espécies de paraves encontra-se a linha entre os que são aves e os que não são. Como a divisão entre os que são dinossauros e os que não são, ocorrida no Triássico, a distinção é turva. E está ficando mais turva a cada novo fóssil de Liaoning. Na verdade, é apenas uma questão de semântica: os paleontólogos da atualidade descrevem uma ave como qualquer coisa que se encaixe no grupo que inclui o *Archaeopteryx* de Huxley, as aves modernas e todos os descendentes de seu ancestral comum do Jurássico. É mais uma convenção histórica do que um reflexo de qualquer distinção biológica. Seguindo essa definição, o *Deinonychus* e o *Zhenyuanlong* ficam ligeiramente do lado dos que não são aves.

Esqueçamo-nos disso por um segundo. As definições podem nos distrair do enredo.

As aves atuais se destacam entre todos os animais modernos. Penas, asas, bico sem dentes, fúrculas, cabeça grande sobre um

OS DINOSSAUROS ALÇAM VOO

pescoço em forma de S, ossos ocos, pernas de palito... e a lista se estende. Esses traços distintivos definem o que chamamos de estrutura física das aves: a estrutura que faz de uma ave uma ave. Essa estrutura física está por trás de muitas super-habilidades que tornam as aves tão especiais: sua capacidade, em geral, de voar, seu ritmo rápido de crescimento, sua fisiologia homeotérmica e sua inteligência elevada e sentidos aguçados. Queremos saber de onde veio essa estrutura física.

Os dinossauros com penas de Liaoning nos dão a resposta. E ela é notável: muitos traços supostamente únicos das aves da atualidade — os componentes da sua estrutura — começaram a se desenvolver em seus ancestrais dinossauros. Longe de serem exclusivos das aves, esses traços se desenvolveram muito mais cedo, nos terópodes terrestres, por razões sem nenhuma relação com o voo. As penas são o melhor exemplo — e retornaremos a ela em um momento —, mas servem apenas para ilustrar um padrão muito mais geral. Para vê-lo, precisamos começar pela base da árvore genealógica e subir.

Comecemos com uma característica central da estrutura física das aves. As pernas compridas e retas, e os pés com três dedos magros principais — marcas registradas da silhueta da ave moderna — surgiram pela primeira vez há mais de 230 milhões de anos nos dinossauros mais primitivos, à medida que seus corpos eram reformulados em máquinas bípedes e rápidas capazes de perseguir, alcançar e derrubar seus rivais. Aliás, as características dos membros traseiros estão entre as mais marcantes de todos os dinossauros, aquelas que os ajudaram a governar o mundo por tanto tempo.

Então, pouco depois, alguns desses dinossauros bípedes — os primeiros membros da dinastia terópode — fundiram as clavículas esquerda e direita em uma nova estrutura, a fúrcula. Foi uma mudança aparentemente pequena, que estabilizou a escápula e provavelmente permitiu que esses predadores furtivos do tamanho de cachorros absorvessem melhor as forças de choque envolvidas na captura das presas. Muito mais tarde, as aves usariam a fúrcula como uma mola

234   ASCENSÃO E QUEDA DOS DINOSSAUROS

que armazena energia quando batem as asas. Esses prototerópodes, contudo, nunca poderiam ter sabido que isso aconteceria, assim como o inventor da hélice não fazia ideia de que os irmãos Wright iriam colocá-la em um avião.

Muitas dezenas de milhões de anos mais tarde, um subgrupo dos terópodes bípedes e com fúrcula, chamados maniraptoranos, desenvolveu um gracioso pescoço curvo por razões desconhecidas. Especulo que isso pode ter algo a ver com a procura de presas. Enquanto isso, algumas das espécies tornavam-se cada vez menores, provavelmente porque um físico menor lhes dava acesso a novos nichos ecológicos — árvores, arbustos, talvez até cavernas ou tocas subterrâneas inacessíveis para gigantes como o *Brontosaurus* e o *Stegosaurus*. Mais tarde, um subgrupo desses pequenos terópodes bípedes com fúrcula e pescoço curvo começou a dobrar os braços contra o corpo, provavelmente para proteger suas penas delicadas, que se desenvolviam por volta da mesma época. Eram as paraves — um subgrupo dos maniraptoranos e ancestrais imediatos das aves.

Esses são apenas alguns exemplos; há muitos outros. A questão é que, quando vejo a gaivota do lado de fora da minha janela, muitos dos traços que me permitem reconhecê-la imediatamente como uma ave na realidade não são marcas registradas das aves. São atributos dos dinossauros.

Esse padrão tampouco se limita à anatomia. Muitos dos comportamentos e características biológicas mais notáveis das aves também se devem a uma antiga herança dos dinossauros. Algumas das melhores evidências não vêm de Liaoning, mas de outro tesouro de fósseis espetaculares, encontrados no deserto de Gobi, na Mongólia. No último quarto de século, uma equipe conjunta do Museu Americano de História Natural e da Academia Mongol de Ciências vem montando expedições de verão anuais até essa vasta e desolada área da Ásia Central. Os fósseis coletados — que datam do Cretáceo Superior, entre 84 e 66 milhões de anos atrás — fornecem uma visão sem precedentes dos estilos de vida dos dinossauros e das primeiras aves.

OS DINOSSAUROS ALÇAM VOO

O projeto de Gobi é liderado por um dos paleontólogos mais proeminentes da América, Mark Norell, diretor da coleção de dinossauros do Museu Americano e ex-supervisor do meu Ph.D. Ele cresceu no sul da Califórnia, um surfista de cabelos compridos que tinha verdadeira adoração por Jimmy Page, mas, ao mesmo tempo, uma obsessão digna de um nerd pela coleta de fósseis. Mark fez faculdade em Yale, onde Ostrom foi um de seus mentores, e mal havia completado 30 anos quando foi contratado para o antigo posto de curador de Barnum Brown, amplamente considerado o cargo de pesquisa mais importante do mundo.

Oposto completo de uma caricatura acadêmica conservadora, Mark viaja pelo planeta à procura das duas coisas que ele conhece melhor: dinossauros, obviamente, mas também sua outra paixão — arte asiática. As histórias que ele acumulou ao longo do caminho — em casas de leilão, em clubes noturnos chineses, em iurtas mongóis, em sofisticados hotéis europeus e bares decadentes — muitas vezes parecem ultrajantes demais para serem verdadeiras, mas fazem dele um dos melhores contadores de histórias que já conheci. Alguns anos atrás, o *Wall Street Journal* publicou uma hagiografia de Mark, chamando-o de "o cara mais legal vivo". Mark se veste como uma versão hipster de Andy Warhol (outro de seus heróis), ocupa um escritório majestoso com vista para o Central Park, ostenta uma coleção de arte budista antiga que envergonharia muitos museus e leva geladeiras portáteis para o deserto a fim de poder fazer sushi enquanto está em campo. É o bastante para chamá-lo de indivíduo mais legal do mundo? Decidam vocês.

O que eu sei é que Mark é um dos melhores conselheiros do mundo. Ele é extremamente inteligente e pensa grande, sempre estimulando seus alunos a fazerem perguntas fundamentais sobre como a evolução funciona — por exemplo, como um dinossauro se transformou em uma ave? Jamais adepto da microgerência nem do roubo de crédito, ele tenta atrair estudantes motivados, fornece-lhes os melhores fósseis, e então sai de cena. Além disso, ele nunca deixa um aluno pagar uma cerveja.

Eu e muitos dos alunos de Mark construímos nossas carreiras estudando dinossauros escavados por ele em Gobi. Entre eles, estão esqueletos sepultados por tempestades repentinas que capturaram dinossauros chocando ovos do mesmo modo que as aves que conhecemos hoje. Eles mostram que as aves herdaram suas soberbas capacidades parentais de seus ancestrais dinossauros, e que esses comportamentos remontam pelo menos a algumas das espécies pequenas, com asas e pescoço arqueado dos maniraptoranos. As equipes de Mark também descobriram uma grande quantidade de crânios de dinossauro, entre os quais o preservadíssimo crânio de um *Velociraptor* e muitos outros maniraptoranos. A tomografia computadorizada desses espécimes — prática estabelecida por uma ex-aluna de Mark, Amy Balanoff, que conhecemos alguns capítulos atrás — revelou que esses dinossauros tinham cérebro imenso, com um prosencéfalo ampliado na frente. É o prosencéfalo grande que torna as aves modernas tão inteligentes e atua como seu computador de bordo, permitindo-lhes controlar os atos complicados de voar e navegar no complexo mundo em 3D do ar. Não sabemos precisamente por que esses maniraptoranos desenvolveram uma inteligência tão notável, mas os fósseis de Gobi nos dizem que os ancestrais das aves ficaram inteligentes antes de alçarem voo.

A lista continua. Inúmeros terópodes encontrados em Gobi e outros lugares tinham ossos ocos, ocupados por sacos de ar, que, como vimos antes, são sinais reveladores de que eles tinham pulmões supereficientes capazes de absorver oxigênio tanto durante a inalação quanto durante a exalação, um traço precioso das aves que fornece o necessário para que os mantenham seu estilo de vida tão exigente de energia. A estrutura microscópica dos ossos dos dinossauros indica que muitas espécies — inclusive todos os terópodes conhecidos — tinham fisiologias e ritmos de crescimento intermediários entre os répteis de crescimento lento e sangue frio, e as aves de crescimento rápido e sangue quente da atualidade. Portanto, sabemos que o pulmão supereficiente e o crescimento relativamente rápido surgiram mais de 100 milhões de anos antes de as aves começarem a voar, enquanto os dinossauros velozes e de pernas compridas adotavam novas formas de subsistência como criaturas cheias de energia, diferentes dos letárgicos anfíbios, lagartos e crocodilos que combatiam. Sabemos até mesmo que tanto a típica postura para o sono das aves quanto a extração de cálcio de seus ossos para as cascas dos ovos surgiram primeiro nos dinossauros, muito antes das aves

Nosso entendimento da estrutura física das aves, portanto, não é o de uma imagem fixa como um jogo de Lego montado peça a peça ao longo do tempo evolucionário. O mesmo se aplica ao clássico repertório comportamental, fisiológico e biológico das aves atuais, e também às penas.

SEMPRE QUE VISITO a China, tiro algum tempo para visitar Xu Xing. Ele é um homem educado, de temperamento suave, que teve uma infância pobre em Xinjiang, um pedaço do oeste da China que foi palco de disputas políticas e que já foi cruzado pela Rota da Seda. Ao contrário da maioria das crianças no Ocidente, Xu não tinha interesse por dinossauros quando jovem. Ele nem sequer sabia da sua existência. Quando ganhou uma prestigiosa bolsa de estudos para frequentar a faculdade em Beijing, o governo lhe disse que ele estudaria Paleontologia, uma matéria de que nunca ouvira falar. Xu aceitou e gostou, e acabou estudando com Mark Norell em Nova York. Hoje, Xu é o maior caçador de dinossauros do mundo. Ele batizou mais de cinquenta novas espécies — mais do que qualquer outra pessoa viva.

Se comparado à suíte presidencial de Mark na torre do Museu Americano de História Natural, o escritório de Xu no Instituto da Paleontologia de Vertebrados e da Paleoantropologia em Beijing é espartano. Mas contém alguns dos fósseis mais fantásticos que você jamais verá. Além dos dinossauros que o próprio Xu encontra, ele sempre recebe ossos coletados por fazendeiros, operários e várias outras pessoas de toda a China. Muitos deles são dinossauros novos cobertos por penas de Liaoning. Sempre que faço uma visita ao escritório de Xu e cruzo a soleira da porta, sinto a adrenalina de uma criança entrando em uma loja de brinquedos.

Os fósseis que já vi no escritório de Xu contam a história de como as penas se desenvolveram. Mais do que qualquer outra parte do corpo ou da biologia das aves, as penas são cruciais para entender de onde elas — e muitas de suas capacidades únicas, como o voo — vieram. As penas são o melhor canivete suíço da natureza, ferramentas com diversos propósitos, que podem ser usadas como ornamentação, isolamento, proteção para ovos e filhotes, e, é claro, para voar. Aliás, elas têm tantas utilidades que tem sido difícil determinar qual foi o propósito que as levou a se desenvolver, e como se desenvolveram em aerofólios, mas os fósseis de Liaoning estão perto de fornecer a resposta.

As penas não surgiram de repente, com a aparição das primeiras aves; elas se desenvolveram em seus distantes ancestrais dinossauros. O ancestral comum de todos os dinossauros pode até ter sido uma espécie com penas. Não sabemos ao certo, pois não podemos estudar esse ancestral diretamente, mas essa é uma inferência com base na observação: muitos pequenos dinossauros bem preservados de Liaoning — a abundância de terópodes carnívoros como o *Sinosauropteryx*, mas também herbívoros minúsculos como o *Psittacosaurus* — são encontrados cobertos por algum tipo de tegumento. Ou esses diversos dinossauros desenvolveram suas penas separadamente, o que é improvável, ou as herdaram de um ancestral. Essas primeiras penas, contudo, tinham uma aparência muito diferente das penas das aves modernas. O material que cobria o corpo do *Sinosauropteryx* e da maioria dos outros dinossauros de Liaoning era mais parecido com uma penugem composta de milhares de filamentos semelhantes a pelos que os paleontólogos chamam de protopenas. Não há possibilidade de esses dinossauros terem podido voar — suas penas eram simples demais, e eles não tinham asas. Portanto, as primeiras penas devem ter se desenvolvido para outro fim, provavelmente para manter esses dinossauros pequenos, semelhantes a chinchilas, aquecidos, ou talvez como uma forma de camuflagem.

Para a maioria dos dinossauros — a maioria dos que eu estudei no escritório de Xu e em outros museus chineses —, uma camada de penugem ou penas finas era o suficiente. Todavia, em um subgrupo — o dos maniraptoranos com fúrcula e pescoço de cisne —, as penas tornaram-se mais compridas e começaram a se ramificar, primeiro em

OS DINOSSAUROS ALÇAM VOO

alguns poucos tufos simples e mais tarde em um sistema muito mais ordenado de farpas projetadas para os lados a partir de um tronco central. Assim, nasceu a pena (ou, no jargão científico, a pena penácea). Alinhadas e dispostas em camadas umas sobre as outras nos braços, essas penas mais complexas formaram asas. Muitos terópodes, particularmente as paraves, tinham asas de formatos e tamanhos variáveis. Alguns, como o dromeossaurídeo *Microraptor* — um dos primeiros dinossauros com penas batizados e descritos por Xu —, tinham até mesmo asas nos braços e nas pernas, algo nunca visto nas aves atuais.

As asas, é claro, são essenciais para o voo. Elas são os aerofólios que fornecem elevação e impulso. Por essa razão, por muito tempo presumiu-se que as asas deveriam ter se desenvolvido especialmente para o voo, que alguns maniraptoranos transformaram suas camadas de penas de dinossauro em camadas de lâminas penáceas, pois estavam se transformando em aviões. É uma explicação intuitiva, mas provavelmente é falsa.

Em 2008, uma equipe de pesquisadores canadenses explorava terras inférteis do sul de Alberta, uma área rica em fósseis de tiranossauros, ceratopsianos, hadrossauros e outros dos últimos dinossauros a terem sobrevivido na América do Norte no Cretáceo Superior. Quem chefiava a equipe era outra cientista educada e calma: Darla Zelenitsky, uma especialista em ovos de dinossauro e na sua reprodução. Sua equipe encontrara o esqueleto de um ornitomimossauro do tamanho de um cavalo — um terópode onívoro parecido com um avestruz —, e seu corpo estava coberto por mechas escuras e finas, algumas das quais pareciam ir até o osso. Se estivessem em Liaoning, Darla disse à equipe com um sorriso irônico, eles poderiam chamar aquelas coisas de penas e anunciar uma descoberta que definiria sua carreira. Mas não poderiam ser penas. Esse ornitomimossauro estava sepultado em um bloco de arenito trazido pelo rio, não rapidamente enterrado nas condições ideais fornecidas pelas erupções vulcânicas no estilo Liaoning. Além disso, nenhum dinossauro com penas havia sido registrado antes na América do Norte.

A piada teve sua conclusão mais tarde, quando Darla e sua equipe — que também incluía seu marido, François Therrien, especialista em ecologia dos dinossauros — encontraram um fóssil quase idêntico. Outro ornitomimossauro em arenito, coberto por uma sarna de penugem parecida com algodão-doce. Algo estranho estava acontecendo, então o casal foi até o depósito do Museu Real de Tyrrell de Paleontologia, onde François é curador, para procurar outros ornitomimossauros na coleção. Lá, eles encontraram um terceiro esqueleto com essa penugem que fora descoberto em 1995 — um ano antes de Phil Currie tirar a foto do primeiro terópode com penas de Liaoning e mostrá-la a John Ostrom. Os paleontólogos que escavaram o fóssil de Alberta na metade da década de 1990 ainda não sabiam que penas de dinossauro podiam ser preservadas, mas Darla e François observaram que as penugens dos três ornitomimossauros eram quase idênticas em tamanho, formato, estrutura e posição às penas de muitos terópodes de Liaoning. Isso só podia significar uma coisa: eles *haviam* encontrado os primeiros dinossauros com penas da América do Norte.

Os ornitomimossauros que Darla e François descobriram não só tinham penas. Eles também tinham asas. É possível ver claramente as manchas pretas nos ossos do braço, onde as penas grandes no estilo caneta eram ancoradas, uma série ordenada de pontos e traços organizada em linhas que subiam e desciam por todo o antebraço. Contudo, não havia possibilidade de esse dinossauro poder voar — ele era muito grande e pesado, e seus braços eram curtos demais e suas asas muito pequenas para fornecer uma área de superfície suficiente para manter o animal no ar. Além disso, ele não tinha os grandes músculos torácicos necessários para possibilitar o voo (os músculos do peito das aves atuais, cujos tamanhos maciços ajudam na alimentação), nem as penas assimétricas (com uma palheta dianteira mais curta e dura do que a palheta traseira) necessárias para suportar as severas forças envolvidas na subida através de uma corrente de ar. O mesmo se aplica a muitos dos terópodes com asas de Liaoning, incluindo o *Zhenyuanlong*. Eles sem dúvida tinham asas, mas seus corpos pesados, suas asas pateticamente pequenas e estruturas físicas inapropriadas tornavam-nos ineptos ao voo.

OS DINOSSAUROS ALÇAM VOO 241

Mas qual outro motivo para um dinossauro desenvolver asas? Pode parecer uma charada, mas precisamos lembrar que as aves atuais usam as asas para muitas outras coisas além de voar (razão pela qual, por exemplo, aves que não voam, como as avestruzes, não perdem completamente os braços). Elas também são usadas como ornamentos para atrair parceiros e afugentar rivais, como estabilizadores que ajudam as aves a subir, como nadadeiras para ajudá-las a nadar e como cobertores para aquecer os ovos no ninho, além de muitas outras funções. As asas poderiam ter se desenvolvido por qualquer uma dessas razões — ou, talvez, outra função inteiramente diferente — mas a ornamentação parece ser a mais provável, e há cada vez mais evidências para isso.

Quando eu estava fazendo meu Ph.D. com Mark Norell em Nova York, havia outro estudante fazendo o seu trabalho duas horas ao norte, em Yale, no mesmo departamento em que Ostrom lecionava antes de sua morte, em 2005. Jakob Vinther é da Dinamarca, e tem o físico de um viking para provar isso; ele é alto, com cabelos loiros cor de areia, uma barba cheia e olhos nórdicos intensos. Jakob nunca planejou estudar dinossauros — ele se interessa pelo Período Cambriano, o período algumas centenas de milhões de anos antes dos dinossauros, quando a vida nos oceanos passava pelo seu próprio big bang. Enquanto estudava esses animais primitivos, Jakob começou a se perguntar como se dá a preservação dos fósseis na escala microscópica. Ele passou a analisar vários fósseis diferentes com microscópios potentes e se deu conta de que muitos deles preservavam uma variedade de pequenas estruturas semelhantes a bolhas. Comparações com tecidos animais modernos mostraram que eram melanossomas: vasos com pigmentos. Como melanossomas de tamanhos e formatos diferentes correspondem a cores diferentes — os que têm forma de salsicha produzem o preto; os que têm forma de almôndega produzem um vermelho oxidado; e assim por diante —, Jakob concluiu que, pela análise de melanossomas fossilizados, é possível identificar que cores os animais pré-históricos teriam se estivessem vivos. Sempre nos disseram que isso era impossível, mas Jakob provou que os especialistas estavam errados. Para mim, foi uma das coisas mais inteligentes que um paleontólogo já fez desde que me entendo por gente.

Naturalmente, Jakob decidiu dar uma olhada nos dinossauros com penas recém-descobertos. Se as penas tivessem sido preservadas o bastante, ele esperava que pudessem conter melanossomas. Um a um, Jakob e seus colegas na China analisaram os dinossauros de Liaoning no microscópio e concluíram que seu palpite estava correto. Eles encontraram melanossomas por todos os lugares — de todos os formatos e tamanhos, orientações e distribuições —, o que revela que os dinossauros com asas que não voavam tinham um arco-íris de cores diferentes. Algumas eram até mesmo iridescentes, como as dos corvos brilhantes da atualidade. Asas coloridas como aquelas teriam sido instrumentos de exibição perfeitos — exatamente como a cauda fabulosa do pavão. Embora isso não seja uma prova definitiva de que os dinossauros usavam suas asas como ornamento, é uma sólida evidência circunstancial.

A totalidade das evidências — as asas começaram a se desenvolver em dinossauros grandes e desajeitados demais para voar, essas asas eram belamente coloridas e as aves modernas usam suas asas como ornamentos — levou a novas hipóteses radicais. As asas originalmente se desenvolveram como estruturas ornamentais — como outdoors de propaganda projetados dos braços e, em alguns casos, como o do *Microraptor*, das pernas e até da cauda. Depois, esses dinossauros com asas ornamentais teriam desenvolvido superfícies amplas que, pelas leis irrevogáveis da física, podiam produzir elevação, empuxo e repuxo. Os primeiros dinossauros com asas, como os ornitomimossauros do tamanho de cavalos e até a maioria dos dromeossaurídeos, como o *Zhenyuanlong*, provavelmente consideravam o empuxo e o repuxo produzidos pelos seus outdoors não mais do que um pequeno incômodo. Seja como for, qualquer impulso gerado não chegava nem perto de ser o suficiente para colocar animais tão grandes no ar. Mas nas paraves mais avançadas, que tinham a combinação mágica de asas grandes e corpos menores, os outdoors seriam capazes de assumir uma função aerodinâmica. Esses dinossauros agora podiam se movimentar no ar, mesmo que, a princípio, desajeitadamente. O voo havia evoluído — e acontecera completamente por acidente, os outdoors agora adaptados como aerofólios.

OS DINOSSAUROS ALÇAM VOO

Quanto mais fósseis encontramos — particularmente em Liaoning —, mais complexa fica a história. O desenvolvimento inicial do voo parece ter sido caótico. Não houve um progresso ordenado, nenhuma longa marcha evolucionária em que um subgrupo de dinossauros tenha sido refinado para se tornar aeronautas ainda melhores. Em vez disso, a evolução produzira um tipo geral de dinossauros — pequenos, com penas, com asas, com crescimento rápido e uma respiração eficiente — que tinha todos os atributos necessários para começar a explorar o ar. Parece ter havido uma zona na árvore genealógica dos dinossauros onde esse tipo de animal tinha liberdade para experimentar. O voo provavelmente se desenvolveu muitas vezes de modo paralelo, à medida que espécies diferentes desses dinossauros — com estruturas de aerofólios e penas diferentes — começavam a produzir elevação com suas asas ao pularem do chão, subirem em árvores ou saltarem entre galhos.

Alguns eram planadores, capazes apenas de pairar passivamente nas correntes aéreas. O *Microraptor* sem dúvida era capaz de deslizar, já que as asas de seus braços e de suas pernas eram grandes o bastante para suportar seu corpo no ar. Isso não é mera conjectura, mas foi demonstrado por experiências nas quais cientistas construíram modelos anatomicamente corretos e em tamanho real, colocando-os em túneis de vento. Eles não só continuaram submissamente flutuando, como demonstraram *grande* habilidade de surfar no fluxo aéreo. Há ainda outro tipo de dinossauro que provavelmente era capaz de deslizar, mas de um modo muito diferente do *Microraptor*. O minúsculo *Yi qi* — talvez o dinossauro mais estranho já encontrado — tinha uma asa, mas que não era composta de penas. Em vez disso, ele tinha uma membrana de pele que se estendia entre os dedos e pelo corpo, como um morcego. Essa membrana deve ter sido uma estrutura de voo, mas não era suficientemente flexível para bater como asas, então deslizar era na verdade a única possibilidade. O fato de o *Microraptor* e o *Yi* terem asas com configurações tão diversas é uma das evidências mais fortes de que dinossauros diferentes estavam desenvolvendo estilos de voo distintos, independentemente uns dos outros.

244 ASCENSÃO E QUEDA DOS DINOSSAUROS

Outros dinossauros com penas começariam a voar de forma diferente — batendo as asas. Isso se chama voo propulsionado, pois o animal gera elevação e impulso ativamente batendo as asas. Modelos matemáticos sugerem que alguns dinossauros que não eram aves plausivelmente batiam as asas, entre os quais o *Microraptor* e o troodontídeo *Anchiornis*, já que ambos tinham asas grandes o suficiente e um corpo leve o bastante para que o bater das asas pudesse tê-los feito alçar voo, pelo menos em teoria. Essas primeiras tentativas provavelmente foram desajeitadas, se considerarmos que esses dinossauros não tinham força muscular nem resistência para passar muito tempo no céu, mas foi um ponto de partida na evolução. Agora, com esses dinossauros de corpos pequenos e asas grandes voando de um lado para outro, a seleção natural podia pôr mãos à obra e modificar essas criaturas para torná-las voadores melhores.

Uma dessas linhagens que batiam asas — talvez os descendentes do *Microraptor* ou do *Anchiornis*, ou uma que tenha se desenvolvido de forma completamente independente — ficou ainda menor, desenvolveu músculos peitorais maiores e braços bem mais compridos. Eles perderam as caudas e os dentes, descartaram um dos ovários e seus ossos ficaram ainda mais ocos para diminuir o peso. Sua respiração tornou-se mais eficiente, seu crescimento, mais rápido, e seu metabolismo, mais supercarregado, então eles se transformaram definitivamente em animais homeotérmicos, capazes de manter a temperatura interna constante. A cada progresso evolucionário, eles iam se tornando voadores melhores, alguns capazes de permanecer no ar por horas, outros capazes de flutuar em altitudes mais elevadas da troposfera, quase sem oxigênio, sobre os Himalaias, que se erguiam.

Esses foram os dinossauros que se tornaram as aves da atualidade.

A EVOLUÇÃO PRODUZIU aves a partir de dinossauros. E, como vimos, aconteceu devagar, quando uma linhagem de dinossauros terópodes adquiriu gradualmente os traços e comportamentos característicos das aves atuais, há dezenas de milhões de anos. Um *T. rex* não se transfor-

OS DINOSSAUROS ALÇAM VOO

mou em uma galinha certo dia, mas, em vez disso, a transição foi tão gradual que dinossauros e aves parecem se fundir na árvore genealógica. O *Velociraptor*, o *Deinonychus* e o *Zhenyuanlong* estão nesse lado de não aves da genealogia, mas se estivessem vivendo hoje, provavelmente iríamos considerá-los só mais um tipo de ave, não mais estranhos do que um peru ou uma avestruz. Eles tinham penas, tinham asas, protegiam seus ninhos e cuidavam de seus bebês, e, sim, alguns provavelmente podiam até voar um pouco.

Durante as dezenas de milhões de anos em que os dinossauros desenvolviam as características típicas das aves, uma a uma, não havia um objetivo maior. Não havia nenhuma força guiando a evolução para garantir uma maior adaptação desses dinossauros ao céu. A evolução funciona apenas no momento, selecionando naturalmente traços e comportamentos que tornam um animal bem-sucedido em seu tempo e lugar específicos. O voo foi algo que simplesmente aconteceu no momento certo. Pode até mesmo ter chegado um ponto em que ele se tornou inevitável. Se a evolução produz um caçador pequeno, com braços compridos e cérebro grande, penas para se aquecer e asas para atrair parceiros sexuais, não leva muito tempo para o animal começar a batê-las no ar. Naquele momento, trabalhando com um dinossauro agitado com uma capacidade aérea limitada, lutando para sobreviver em um mundo onde dinossauros comiam dinossauros, a seleção natural pôde entrar em cena e começar a moldar sua prole para torná-la voadores melhores. A cada refinamento adicional, surgia uma criatura que voava melhor, mais longe, mais rápido — até o nascimento da ave moderna.

Essa longa transição culminou numa reviravolta na história da vida. Quando a evolução enfim conseguiu montar um pequeno dinossauro com asas e capaz de voar, um grande potencial foi liberado. Essas primeiras aves começaram a se diversificar intensamente, talvez porque tenham desenvolvido uma nova capacidade que lhes permitiu invadir novos hábitats e ter um estilo de vida diferente do dos seus predecessores. Podemos enxergar essa mudança (relativamente) repentina nos registros fósseis.

Como parte do meu projeto de Ph.D., uni forças com dois grandes talentos da matemática para analisar como o ritmo da evolução mudou ao longo da transição dinossauro-ave. Graeme Lloyd e Steve Wang são paleontólogos, mas não sei se algum deles já coletou um único fóssil. Eles são estatísticos de primeira qualidade — magos da matemática que extraem prazer em passar horas sentados em frente a seus computadores, escrevendo algoritmos e executando análises.

Nós três trabalhamos juntos para chegarmos a uma nova maneira de calcular o quão rápido ou devagar os animais têm características de seus esqueletos modificadas ao longo do tempo, e como esses ritmos mudam entre os ramos da árvore genealógica. Começamos pela grande nova árvore genealógica das aves e seus primos terópodes mais próximos que produzi com Mark Norell. Em seguida, produzimos uma grande base de dados de traços anatômicos que variam nesses animais — algumas espécies, por exemplo, têm dentes, enquanto outras têm um bico. O mapeamento da distribuição dessas características na árvore genealógica nos permitiu enxergar em que momento uma condição mudou para outra, dentes deram lugar a bico, e assim por diante. Isso nos deu a possibilidade de contar quantas mudanças ocorreram em cada ramo da árvore. Pudemos também calcular quanto tempo cada ramo da árvore representava usando as idades de cada fóssil. A taxa evolutiva é a mudança ao longo do tempo, e, assim, pudemos medir o ritmo da evolução para cada ramo. Em seguida, usando os conhecimentos estatísticos de Graeme e Steve, testamos se certos intervalos de tempo na evolução dos dinossauros para aves ou certos grupos da árvore genealógica apresentavam taxas evolutivas mais elevadas do que outros.

Os resultados foram tão claros quanto eu esperaria de qualquer software de estatística: a maioria dos terópodes se desenvolveu a taxas triviais, mas assim que uma ave capaz de voar surgiu, as taxas dispararam. As primeiras aves se desenvolveram muito mais rápido do que seus ancestrais e primos dinossauros, e mantiveram essas taxas aceleradas por muitas dezenas de milhões de anos. Enquanto isso, outros estudos mostraram que houve uma redução repentina no tamanho do corpo e um pico nas taxas da evolução dos membros exatamente por volta desse mesmo ponto na árvore genealógica, à medida que as aves se tornavam rapidamente menores e ganhavam braços e asas mais compridos para poderem voar melhor. Embora tivesse levado dezenas de milhões de anos para a evolução produzir uma ave voadora a partir de um dinossauro, as coisas agora estavam acontecendo muito rápido, e as aves ganhavam o céu.

PERTO DO ESCRITÓRIO de Xu Xing em Beijing fica outra sala, mais clara e menos solene, mas com menos fósseis. É onde Jingmai O'Connor trabalha — mas apenas parte do tempo. A razão de não haver muitos fósseis aqui é porque Jingmai estuda as aves de Liaoning — as verdadeiras voadoras que rasgavam o céu sobre a cabeça dos dinossauros penosos —, e a maioria delas está esmagada em blocos de calcário, então ela pode descrever e medi-los a partir de fotos na tela do seu computador. Isso significa que ela pode trabalhar facilmente em sua casa, localizada em um dos últimos *hutongs* de Beijing — bairros tradicionais de ruas estreitas e casas geminadas de um andar só. Isso é bom, pois ela passa grande parte do tempo que não dedica à ciência perambulando pelos *hutongs*, frequentando raves e até assumindo o papel de DJ de vez em quando em clubes badalados da capital da moda da China.

Jingmai se autointitula uma paleontóloga — o que é muito apropriado, considerando seu estilo fashionista de lycra de leopardo, piercings e tatuagens, tudo muito natural nos clubes, mas que produz um grande destaque (positivo) entre os membros adeptos das camisas de flanela e das barbas que dominam esse mundo acadêmico. Natural do sul da Califórnia — de ascendência metade irlandesa, metade chinesa —, Jingmai é um rojão de energia, dando respostas curtas e cáusticas num momento, para em seguida formular parágrafos eloquentes sobre política, ou sobre música ou arte, ou ainda sobre sua marca única pessoal de filosofia budista. Ah, sim, e ela também é a maior especialista do mundo nessas primeiras aves que quebraram os limites da Terra para voar sobre a cabeça de seus ancestrais dinossauros.

Muitas aves viveram durante a Era dos Dinossauros. As primeiras voadoras provavelmente surgiram em algum momento antes de 150 milhões de anos atrás, pois esse é o período em que viveu o *Archaeopteryx*, o Frankenstein de Huxley, que continua sendo, até onde sabemos, a primeira ave, sem dúvida capaz do voo propulsionado, nos registros fósseis. É provável que a evolução já tivesse produzido uma ave verdadeira, pequena, com asas que era capaz de bater, na metade do Jurássico, entre 170 e 160 milhões de anos atrás. Isso significa que, durante pelo menos 100 milhões de anos, as aves coexistiram com seus predecessores dinossauros.

Cem milhões de anos é muito tempo para se conquistar uma grande diversidade, particularmente se considerarmos que as primeiras aves evoluíram a ritmos tão rápidos se comparados a outros dinossauros. As aves de Liaoning que Jingmai estuda são como um instantâneo do aviário do Mesozoico — o melhor retrato do que as aves faziam nos primeiros anos de sua história evolucionária. Toda semana, intermediários e curadores de museus da China inteira enviam para Jingmai e seus colegas em Beijing fotografias de novos fósseis de aves extraídas por fazendeiros dos campos do nordeste da China. Milhares desses fósseis foram registrados nas duas últimas décadas, e eles são muito mais comuns do que os dinossauros com penas como o *Microraptor* e o *Zhenyuanlong*. Isso provavelmente se deve ao fato de passaradas primitivas inteiras terem sido sufocadas por gases tóxicos das grandes erupções vulcânicas e de seus corpos terem caído nos lagos e nas florestas que foram enterrados pelos sedimentos de cinzas que também sepultaram os dinossauros penosos.

Semana após semana, Jingmai abre sua caixa de e-mail, baixa as fotos e se vê diante de um novo tipo de ave.

Entre essas aves, estão inúmeras espécies; Jingmai parece batizar uma nova ave a cada um ou dois meses. Elas viviam nas árvores, no solo e até dentro ou às margens da água como patos. Algumas delas ainda tinham dentes e caudas compridas, preservadas de seus ancestrais estilo *Velociraptor*, enquanto outros tinham corpos minúsculos, músculos peitorais grandes, caudas grossas e asas majestosas de aves modernas.

Enquanto isso, planavam ou voavam desastradamente ao lado dessas aves alguns dos outros dinossauros que se aventuraram na arte de voar — como o *Microraptor*, com suas quatro asas, as espécies com asas de morcego, entre outros.

Esse era mais ou menos o estado das coisas 66 milhões de anos atrás. Esse grupo de aves e outros dinossauros voadores estavam lá, planando e batendo as asas no céu, enquanto o *T. rex* e o *Triceratops* competiam na América do Norte, os carcarodontossauros perseguiam os titanossauros ao sul do Equador e os dinossauros anões atravessavam as ilhas da Europa aos saltos. E então eles testemunharam o que veio em seguida, o instante que varreu do mapa quase todos os dinossauros, exceto algumas poucas aves mais avançadas, adaptadas e que voavam melhor, as quais sobreviveram à carnificina e continuam conosco até hoje — entre as quais as gaivotas que vejo pela minha janela.

9

A EXTINÇÃO DOS DINOSSAUROS

Foi o pior dia da história do nosso planeta. Algumas horas de uma violência inimaginável que anulou mais de 150 milhões de anos de evolução e deu um novo curso à vida.

O *T. rex* estava lá para testemunhar tudo.

Quando um bando de Rexes acordou naquela manhã há 66 milhões de anos, no que acabaria sendo o último dia do Cretáceo, tudo parecia normal em seu reino de Hell Creek, tal qual fora por gerações, por milhões de anos.

Florestas de coníferas e ginkgos estendiam-se até o horizonte, entremeadas de flores coloridas de palmeiras e magnólias. O barulho distante de um rio, correndo para o leste, onde desaguava no grande canal que batia no oeste da América do Norte, foi abafado pelo bramido baixinho de um bando de milhares de *Triceratops*.

Quando o bando de *T. rex* se preparava para a caça, a luz do sol começou a penetrar as copas da floresta, iluminando as silhuetas de diversas criaturas que cruzavam o céu, algumas batendo suas asas penosas, outras planando em correntes do ar quente que subia da umidade das primeiras horas do dia. Seus chilros e gorjeios eram belíssimos, uma sinfonia ao amanhecer que era ouvida pelas outras criaturas da floresta e das planícies aluviais: anquilossauros com armaduras e paquicefalossauros com cabeça de cúpula escondidos nas árvores, legiões de hadrossaurídeos que começavam a tomar seu café da manhã, composto de flores e folhas, dromeossaurídeos perseguindo mamíferos do tamanho de camundongos e lagartos entre os arbustos.

Então, as coisas começaram a ficar estranhas, definitivamente saindo de todas as normas da história da Terra.

Nas últimas semanas, os Rexes mais observadores podem ter percebido uma bola brilhante no céu, à distância — uma bola indistinta com um aro de fogo, como uma versão menos intensa e menor do sol. A bola parecia estar crescendo, mas desaparecia durante certos horários do dia. Os Rexes não sabiam o que ela podia ser; seu cérebro não era capaz de analisar as mudanças no céu.

Mas, naquela manhã, quando o bando saiu de entre as árvores com destino às margens do rio, todos perceberam que algo estava diferente. A bola havia voltado, e estava gigante, seu brilho iluminando grande parte do céu a sudeste em uma névoa de nuvens psicodélicas.

Então, um flash. Sem som, apenas uma labareda amarela de menos de um segundo que acendeu o céu inteiro, deixando os Rexes desorientados por um momento. Quando piscaram os olhos para recuperar o foco, eles perceberam que a bola sumira e que o céu assumira um tom de azul opaco. O macho alfa virou-se para checar o resto de seu bando...

Neste momento, eles foram surpreendidos. Outro flash, dessa vez mais forte. Os raios iluminaram o ar da manhã como fogos de artifício e queimaram suas retinas. Um dos machos jovens caiu, quebrando as costelas. Os outros ficaram paralisados, piscando freneticamente na tentativa de fugir das faíscas e partículas que invadiam seus olhos. Ainda nenhum som como pano de fundo para a violência visual. Aliás, absolutamente nenhum som. A essa altura, os pássaros e dromeossaurídeos voadores haviam parado de cantar, e Hell Creek mergulhou em silêncio.

A tranquilidade só durou alguns segundos. Em seguida, o chão sob seus pés começou a produzir um ruído; depois, começou a tremer; e então, a fluir. Como ondas. Correntes de energia eram disparadas pelas rochas e pelo solo, o chão subindo e descendo, como se uma cobra gigante estivesse se arrastando no subsolo. Tudo que não estava bem preso à terra foi jogado para cima; depois caiu, e então voltou a subir e a descer novamente, a superfície da Terra tendo se transformado em um trampolim. Dinossauros de porte menor, mamíferos pequenos e lagartos foram catapultados para cima, chocando-se contra árvores e rochas ao caírem. As vítimas dançavam pelo céu como estrelas cadentes.

Até os Rexes maiores e mais pesados do bando, de 12 metros de comprimento, foram lançados a vários metros do chão. Eles passaram alguns minutos quicando impotentes, agitando os membros enquanto eram arremessados pelo trampolim. Momentos antes, eles eram os déspotas absolutos de um continente inteiro; agora, não passavam de bolinhas de pinball de várias toneladas, seus corpos inertes voando e colidindo no ar. As forças eram mais do que o bastante para esmagar crânios, quebrar pescoços e pernas. Quando o tremor enfim cessou e o chão deixou de ser elástico, a maioria dos Rexes estava amontoada às margens do rio, baixas em um campo de batalha.

Pouquíssimos Rexes — ou outros dinossauros de Hell Creek — conseguiram fugir do banho de sangue. Mas alguns fugiram. Enquanto os sobreviventes de sorte se arrastavam, abrindo caminho entre os corpos de seus companheiros, o céu começou a mudar de cor sobre a cabeça deles. O azul se transformou em laranja; depois, em vermelho claro. O vermelho foi ficando cada vez mais intenso e escuro. Mais forte, mais forte, mais forte. Como se os faróis de um carro gigante se aproximassem cada vez mais. Em pouco tempo, tudo foi banhado em uma glória incandescente.

Então, vieram as chuvas. Mas o que caiu do céu não foi água. Eram contas de vidro e pedaços de rocha, todos escaldantes. Do tamanho de ervilhas, eles atingiram os dinossauros sobreviventes, deixando queimaduras profundas em sua carne. Muitos foram abatidos, e seus cadáveres retalhados juntaram-se às vítimas do terremoto no campo de batalha. Enquanto isso, à medida que as balas de rochas vítreas caíam, transferiam calor para o ar. A atmosfera foi ficando cada vez mais quente, até a superfície da Terra transformar-se em um forno. As florestas pegaram fogo instantaneamente, incêndios varreram o solo. Os animais sobreviventes agora assavam, sua pele e seus ossos cozinhando a temperaturas que produzem instantaneamente queimaduras de terceiro grau.

Não fazia mais de 15 minutos desde que o bando de *T. rex* fora atingido pelo primeiro raio de luz, mas, a essa altura, estavam todos mortos, assim como a maioria dos dinossauros com quem haviam convivido. As florestas antes verdejantes e os vales dos rios estavam em chamas. Não obstante, alguns animais haviam sobrevivido — alguns mamíferos e lagartos estavam no subsolo, alguns crocodilos e tartarugas estavam debaixo d'água e algumas aves haviam conseguido voar para refúgios mais seguros.

Mais ou menos uma hora depois, a chuva de balas cessou e o ar esfriou. A tranquilidade mais uma vez tomou conta de Hell Creek. Parecia que o perigo havia passado, e muitos dos sobreviventes saíram de seus esconderijos para dar uma olhada no que restou. A carnificina estava por todos os lados, e embora o céu não tivesse mais um vermelho radioativo, estava ficando cada vez mais negro à medida que era dominado pela fumaça dos incêndios florestais, que ainda queimavam. Enquanto dois dromeossaurídeos farejavam os corpos chamuscados do bando de *T. rex*, eles devem ter pensado que haviam sobrevivido ao apocalipse.

Estavam errados. Cerca de duas horas e meia após o primeiro flash, as nuvens começaram a rugir. A fuligem na atmosfera começou a rodopiar em tornados. E então — *woosh* —, o vento soprou pelas planícies e pelos vales dos rios com a força de um furacão, o suficiente para fazer muitos dos rios e lagos transbordarem. Com o vento, veio um ruído ensurdecedor, mais alto do que qualquer coisa que esses dinossauros já haviam ouvido. Em seguida, outro. O som viaja muito mais devagar do que a luz, e o que eles ouviam eram os estrondos sônicos ocorridos ao mesmo tempo que os dois flashes luminosos, causados pelo terror distante que iniciara a reação em cadeia de enxofre horas antes. Os dromeossaurídeos urraram de dor quando seus tímpanos foram perfurados, e muitas das criaturas menores retornaram para a segurança de suas tocas.

Enquanto tudo isso acontecia no oeste da América do Norte, outras partes do mundo passavam por seus próprios distúrbios. Os terremotos, as chuvas de rochas vítreas e os furacões foram menos severos na América do Sul, onde vagavam os carcarodontossauros e os saurópodes gigantes. O mesmo pode ser dito das ilhas europeias que os esquisitos dinossauros anões romenos chamavam de lar. Não obstante, esses dinossauros também precisaram lidar com tremores do solo, incêndios florestais e calor intenso, e muitos deles morreram durante as mesmas duas horas caóticas que varreram a maior parte da comunidade de Hell Creek. Em outros lugares, contudo, foi muito pior. Grande parte da costa mesoatlântica foi dividida por tsunamis duas vezes maiores do que o Empire State Building, que levaram as carcaças de plesiossauros e outros répteis marítimos gigantes para o interior do continente. Vul-

A EXTINÇÃO DOS DINOSSAUROS

cões começaram a cuspir rios de lava na Índia, e uma zona da América Central e do sul da América do Norte — tudo dentro de um raio de cerca de mil quilômetros da Península de Yucatán no México dos dias atuais — foi aniquilada. Vaporizada.

À proporção que a manhã passava para a tarde e depois para a noite, os ventos foram cessando. A atmosfera continuou resfriando, e, embora tenha havido abalos secundários, o solo estava estável e sólido. Os incêndios florestais continuavam queimando ao fundo. Quando a noite enfim chegou e o mais terrível dos dias finalmente acabou, muitos — talvez até a maioria — dos dinossauros estavam mortos, por todo o mundo.

Alguns, contudo, sobreviveram aos trancos e barrancos até o dia, a semana, o mês, o ano seguinte, e até por décadas. Não foi uma época fácil. Por muitos anos após aquele dia terrível, a Terra ficou fria e escura, pois a fuligem e a poeira das rochas continuaram na atmosfera, bloqueando o sol. A escuridão trouxe o frio — um inverno nuclear ao qual só os animais mais resistentes conseguiram sobreviver. A escuridão também dificultou a subsistência das plantas, já que elas precisam da luz do sol para a fotossíntese, que produz seu alimento. Com a morte das plantas, cadeias alimentares inteiras foram derrubadas como um castelo de cartas, matando os animais que haviam conseguido suportar o frio. Algo parecido aconteceu nos oceanos, onde a morte do fitoplâncton matou o plâncton e os peixes maiores que se alimentavam dele, e, assim, também os répteis gigantes do topo da pirâmide alimentar.

O sol acabou por iluminar a escuridão, à medida que a fuligem e outras substâncias viscosas eram eliminadas da atmosfera pelas águas da chuva. As chuvas, contudo, eram muito ácidas e provavelmente escaldaram grande parte da superfície da Terra. E a chuva não conseguiu eliminar os cerca de 10 trilhões de toneladas de dióxido de carbono que haviam sido emitidos para o céu com a fuligem. O CO_2 é um gás estufa tóxico que prende o calor na atmosfera, e logo o inverno nuclear deu lugar ao aquecimento global. Todas essas coisas conspiraram em uma guerra de exaustão para matar os dinossauros que não haviam sido abatidos pelo coquetel inicial de terremotos, enxofre e incêndios.

Algumas centenas de anos após aquele dia horroroso — alguns milhares, no máximo — o oeste da América do Norte era uma cena de desolação pós-apocalíptica. O outrora rico ecossistema de vastas florestas, agitadas pelo retumbar dos cascos dos *Triceratops* e dominadas pelos *T. rex*, agora estava silencioso e quase completamente deserto. Aqui e ali, um ou outro lagarto passava correndo entre os arbustos, algus crocodilos e tartarugas nadavam nos rios, e mamíferos do tamanho de ratos botavam a cabeça para fora das tocas. Havia também algumas aves, que comiam sementes ainda enterradas no solo, mas todos os outros dinossauros haviam desaparecido.

Hell Creek transformara-se num verdadeiro inferno. O mesmo acontecera a grande parte do resto do mundo. Era o fim da Era dos Dinossauros.

O QUE ACONTECEU naquele dia — quando o Cretáceo terminou com um estrondo e a sentença de morte dos dinossauros foi assinada — foi uma catástrofe de escala inimaginável que, felizmente, a humanidade jamais experimentou. Um cometa ou asteroide — não sabemos ao certo qual dos dois — colidiu com a Terra, atingindo o que hoje é a Península de Yucatán no México. Ele tinha cerca de 10 quilômetros de diâmetro, mais ou menos o tamanho do monte Everest. Provavelmente, avançava a uma velocidade de mais ou menos 108 mil km/h, mais de cem vezes mais rápido do que um jato comercial. Ele colidiu com o planeta com uma força de mais de 100 trilhões de toneladas de TNT, o equivalente a cerca de 1 bilhão de bombas nucleares de energia. Ele penetrou aproximadamente 40 quilômetros na crosta e no manto, produzindo uma cratera de mais de 160 quilômetros.

O impacto fez com que uma bomba atômica se parecesse com um estalinho. Foi uma época ruim para estar vivo.

Os dinossauros de Hell Creek moravam a cerca de 3.500 quilômetros a noroeste do marco zero, como o *Microraptor*. Com ou sem certa licença artística, eles experimentaram a série de terrores acima descrita. Para seus primos no Novo México — versões sulistas do *T. rex*, outros

A EXTINÇÃO DOS DINOSSAUROS 259

tipos de dinossauros com chifres e bico de pato e alguns dos poucos saurópodes que viviam na América do Norte, cujos ossos coletei durante muitos verões em trabalhos de campo — foi ainda pior. Eles só estavam a 2.400 quilômetros do ponto de impacto. Quanto mais perto, maiores os horrores: a luz e os pulsos sonoros chegaram mais rápido, os terremotos foram mais fortes, a chuva de vidro e rochas foi mais pesada e as temperaturas de forno foram mais altas. Todas as criaturas que viviam dentro de um raio de aproximadamente mil quilômetros da Península de Yucatán teriam sido instantaneamente transformadas em fantasmas.

A bola brilhante no céu que chamou a atenção do bando de *T. rex* foi o próprio cometa ou asteroide (deste ponto em diante, ele será referido como asteroide para simplificar). Se estivéssemos vivos na época, teríamos visto. A experiência provavelmente foi parecida com as vezes que o Cometa Halley se aproximou da Terra. Flutuando no céu, o asteroide teria parecido inofensivo. A princípio, não teríamos nos dado conta do perigo.

O primeiro flash luminoso ocorreu quando o asteroide invadiu a atmosfera do planeta e comprimiu violentamente o ar logo à frente, a ponto de o ar ter se tornado quatro ou cinco vezes mais quente do que a superfície do Sol e entrado em combustão. O segundo flash foi o próprio impacto, quando o asteroide atingiu a rocha estratificada. Os estrondos sônicos associados a esses dois flashes seguiram-se por muitas horas, o som viajando muito mais devagar do que a luz. Com eles, vieram os ventos, possivelmente de mais de 1.000 km/h perto da Península de Yucatán e ainda de centenas de quilômetros por hora quando alcançaram Hell Creek. (Comparativamente, a velocidade máxima do Furacão Katrina foi medida em 280 km/h.)

Com a colisão entre o asteroide e a Terra, uma quantidade imensa de energia foi liberada, produzindo ondas de choque que fizeram o chão tremer como um trampolim. Esses terremotos alcançaram por volta de 10 graus na Escala Richter — algo muito mais forte do que as civilizações humanas jamais testemunharam. Alguns desses terremotos provocaram tsunamis no Atlântico que arrancaram rochas do tamanho

260 ASCENSÃO E QUEDA DOS DINOSSAUROS

de casas e as carregaram para o continente; outros provocaram a erupção dos vulcões indianos, que passaram milhares de anos cuspindo lava, acrescentando-se a todo o caos gerado pelo asteroide.

A energia da colisão vaporizou o asteroide e a rocha estratificada que ele atingiu. Poeira, areia, rocha e outros escombros produzidos pela colisão foram lançados ao céu — a maioria em forma de vapor ou líquido, mas alguns outros como pequenos pedaços sólidos de rocha. Parte desse material passou da atmosfera para o espaço sideral. Mas o que sobe (contanto que não alcance velocidade de escape) tem que descer, e foi isso que aconteceu: a rocha liquefeita esfriou, transformando-se em blocos vítreos e lanças em forma de lágrimas, transferindo calor para a atmosfera e a tornando um forno.

As temperaturas intensas incendiaram florestas — talvez não em todo o mundo, mas sem dúvida em grande parte da América do Norte e em um raio de alguns milhares de quilômetros da Península de Yucatán. Vemos os vestígios tostados de folhas e madeiras — o tipo de material deixado por uma fogueira apagada — nas rochas depositadas com o choque do asteroide. A fuligem dos incêndios e também outras partículas de poeira e sujeira levantadas pelo impacto, mas leves demais para cair na Terra, passaram a flutuar na atmosfera, bloqueando as correntes que fazem o ar circular pelo globo até deixar o planeta inteiro na escuridão. O período que se seguiu — que se acredita ter sido equivalente a um inverno nuclear global — provavelmente matou a maioria dos dinossauros em áreas distantes da cratera ardente.

Eu poderia prosseguir, esgotando meu vocabulário, mas, se eu for além, é capaz de o leitor não acreditar, o que seria uma pena, pois tudo que estou escrevendo de fato aconteceu. E sabemos disso graças ao trabalho de um homem, um gênio geológico que é um dos meus heróis científicos: Walter Alvarez.

JÁ FICOU CLARO que fiz algumas tolices no colegial, quando minha obsessão pelos dinossauros dominou minha capacidade de julgamento. Minha perseguição de fã de Paul Sereno não chegou nem perto de

A EXTINÇÃO DOS DINOSSAUROS

ter sido a pior. Nada foi mais ousado do que quando peguei o telefone certo dia na primavera de 1999 e tive a cara de pau de ligar para o escritório de Walter Alvarez em Berkeley, Califórnia. Eu era um menino de 15 anos com uma coleção de rochas; ele era o eminente membro da Academia Nacional de Ciências que quase vinte anos antes propusera a ideia de que um impacto de um asteroide gigante extinguira os dinossauros.

Ele atendeu no segundo toque. E, o mais surpreendente, não desligou enquanto eu tentava explicar o propósito do meu telefonema. Eu havia lido seu livro, *T. rex e a cratera da destruição* — que, para mim, ainda é um dos melhores livros de ciência popular sobre paleontologia já escritos —, e fiquei encantado com a maneira como ele apresentava os indícios que apontavam para o asteroide. Seu livro explicava como o jogo de detetive começou em um cânion rochoso nos arredores da comuna medieval de Gubbio, na cordilheira dos Apeninos, Itália. Foi lá que Alvarez observou pela primeira vez a aparência incomum da faixa fina de argila que marcou o fim do Cretáceo. Por acaso, minha família estava se preparando para uma viagem à Itália com o propósito de comemorar o aniversário de 25 anos de casamento dos meus pais. Seria a primeira vez que eu sairia da América do Norte, e eu queria tornar a viagem memorável. Para mim, isso não seria proporcionado por basílicas nem museus de arte, mas por uma excursão a Gubbio, para uma visita ao ponto onde Alvarez começou a entender um dos maiores mistérios da ciência.

Mas eu precisava de orientações, então decidi ir diretamente à fonte.

O professor Alvarez me deu instruções detalhadas que mesmo um menino que não soubesse falar sequer o básico de italiano conseguiria seguir. Também conversamos um pouco sobre meu interesse pela ciência. Ao me lembrar disso, fico impressionado com o fato de tamanho gigante científico ter sido tão gentil e generoso com seu tempo quanto ele foi. Mas, para a minha tristeza, acabou sendo em vão, pois minha família não foi a Gubbio naquele verão. Enchentes fecharam a ferrovia principal que saía de Roma, e fiquei devastado. Minhas reclamações quase arruinaram a segunda lua de mel dos meus pais.

Cinco anos depois, porém, eu estava de volta à Itália para um curso de campo de Geologia da faculdade. Estávamos hospedados em um pequeno observatório na cordilheira dos Apeninos, administrado por Alessandro Montanari, um dos muitos cientistas que conquistaram fama nos anos 1980 estudando a extinção do final do Cretáceo. No primeiro dia da nossa excursão, passamos pela biblioteca, onde uma figura solitária analisava um mapa geológico sob uma lâmpada que piscava.

"Quero apresentá-los ao meu amigo e mentor, Walter Alvarez", Sandro disse com seu lírico sotaque italiano. "Alguns de vocês já devem ter ouvido falar dele."

Fiquei paralisado. Acho que nunca, nem antes nem depois, fiquei tão chocado. O resto da excursão foi um borrão, mas depois voltei à biblioteca e abri a porta devagarinho. Alvarez continuava lá, debruçado sobre o mapa num estado de concentração que mais parecia um transe. Senti-me mal por estar interrompendo-o — talvez ele estivesse tentando entender algum outro mistério ainda sem solução da história da Terra. Eu me apresentei e fiquei chocado pela segunda vez quando ele se lembrou da nossa conversa de alguns anos antes.

"Você conseguiu chegar a Gubbio naquela época?", ele perguntou.

Só consegui murmurar um "não" constrangido, não querendo admitir que havia desperdiçado seu tempo com aquele telefonema — e os vários e-mails que se seguiram.

"Bem, então, prepare-se, pois vou levar sua turma até lá em alguns dias", ele respondeu. Sorri de orelha a orelha.

Dias depois, estávamos em Gubbio, reunidos no cânion, o sol do Mediterrâneo sobre nós e carros passando rapidamente, um aqueduto do século XIV precariamente empoleirado na rocha acima. Walter Alvarez parou diante de nós. Os bolsos de suas calças cáqui estavam cheios de amostras de rochas; ele usava um chapéu de abas largas e uma camisa verde-água para refletir o sol. Ele puxou o martelo do coldre, apontou para baixo, à sua direita, para uma pequena depressão na rocha que exibia a cor rosada do calcário que formava a maior parte do cânion. Essa rocha era menos dura, mais delicada; era uma camada de argila de cerca de 1 centímetro de espessura, uma espécie de

A EXTINÇÃO DOS DINOSSAUROS   263

marcador de livro separando o calcário do Cretáceo abaixo do calcário do Período Paleoceno pós-extinção. Foi aqui — onde este homem se encontrava, olhando para uma faixa de argila — que a teoria do asteroide foi concebida um quarto de século antes.

Depois disso, paramos para comer massa trufada, acompanhada por vinho branco e *biscotti* em um restaurante de quinhentos anos estrada abaixo. Antes do almoço, assinamos o livro de visitantes, que apresentava os nomes de muitos dos geólogos e paleontólogos que vieram a Gubbio a fim de estudar o cânion e sua argila, uma verdadeira celebridade. Ele parecia o livro de algum Hall da Fama, e nunca tive mais orgulho de assinar meu nome em algum lugar. Em seguida, passei duas horas sentado diante de Walter enquanto, entre garfadas de linguine, ele contava aos meus colegas impressionados e a mim a história de como ele resolvera o mistério dos dinossauros.

No início da década de 1970, pouco depois de Walter ter concluído seu Ph.D., a revolução da tectônica de placas consumira a Geologia, e as pessoas agora sabiam que os continentes estavam em constante movimento. Uma forma de acompanhar seu movimento era observar a orientação de pequenos cristais de minerais magnéticos, que apontam para o Polo Norte quando lavas ou sedimentos solidificam para virar pedra. Walter acreditava que a nova ciência do paleomagnetismo poderia ajudar a esclarecer como a região do Mediterrâneo fora formada — como pequenas placas de crosta giraram e se comprimiram para formar o que é a Itália moderna e erguer os Alpes. Isso foi o que o levou pela primeira vez a Gubbio, com o objetivo de medir pedaços microscópicos de minerais presentes na sequência espessa de calcário do cânion. Mas, quando estava lá, ele ficou intrigado com um mistério ainda maior. Algumas das rochas que media estavam cheias de conchas fossilizadas de todos os formatos e tamanhos, que pertenceram a uma grande diversidade de criaturas chamadas foraminíferos — predadores minúsculos que flutuam no plâncton oceânico. Acima dessas rochas, entretanto, encontravam-se calcários quase puros, salpicados por alguns minúsculos foraminíferos de aparência simples.

264 ASCENSÃO E QUEDA DOS DINOSSAUROS

Walter observava uma linha entre a vida e a morte. É o equivalente geológico a ouvir os últimos segundos de uma caixa-preta antes do silêncio.

Walter não foi a primeira pessoa a observar isso. Geólogos trabalhavam no cânion havia décadas, e o trabalho minucioso de uma estudante italiana chamada Isabella Premoli Silva determinara que os foraminíferos mais diversos datavam do Cretáceo, enquanto os mais simples pertenciam ao Paleoceno. A tênue separação entre eles correspondia ao que há muito tempo já fora reconhecido como uma extinção em massa — um daqueles períodos incomuns na história da Terra em que muitas espécies desaparecem simultaneamente no mundo inteiro.

Mas não era uma extinção em massa qualquer. Partículas de plâncton não haviam sido as únicas vítimas, e a extinção não se limitava à água. Ela dizimara os oceanos e o solo, matando muitos tipos de plantas e animais.

Inclusive os dinossauros.

Walter achou que era impossível ser uma coincidência. O que acontecera com os foraminíferos devia estar ligado ao que acontecera com os dinossauros e todas as outras coisas que haviam perecido, e ele queria entender exatamente do que se tratava.

A chave, como ele concluiu, estava por trás daquela pequena faixa de argila entre os calcários ricos em fósseis do Cretáceo e os calcários estéreis do Paleoceno. Mas quando ele a viu pela primeira vez, ela não parecia tão especial. Não estava cheia de fósseis deformados, de cores exuberantes ou com algum odor de putrefação. Era só argila, tão fina que era impossível enxergar os grãos individuais a olho nu.

Walter telefonou para o pai a fim de pedir ajuda. Seu pai, por acaso, era um físico agraciado pelo Prêmio Nobel: Luis Alvarez, que havia descoberto uma série de partículas subatômicas e fora um dos principais participantes do Projeto Manhattan. (Ele até estava voando atrás do *Enola Gay* para monitorar os efeitos de *Little Boy* quando a bomba foi jogada sobre Hiroshima.) Alvarez filho achava que Alvarez pai podia ter alguma ideia criativa para a análise química da argila. Talvez houvesse algo escondido ali que pudesse lhes dizer quanto tempo levara para a

A EXTINÇÃO DOS DINOSSAUROS 265

fina camada se formar. Se ela tivesse se formado gradualmente, produto de milhões de anos de lento acúmulo de poeira nas profundezas do oceano, então a morte dos foraminíferos e dos dinossauros continuaria um mistério. Mas, se tivesse sido depositada de repente, isso significava que o Cretáceo acabara com uma catástrofe.

Medir o tempo necessário para formar uma camada de rocha é complicado — é uma das dores de cabeça enfrentadas por todos os geólogos. Mas, nesse caso, o time formado por pai e filho teve uma ideia que considerou uma boa solução. Metais pesados — alguns dos elementos nas regiões inferiores da tabela periódica, como o irídio — são raros na superfície terrestre, motivo pelo qual a maioria das pessoas nunca ouviu falar neles. Mas quantidades pequenas desses metais caem a uma taxa mais ou menos constante do espaço sideral como poeira cósmica. Os Alvarez concluíram que, se a camada de argila tivesse apenas uma pequena quantidade de irídio, seria por ter se formado muito rapidamente; se tivesse uma quantidade maior, provavelmente teria se formado ao longo de um período muito mais longo. Novos instrumentos permitiam que os cientistas medissem até concentrações mínimas de irídio, e havia um instrumento desses em um laboratório de Berkeley administrado por um colega de Luis Alvarez.

Eles não estavam preparados para o que descobriram.

Eles encontraram irídio — muito irídio. Na verdade, irídio demais. Havia tanto irídio que teria levado muitas dezenas de milhões — talvez até centenas de milhões — de anos de precipitação de poeira cósmica para formar aquela concentração. Isso era impossível, pois os calcários acima e abaixo da argila foram datados com precisão suficiente para os Alvarez saberem que a camada de argila poderia ter sido depositada no máximo ao longo de alguns milhões de anos. Havia alguma coisa que estava passando despercebida por eles.

Talvez fosse um equívoco, alguma peculiaridade do cânion de Gubbio. Então, eles foram à Dinamarca, onde há rochas da mesma idade no mar Báltico. Lá, eles também encontraram uma concentração anormal de irídio exatamente no limite entre o Cretáceo e o Paleoceno. Em pouco tempo, um dinamarquês jovem e alto chamado Jan Smit soube o que os Alvarez estavam fazendo e informou que também vinha procurando irídio — e encontrara uma grande concentração na fronteira da Espanha. O que se seguiu foram outros relatos de irídio, de rochas formadas em terra e outras em águas rasas e nas profundezas do oceano, tudo datado daquele fatídico momento em que os dinossauros haviam desaparecido.

A anomalia do irídio era real. Os Alvarez analisaram todos os cenários possíveis: vulcões, enchentes, mudanças climáticas, entre outros, mas apenas um fazia sentido. O irídio é extremamente raro na Terra, mas muito mais comum no espaço sideral. Poderia algo proveniente de uma grande distância no sistema solar ter lançado uma bomba de irídio 66 milhões de anos antes? Talvez tivesse sido uma supernova, mas a opção mais provável era um cometa ou asteroide. Afinal de contas, como as diversas crateras que marcam a superfície da Terra e da Lua atestam, esses visitantes interestelares ocasionalmente nos bombardeiam. Era uma ideia ousada, mas não louca.

Luis e Walter Alvarez, com seus colegas Frank Asaro e Helen Michel de Berkeley, publicaram sua teoria provocativa na *Science* em 1980. Ela desencadeou uma década de frenesi científico. Os dinossauros e as extinções em massa estavam constantemente nos noticiários, a hipótese do impacto foi debatida em inúmeros livros e documentários da televisão, um asteroide assassino de dinossauros ganhou a capa da *Time*, e centenas de artigos científicos discutindo o que de fato matara os dinossauros eram publicados, com cientistas de áreas diversas, como a Paleontologia, a Geologia, a Química, a Ecologia e a Astronomia, analisando o assunto mais quente da década nas ciências. Houve conflitos, choques de egos, mas o caldeirão do debate acirrado levou todos a darem o máximo de si ao reunirem (ou refutarem) evidências do impacto.

Ao final da década de 1980, era inegável que os Alvarez estavam certos: um asteroide ou cometa de fato atingira o planeta 66 milhões de anos atrás. Não só a mesma camada de irídio foi encontrada no mundo inteiro, mas outras anomalias geológicas que apontavam para um impacto foram encontradas. Havia um tipo estranho de quartzo no qual a estrutura mineral havia se rompido, deixando uma pista de faixas

A EXTINÇÃO DOS DINOSSAUROS 267

paralelas que percorriam a estrutura do cristal. O "quartzo chocado" já fora encontrado em apenas dois outros lugares: nos escombros de testes com bombas nucleares e no interior de crateras produzidas por meteoros, formado a partir das grandes ondas de choque desses eventos explosivos. Havia esférulas e tectitos — balas de vidro esféricas ou em forma de lança, forjadas a partir dos produtos derretidos por uma grande colisão que congelaram durante a queda de volta através da atmosfera. Depósitos de tsunami foram descobertos em torno do Golfo do México, datados da divisão entre Cretáceo e Paleoceno, demonstrando que um evento monumental causara terremotos monstruosos exatamente quando a estrutura do quartzo estava sendo rompida e seus tectitos caíam.

Então, no início dos anos 1990, a cratera finalmente foi encontrada. A arma do crime. Levara algum tempo para encontrá-la, pois ela estava enterrada sob milhões de anos de sedimentos na Península de Yucatán. Os únicos estudos detalhados da área haviam sido conduzidos por geólogos de companhias de petróleo que mantiveram seus mapas e amostras trancados por muitos anos. Mas não podia haver dúvida: o buraco de 180 quilômetros sob o México, chamado cratera de Chicxulub, datava exatamente do final do Cretáceo, 66 milhões de anos atrás. É uma das maiores crateras da Terra, um sinal do quão grande foi o asteroide e do quão catastrófico foi o impacto. Ele provavelmente foi um dos maiores, talvez até *o* maior asteroide a ter atingido a Terra no último meio bilhão de anos. Os dinossauros seguramente não tiveram a menor chance.

GRANDES DEBATES NA ciência — particularmente os que chamam a atenção do público para os periódicos especializados — sempre atraem céticos. O mesmo ocorreu com a teoria do asteroide. Os dissidentes não podiam argumentar que não houve um asteroide — a descoberta da cratera de Chicxulub tornava tal afirmativa uma tolice sem tamanho. Em vez disso, eles argumentavam que o asteroide havia sido injustamente acusado, um observador inocente que atingira a Península de Yucatán só por coincidência quando os dinossauros e as várias outras coisas extintas no fim do Cretáceo — os pterossauros voadores e répteis marítimos, as amonitas em forma de caracol, as grandes e diversas comunidades de foraminíferos nos oceanos, entre outras — já estavam saindo de cena. O asteroide teria sido, no máximo, o tiro de misericórdia que concluiu o holocausto já iniciado pela natureza.

Parece coincidência demais para ser levada a sério — um asteroide de 10 quilômetros de diâmetro chegando exatamente quando milhares de espécies já estavam no leito de morte. Entretanto, ao contrário dos defensores da terra plana e dos que se recusam a acreditar no aquecimento global, esses céticos tinham argumentos plausíveis. Quando o asteroide caiu do céu, ele não interrompeu repentinamente um mundo perdido idílico e estático dos dinossauros. Não, ele atingiu um planeta que já estava mergulhado em certo caos. Os grandes vulcões da Índia que o asteroide intensificou já estavam entrando em erupção alguns milhões de anos antes. As temperaturas estavam diminuindo gradualmente e os níveis do mar variavam dramaticamente. É possível que algumas dessas coisas tenham colaborado para a extinção? Talvez tenham sido os principais culpados; talvez essas mudanças ambientais de longo prazo já estivessem provocando a morte lenta dos dinossauros.

A única maneira de testar essas ideias, pesando uma contra a outra, é por meio das evidências que temos — os fósseis de dinossauros. O que precisamos fazer é avaliar a evolução dos dinossauros ao longo do tempo para ver se há alguma tendência de longo prazo e ver quais mudanças ocorreram durante ou perto da linha que separa o Cretáceo e o Paleoceno, quando o asteroide caiu. É aqui que eu entro em cena. Desde quando conversei pela primeira vez com Walter Alvarez por telefone, fiquei obcecado pela charada da extinção dos dinossauros. Meu vício se intensificou quando pude visitar o cânion de Gubbio com Walter. Então, durante a faculdade, eu finalmente tive a chance de fazer minha própria contribuição para o debate, usando uma das especialidades que desenvolvi como um jovem pesquisador: o uso de grandes bases de dados e da estatística no estudo das tendências evolucionárias.

Tive um companheiro na minha aventura no debate sobre a extinção: meu velho amigo Richard Butler. Alguns anos atrás, abríamos caminho entre os arbustos das pedreiras na Polônia em busca das pegadas dos dinossauros mais antigos; agora, em 2012, quando eu concluía meu Ph.D., queríamos descobrir por que os descendentes desses ancestrais franzinos desapareceram mais de 150 milhões de anos depois, após terem se tornado um sucesso fenomenal. A pergunta que nos fazíamos era: quais foram as mudanças sofridas pelos dinossauros entre 10 e 15 milhões de anos antes da queda do asteroide? A abordagem que usamos para tentar responder à pergunta foi a disparidade morfológica, a mesma métrica que usei para estudar os dinossauros mais antigos, que mede a diversidade anatômica ao longo do tempo. O aumento ou a estabilidade da disparidade durante o último Cretáceo indicaria que os dinossauros estavam muito bem quando o asteroide caiu, ao passo que a queda da disparidade sugeriria que já estavam tendo problemas, e talvez já estivessem a caminho da extinção.

Processamos os números e chegamos a alguns resultados intrigantes. A maioria dos dinossauros apresenta uma disparidade estável durante o último período que antecedeu o impacto, entre os quais os carnívoros terópodes, os saurópodes de pescoço comprido e os herbívoros de porte pequeno a médio como os paquicefalossauros com cabeça de cúpula. Não havia sinal de que houvesse qualquer coisa de errado com eles. Mas dois subgrupos estavam no meio de um declínio da disparidade: os ceratopsianos de chifres, como o *Triceratops*, e os dinossauros com bico de pato. Esses eram os dois principais grupos de herbívoros grandes, que consumiam quantidades imensas de vegetação com sua mastigação sofisticada e sua capacidade de arrancar folhas. Se tivéssemos vivido durante o final do Cretáceo — em qualquer momento entre 80 e 66 milhões de anos atrás —, teríamos visto que esses eram os dinossauros mais abundantes, pelo menos na América do Norte, onde temos os melhores registros fósseis dessa época. Eles eram as vacas do Cretáceo, os principais herbívoros na base da cadeia alimentar.

Por volta da mesma época em que estávamos conduzindo nosso estudo, outros pesquisadores examinavam a extinção dos dinossauros a partir de lentes diferentes. Equipes lideradas por Paul Upchurch e Paul Barrett em Londres realizaram um censo da diversidade das espécies de dinossauros durante o Mesozoico — uma contagem simples da quantidade de dinossauros vivos em cada ponto de seu reinado, com os vieses causados pela irregularidade na qualidade dos registros fósseis corrigidos. Eles descobriram que os dinossauros, de forma geral, continuavam apresentando uma diversidade muito grande quando o asteroide caiu, visto que inúmeras espécies vagavam não apenas pela América do Norte, mas por todo o planeta. Curiosamente, contudo, os dinossauros com chifre e os dinossauros com bico de pato sofreram um declínio no número de espécies exatamente no final do Cretáceo, o que coincidiu com o declínio da sua disparidade.

O que tudo isso significaria em termos práticos? Afinal de contas, era um mix curioso: a maioria dos dinossauros ia bem, mas os herbívoros grandes exibiam sinais de estresse. Essa questão foi abordada por um inteligente estudo com modelagem computacional conduzido por um dos membros da nova geração de universitários especializados em estatística: Jonathan Mitchell, da Universidade de Chicago. Jon e sua equipe construíram teias alimentares de vários ecossistemas de dinossauros do Cretáceo com base em uma análise meticulosa de todos os fósseis que haviam sido encontrados em sítios específicos — não apenas de dinossauros, mas de tudo com que eles conviviam, desde crocodilos e mamíferos até insetos. Em seguida, eles usaram computadores para simular o que teria acontecido se algumas espécies fossem extintas. O resultado foi surpreendente: as teias alimentares que existiam antes da queda do asteroide, com um número menor de herbívoros grandes nas bases em razão do declínio da diversidade, caíram mais facilmente do que as teias mais diversas de apenas alguns milhões de anos antes do impacto. Em outras palavras, a perda de alguns herbívoros grandes, mesmo sem o declínio de qualquer outro dinossauro, tornou o ecossistema do final do Cretáceo extremamente vulnerável.

Análises estatísticas e simulações computacionais são ferramentas muito boas, e não há dúvida de que são o futuro da pesquisa sobre os dinossauros, mas podem ser um pouco abstratas, e às vezes é útil simplificar as coisas. Na paleontologia, isso significa retornar aos fósseis: segurá-los em suas mãos e pensar profundamente neles como animais vivos, respirando,

A EXTINÇÃO DOS DINOSSAUROS   271

levando em conta que foram os primeiros animais a precisarem lidar com as erupções vulcânicas e com as mudanças na temperatura e nos níveis do mar do Cretáceo Superior, e mais tarde testemunhar a queda de um asteroide do tamanho de uma montanha.

O que realmente queremos estudar são os fósseis dos últimos dinossauros a terem sobrevivido, os que testemunharam ou chegaram perto de testemunhar o trabalho sujo do asteroide. Infelizmente, só existem alguns lugares no mundo que preservaram esses tipos de fósseis — mas eles estão começando a contar uma história convincente.

O lugar mais famoso, sem dúvida, é Hell Creek. Temos coletado ossos do *T. rex*, do *Triceratops* e de seus contemporâneos há mais de cem anos, espalhados pelas Grandes Planícies do oeste americano. As rochas de Hell Creek também são muito bem datadas. Isso significa que podemos rastrear a diversidade e a abundância dos dinossauros ao longo do tempo, até a camada de irídio que marca a queda do asteroide. Alguns cientistas fizeram exatamente isso: meu amigo David Fastovsky (autor do melhor compêndio sobre os dinossauros no mercado) e seu colega Peter Sheehan; um time liderado por Dean Pearson; e outras equipes lideradas por Tyler Lyson, um jovem e dotado cientista que cresceu em um grande rancho da Dakota do Norte, no coração de um dos melhores terrenos áridos cheios de ossos de dinossauros. Todos eles concluíram a mesma coisa: os dinossauros viveram bem durante todo o período em que as rochas de Hell Creek foram depositadas, enquanto os vulcões indianos entravam em erupção e as temperaturas e os níveis do mar mudavam, até o momento em que o asteroide caiu. Há até ossos de *Triceratops* alguns centímetros abaixo do irídio. Parece que o asteroide pegou os residentes de Hell Creek abençoadamente desprevenidos, isso quando estavam bem no auge de seus dias de glória.

As coisas foram semelhantes na Espanha, onde importantes novas descobertas estão surgindo nos Pireneus, na fronteira com a França. Essa área está sendo vasculhada por uma dupla vigorosa de paleontólogos de pouco mais de 30 anos: Bernat Vila e Albert Sellés, dois dos caras mais dedicados que conheço, que passam meses trabalhando sem salário, vítimas da tortuosa e lenta recuperação da Espanha após uma série de crises financeiras que tiveram início no final dos anos 2000. De alguma forma, isso não os impediu. Eles continuam encontrando ossos, dentes, pegadas e até ovos de dinossauros. Esses fósseis mostram que uma comunidade diversificada — que inclui terópodes, saurópodes e hadrossaurídeos — persistiu aqui até o final do Cretáceo, sem nenhuma indicação de qualquer coisa errada. É interessante que, alguns milhões de anos antes de o asteroide ter caído, tenha havido uma rápida reviravolta, quando dinossauros de carapaça desapareceram do local e herbívoros mais primitivos foram substituídos por sofisticados hadrossaurídeos. É possível que isso esteja relacionado ao declínio dos herbívoros grandes na América do Norte, embora seja difícil de provar essa teoria. É, ainda, possível que as mudanças no nível do mar tenham sido as responsáveis; à medida que o mar subia e descia, ia reduzindo o território que os dinossauros habitavam, o que levou a algumas mudanças pequenas na composição dos ecossistemas.

Por fim, a história parece ser a mesma na Romênia, onde Mátyás Vremir e Zoltán Csiki-Sava têm coletado uma grande diversidade de dinossauros do final do Cretáceo, e também no Brasil, onde Roberto Candeiro e seus alunos encontram cada vez mais dentes e ossos de terópodes grandes e saurópodes imensos que provavelmente foram até o fim. O problema nesses lugares é que as rochas ainda não foram bem datadas, então não podemos ter certeza absoluta de onde os fósseis dos dinossauros se encaixam em relação ao limite entre o Cretáceo e o Paleoceno. Contudo, não há dúvida de que os dinossauros dessas duas áreas pertencem ao final do Cretáceo, e não há sinais de que estivessem sofrendo qualquer tipo de problema.

O número de novas evidências extraídas dos fósseis, da estatística e da modelagem computacional era tão grande que Richard Butler e eu concluímos que era hora de sintetizá-las. Tivemos uma ideia meio perigosa: talvez conseguíssemos recrutar uma equipe de especialistas em dinossauros para nos sentarmos, discutirmos tudo que sabemos até agora sobre a extinção dos dinossauros e tentar chegar a um consenso em relação ao que achamos que levou à sua extinção. Os paleontólogos discutem esse tópico há décadas, e, de fato, aqueles que trabalhavam

A EXTINÇÃO DOS DINOSSAUROS

diretamente com dinossauros eram os céticos mais ardentes da hipótese do asteroide nos anos 1980. Achamos que nossa pequena trama subversiva poderia terminar em um impasse, ou, pior, com gritos, mas aconteceu o oposto. Nossa equipe chegou a um acordo.

Os dinossauros estavam indo bem no final do Cretáceo. Sua diversidade geral — tanto em termos de números de espécies quanto de disparidade anatômica — era estável. Ela não vinha caindo gradualmente por milhões e milhões de anos, ou tampouco crescendo claramente. Todos os principais grupos de dinossauros persistiram até o final do Cretáceo — terópodes grandes e pequenos, saurópodes, dinossauros com chifres e bico de pato, dinossauros com cabeça de cúpula, dinossauros com armadura, herbívoros menores e onívoros. Pelo menos na América do Norte, que possui os melhores registros fósseis, sabemos que o *T. rex*, o *Triceratops* e os outros dinossauros de Hell Creek estavam presentes quando o asteroide destruiu grande parte da Terra. Todos esses fatos eliminam a outrora popular hipótese de que os dinossauros foram desaparecendo gradualmente em virtude de mudanças de longo prazo nos níveis do mar e na temperatura, ou de que os vulcões indianos haviam começado a eliminar os dinossauros no início do Cretáceo Superior, alguns milhões de anos antes do fim.

Em vez disso, descobrimos que não há dúvida sobre isso: a extinção dos dinossauros foi abrupta, em termos geológicos. Isso significa que ela aconteceu no máximo no curso de alguns milhares de anos. Os dinossauros estavam prosperando, e, então, simplesmente desaparecem das rochas, ao mesmo tempo, no mundo inteiro, em todos os lugares onde se têm registros de rochas do final do Cretáceo. Nunca encontramos seus fósseis nas rochas do Paleoceno depositadas depois do impacto do asteroide — nada, nenhum osso ou uma única pegada, em lugar algum. Isso significa que um evento catastrófico, dramático e súbito é provavelmente o culpado, e que o asteroide é o culpado óbvio.

Entretanto, há um detalhe. Os herbívoros grandes de fato sofreram certo declínio pouco antes do fim do Cretáceo, e os dinossauros europeus também passaram por uma reviravolta. Esse declínio aparentemente teve consequências: ele tornou os ecossistemas mais suscetíveis ao colapso,

274 ASCENSÃO E QUEDA DOS DINOSSAUROS

tornando mais provável que a extinção de algumas espécies provocasse um efeito dominó ao longo de toda a cadeia alimentar.

Dito tudo isso, portanto, parece que o asteroide veio em um momento terrível para os dinossauros. Se ele tivesse caído alguns milhões de anos antes, antes da queda na diversidade de herbívoros e, talvez, da mudança na Europa, os ecossistemas teriam estado mais robustos e em uma posição melhor para suportar o impacto. Se tivesse acontecido alguns milhões de anos mais tarde, a diversidade dos herbívoros poderia ter se recuperado, como aconteceu inúmeras outras vezes nos últimos 150 milhões de anos da evolução dos dinossauros, quando pequenos declínios da diversidade ocorreram e foram corrigidos — e os ecossistemas, mais uma vez, teriam estado mais robustos. Provavelmente, nunca é um bom momento para um asteroide de 10 quilômetros de diâmetro cair do cosmo, mas para os dinossauros, 66 milhões de anos atrás pode ter sido um dos piores períodos possíveis — uma janela estreita em que estavam particularmente expostos. Se tivesse acontecido alguns milhões de anos antes ou depois, talvez não houvesse só gaivotas passeando em frente à minha janela, mas também tiranossauros e saurópodes.

Ou talvez não. É possível que o asteroide gigantesco tivesse acabado com eles de qualquer maneira. Talvez não houvesse como escapar de algo tão grande desferindo um golpe tão forte quando caiu na Península de Yucatán. Qualquer que tenha sido a sequência exata de eventos, tenho certeza de que o asteroide foi a principal causa da extinção dos dinossauros que não eram aves. Se existe uma afirmação simples em que eu apostaria a minha carreira, é esta: se não fosse o asteroide, os dinossauros não teriam sido extintos.

HÁ UMA ÚLTIMA charada que não abordei ainda. Por que todos os dinossauros não aves morreram no final do Cretáceo? Afinal, o asteroide não matou tudo. Muitos animais sobreviveram a ele: sapos, salamandras, lagartos, cobras, tartarugas, crocodilos, mamíferos e, sim, alguns dinossauros — sob o disfarce de aves. Isso para não mencionar tantos invertebrados com carapaça e peixes nos oceanos,

A EXTINÇÃO DOS DINOSSAUROS

embora isso possa ser o assunto de outro livro inteiro. Então, o que fez do *T. rex*, do *Triceratops*, dos saurópodes e seus parentes um alvo?

Essa é uma pergunta-chave. Queremos responder a ela em particular porque se trata de uma pergunta relevante para o mundo moderno. Quando há uma mudança ambiental e climática global, o que vive e o que morre? São estudos de caso da história da vida — registrados por fósseis, como a extinção do fim do Cretáceo — que nos dão informações críticas.

A primeira coisa que precisamos saber é que, embora algumas espécies tenham sobrevivido ao inferno imediato provocado pelo impacto e aos distúrbios climáticos de longo prazo, a maioria não resistiu. Estima-se que cerca de 70% das espécies foram extintas. Isso inclui muitos anfíbios e répteis, e provavelmente a maioria dos mamíferos e aves, então não é simplesmente "os dinossauros morreram, os mamíferos e aves sobreviveram", a frase com frequência repetida nos livros escolares e documentários para a televisão. Se não fosse por alguns genes e alguns golpes de boa sorte, nossos ancestrais mamíferos poderiam ter seguido o mesmo caminho dos dinossauros, e eu não estaria aqui escrevendo este livro.

Há algumas coisas, contudo, que parecem distinguir as vítimas dos sobreviventes. Os mamíferos que sobreviveram, em geral, eram menores do que os que pereceram, e tinham dietas mais onívoras. Parece que a capacidade de movimentar-se com rapidez, esconder-se em tocas e comer uma grande variedade de alimentos foi uma vantagem durante a loucura do mundo pós-impacto. Tartarugas e crocodilos se deram muito bem em comparação com outros vertebrados, possivelmente porque foram capazes de se esconder debaixo d'água durante as primeiras horas do caos, protegendo-se do dilúvio de balas de rocha e dos terremotos. Não só isso, mas os ecossistemas aquáticos baseavam-se em detritos. As criaturas na base da sua cadeia alimentar comiam plantas em putrefação e outras matérias orgânicas, e não árvores, arbustos e flores, então suas teias alimentares não entraram em colapso quando a fotossíntese foi interrompida e as plantas começaram a morrer. Na verdade, a morte das plantas só teria servido para lhes proporcionar mais alimento.

Os dinossauros não tinham nenhuma dessas vantagens. A maioria era grande, e não conseguia se esconder em tocas com facilidade para esperar que o incêndio passasse. Eles tampouco conseguiam se esconder debaixo d'água. Faziam parte das cadeias alimentares que tinham espécies grandes de herbívoros na sua base, então, quando o sol foi bloqueado e a fotossíntese interrompida, fazendo com que as plantas começassem a morrer, sentiram o efeito dominó. Além disso, a maioria dos dinossauros tinha dietas muito específicas — eles comiam carne ou tipos particulares de plantas, sem a flexibilidade dos paladares mais aventureiros dos mamíferos que sobreviveram. E tinham outros pontos fracos. Muitos provavelmente eram homeotérmicos, ou, pelo menos, tinham um metabolismo alto, então precisavam de muita comida. Eles não conseguiam se entocar por meses sem uma refeição, como alguns anfíbios e répteis. Eles botavam ovos, que levavam entre três e seis meses para chocar, cerca de duas vezes o tempo necessário para os ovos das aves. Então, depois que os ovos eclodiam, levava muitos anos para que um filhote de dinossauro chegasse à vida adulta, uma adolescência longa e difícil que os tornava particularmente vulneráveis a mudanças ambientais.

Depois que o asteroide caiu, provavelmente não houve um fator único que tenha selado o destino dos dinossauros. Eles simplesmente tinham muitas adversidades diante de si. Ser pequeno, ou ter uma dieta onívora, ou se reproduzir rápido — nada disso garantia a sobrevivência, mas cada característica dessas aumentava a probabilidade de sobrevivência no que deve ter sido uma roleta-russa à medida que a Terra se transformava em um cassino inconstante. Se a vida naquele momento se reduzisse a um jogo de cartas, o que sobraria para os dinossauros era a mão do perdedor.

Algumas espécies, contudo, ficaram com um *royal flush*. Entre eles, estavam nossos ancestrais do tamanho de ratos, que sobreviveram e logo tiveram a oportunidade de construir sua própria dinastia. Havia também as aves. Muitas aves e dinossauros penosos, seus primos próximos, morreram — todos os dinossauros de quatro asas e asas de morcego, todas as aves primitivas com caudas compridas e dentes.

A EXTINÇÃO DOS DINOSSAUROS

Mas as aves modernas perseveraram. Não sabemos ao certo por quê. Talvez tenha sido porque suas asas grandes e músculos peitorais fortes permitiram que voassem para longe do caos e encontrassem abrigos seguros. Talvez tenha sido porque seus ovos eram rapidamente chocados e, assim que saíam dos ninhos, os filhotes chegavam rapidamente à vida adulta. Talvez tenha sido porque comiam sementes — pequenos grãos nutritivos capazes de sobreviver no solo por anos, décadas e até séculos. O mais provável é que tenha sido uma combinação dessas vantagens e outras que ainda precisamos identificar. Isso e muita sorte.

Afinal de contas, grande parte da evolução — e da vida — depende da sorte. Os dinossauros tiveram sua chance de se erguer depois que aqueles vulcões terríveis varreram quase todas as espécies da Terra 250 milhões de anos antes, e então tiveram a sorte de sobreviver à segunda extinção do final do Triássico, que eliminou seus concorrentes crocodilos. Agora, o jogo havia virado. O *T. rex* e o *Triceratops* haviam desaparecido. Os saurópodes não mais abalariam a terra com seus passos pesados. Mas não nos esqueçamos das aves — elas são dinossauros, sobreviveram e continuam entre nós.

O império dos dinossauros pode ter acabado, mas eles perduram.

EPÍLOGO

DEPOIS DOS DINOSSAUROS

TODO MÊS DE MAIO, VOU ao deserto do noroeste do Novo México, não muito longe dos Quatro Cantos. É um tipo de folga que tiro depois das provas, da avaliação dos trabalhos e do frenesi costumeiro do final do semestre. Geralmente, passo duas semanas por lá, e, ao final da viagem, a tranquilidade do deserto e a comida apimentada das noites no acampamento ajudam na eliminação do estresse.

Não são férias, contudo. Como de costume nas minhas viagens atuais, estou aqui a negócios — para fazer o que passei a última década fazendo pelo mundo inteiro, em pedreiras polonesas e em plataformas na Escócia, às sombras de castelos da Transilvânia, nos sertões brasileiros ou na sauna de Hell Creek.

Estou aqui à procura de fósseis.

Muitos desses fósseis, é claro, são de dinossauros. Aliás, eles estão entre os últimos dinossauros a terem sobrevivido, aqueles que estavam a cerca de 1.600 quilômetros ao sul de Hell Creek nos últimos milhões de anos do Cretáceo. Eles prosperavam numa época em que a história parecia congelada, quando parecia que os dinossauros continuariam dominando o mundo para sempre, conforme fora por mais de 150 milhões de anos. Encontramos ossos de tiranossauros e saurópodes gigantes, os crânios em forma de cúpula que os paquicefalossauros usavam para golpear uns aos outros, as mandíbulas com que dinossauros com chifres e bico de pato cortavam plantas, e muitos dentes de dromeossaurídeos e outros terópodes pequenos que corriam entre os caras maiores. Tantas espécies convivendo em harmonia não é um indício de que as coisas logo dariam muito errado.

Para falar a verdade, contudo, não estou aqui pelos dinossauros. Isso pode parecer um sacrilégio, já que passei a maior parte da minha jovem carreira no encalço do *T. rex* e do *Triceratops*. Não, estou tentando entender o que aconteceu depois que os dinossauros desapareceram — como a Terra se curou, recomeçou e um novo mundo foi forjado.

A maioria das terras áridas listradas como balas de menta dessa parte do Novo México — nas vastas e quase desabitadas regiões do Condado de Navajo, ao redor das cidades de Cuba e Farmington — foi esculpida a partir de rochas depositadas em rios e lagos durante os primeiros milhões de anos que se seguiram à queda do asteroide. Não há mais dentes de tiranossauros nem ossos grandes de saurópodes tão comuns nas rochas da área que pertencem ao final do Cretáceo, depositadas apenas a poucos metros abaixo das que observamos agora, datadas do subsequente Período Paleoceno (entre 66 e 56 milhões de anos atrás). Houve uma mudança súbita aqui; o asteroide explodiu um mundo e abriu as portas para outro. Havia muitos dinossauros, e então, de repente, nenhum. É um padrão sinistramente semelhante ao que Walter Alvarez viu nos foraminíferos do cânion de Gubbio.

Percorro os montes áridos do Novo México com um dos meus melhores amigos da ciência: Tom Williamson, curador do museu natural de história de Albuquerque. Tom coleta fósseis aqui há 25 anos, tendo começado durante sua pós-graduação. Ele muitas vezes traz seus filhos gêmeos, Ryan e Taylor, que, depois de várias viagens em campo com o pai, desenvolveram um talento especial para encontrar fósseis comparável ao de praticamente qualquer paleontólogo que conheço — até Grzegorz Niedźwiedzki, da Polônia, e Mátyás Vremir, da Romênia. Outras vezes, Tom vem com seus alunos, jovens navajos das reservas ao redor, cujas famílias vivem nessa terra sagrada há gerações. E, uma vez por ano, em maio, Tom se encontra comigo e com meus alunos de Edimburgo. Ryan e Taylor — que agora estão na faculdade — geralmente nos acompanham, e nos divertimos muito encontrando fósseis durante o dia e sentados em torno da fogueira à noite, contando o tipo de piadas bobas que desenvolvemos após muitos anos trabalhando juntos em campo.

Tom é abençoado por uma habilidade que me falta, e que é muito útil para um paleontólogo. Ele tem memória fotográfica. Ele nega, mas isso é falsa modéstia ou ilusão. Tom é capaz de reconhecer cada colina e cada penhasco no deserto, todos os quais parecem os mesmos para mim. Ele pode se lembrar com detalhes precisos de quase todos os

DEPOIS DOS DINOSSAUROS 283

fósseis que já coletou nesses locais, o que é incrível, pois ele já coletou milhares, talvez dezenas de milhares até agora.

Há fósseis espalhados por toda essa área, que erodem constantemente das rochas do Paleoceno. Além de alguns ossos de aves aqui e ali, estes não são fósseis de dinossauros. São mandíbulas, dentes e esqueletos das criaturas que sucederam os dinossauros, as espécies que iniciaram a grande dinastia seguinte da história da Terra, a dinastia que inclui muitos dos animais mais familiares do mundo moderno, entre os quais nós mesmos.

Os mamíferos.

Como você deve se lembrar, os mamíferos começaram ao lado dos dinossauros, nascidos na imprevisibilidade violenta da Pangeia há mais de 200 milhões de anos, no Triássico. Mas os mamíferos e os dinossauros depois seguiram caminhos separados. Enquanto os dinossauros dominaram seus concorrentes crocodilos, sobreviveram à extinção do final do Triássico e alcançaram tamanhos colossais, espalhando-se pelo mundo, os mamíferos continuaram nas sombras. Eles se tornaram excelentes na sobrevivência no anonimato, aprendendo a comer alimentos diferentes, a se esconder em tocas e a transitar sem serem detectados, alguns descobrindo até como se movimentar entre as copas das árvores e outros como nadar. Enquanto isso, permaneceram pequenos. Nenhum mamífero que conviveu com os dinossauros ficou maior do que um texugo. Eles eram coadjuvantes no drama mesozoico.

No Novo México, no entanto, a história é diferente. Esses milhares de fósseis que Tom pode catalogar com precisão em sua mente pertencem a uma diversidade incrível de espécies. Algumas são pequenos insetívoros do tamanho do musaranho, não muito diferentes das criaturas minúsculas que corriam entre os pés dos dinossauros. Outros são animais escavadores do tamanho de texugos, carnívoros de dentes de sabre e até herbívoros do tamanho de vacas. Todos viveram durante a primeira parte do Paleoceno, meio milhão de anos depois do impacto do asteroide.

Fazia apenas 500 mil anos desde o dia mais destrutivo da história da Terra, e os ecossistemas já haviam se recuperado. A temperatura não era nem fria como num inverno nuclear, nem quente como numa estufa. Florestas de coníferas, ginkgos e uma diversidade cada vez maior de angiospermas novamente elevavam-se para o céu. Primos primitivos dos patos e das mobelhas vadiavam às margens do rio, enquanto tartarugas nadavam em alto-mar, ignorando os crocodilos que as espreitavam logo abaixo. Mas os tiranossauros, saurópodes e hadrossaurídeos já não existiam, substituídos por uma súbita abundância de mamíferos que explodiram em diversidade quando tiveram a oportunidade que esperavam havia centenas de milhões de anos: um amplo campo aberto, livre de dinossauros.

Entre os mamíferos que Tom e suas equipes descobriram está um esqueleto do tamanho de um filhote de cachorro chamado *Torrejonia*. Ele tinha membros desengonçados, dedos compridos nas mãos e nos pés, e provavelmente tinha uma aparência, ouso dizer, bonitinha e fofinha. Ele viveu cerca de 3 milhões de anos depois da queda do asteroide, mas seu gracioso esqueleto não parece incongruente com o mundo que conhecemos hoje. É quase possível vê-lo pulando entre as árvores, seus dedinhos magrelos agarrados aos galhos.

O *Torrejonia* é um dos primatas mais antigos, um primo quase próximo nosso. Ele é um forte lembrete de que nós — você, eu, todos os humanos — tivemos ancestrais que estavam presentes naquele dia terrível, que viram a rocha cair do céu, que suportaram o calor, os terremotos e o inverno nuclear, que passaram pela fronteira entre o Cretáceo e o Paleoceno, e, depois de terem chegado ao outro lado, desenvolveram-se em saltadores de árvores como o *Torrejonia*. Outros cerca de 60 milhões de anos de evolução no final das contas transformariam esses humildes protoprimatas em macacos bípedes, filósofos, escritores (ou leitores) e coletores de fósseis. Se o asteroide nunca tivesse caído, se nunca tivesse iniciado a reação em cadeia de extinção e evolução, os dinossauros provavelmente ainda estariam presentes, e nós não.

Há um lembrete ainda mais forte, uma lição maior na extinção dos dinossauros. O que aconteceu no final do Cretáceo serve para nos dizer que até os animais mais dominantes podem ser extintos — e repentinamente. Os dinossauros existiam havia mais de 150 milhões de

DEPOIS DOS DINOSSAUROS

anos quando seu fim chegou. Eles tinham passado por dificuldades, desenvolvido superpoderes, como um metabolismo rápido e um porte gigantesco, e derrotado seus rivais para dominar o planeta inteiro. Alguns inventaram asas para poderem levantar voo e superar os limites do solo; outros, literalmente, abalaram a Terra ao caminharem sobre ela. Provavelmente, havia muitos bilhões de dinossauros espalhados pelo mundo inteiro, dos vales de Hell Creek às ilhas europeias, que acordaram naquele dia, há 66 milhões de anos, confiantes de terem um lugar garantido no topo da natureza.

Então, literalmente em uma fração de segundo, isso terminou.

Nós, humanos, hoje usamos a coroa que já pertenceu aos dinossauros. Confiamos no nosso lugar na natureza, mesmo quando nossas ações alteram rapidamente o planeta ao nosso redor. Isso me perturba, e não consigo evitar um pensamento enquanto caminho pelo deserto hostil do Novo México, vendo os ossos de dinossauros serem tão subitamente sucedidos por fósseis do *Torrejonia* e de outros mamíferos.

Se aconteceu com os dinossauros, também pode acontecer conosco?

AGRADECIMENTOS

Minha contribuição para a área da pesquisa com dinossauros é relativamente recente e relativamente pequena. Como todos os cientistas, estou nos ombros dos que me antecederam, e conto com a ajuda dos meus contemporâneos. Espero que este livro transmita como as coisas são excitantes atualmente no campo da paleontologia e como tudo que aprendemos sobre os dinossauros nas últimas décadas vem de um esforço coletivo, do trabalho de um grupo diverso de pessoas maravilhosas espalhadas pelo mundo inteiro, homens e mulheres, de voluntários e amadores que trabalham em campo a estudantes e professores. Não há a mínima possibilidade de agradecer nominalmente a todos, e, sem dúvida, esqueceria várias pessoas importantes se tentasse. A todos cujos nomes e histórias aparecem nestas páginas e a todos com quem já trabalhei, muito obrigado por me aceitarem na comunidade global de paleontólogos e por terem tornado os últimos quinze anos da minha vida uma viagem incrível.

Dito isso, alguns merecem uma menção especial. Tive o imenso privilégio de contar com três orientadores excelentes — meu mentor da faculdade, Paul Sereno, da Universidade de Chicago; Mike Benton, quando fiz meu mestrado na Universidade de Bristol; e Mark Norell, com quem fiz meu Ph.D. no Museu Americano de História Natural e na Universidade Columbia. Percebo hoje a sorte que tive e também como devo ter sido um estudante chato. Esses três caras me deram fósseis incríveis com os quais trabalhar, levaram-me para trabalhos de campo e em viagens de pesquisa ao redor do mundo, e, o mais importante, disseram-me quando eu estava sendo ridículo demais. Não posso evitar pensar que nenhum outro pesquisador de dinossauros teve tanta sorte no departamento de mentores.

Trabalhei com muitas pessoas, e a maioria tornou-se bons colegas — os paleontólogos especializados em dinossauros, pelo menos os da geração atual, costumam ser agradáveis e se dar bem. Mas alguns passaram de colaboradores para amigos, e eu gostaria de agradecer, particularmente, a Thomas Carr e Tom Williamson, em primeiro lugar, bem como a Roger Benson, Richard Butler, Roberto Candeiro, Tom Challands, Zoltán Csiki-Sava, Graeme Lloyd, Junchang Lü, Octávio Mateus, Sterling Nesbitt, Grzegorz Niedźwiedzki, Dugie Ross, Mátyás Vremir, Steve Wang e Scott Williams.

Tive muitos golpes de sorte no início da minha carreira, nenhum maior do que de alguma forma ter convencido a Universidade de Edimburgo a me contratar enquanto eu estava concluindo meu Ph.D. Rachel Wood foi a melhor mentora que um membro auxiliar do corpo docente poderia esperar, e ela continua não me deixando pagar nenhum café, refeição, cerveja ou uísque. Sandy Tudhope, Simon Kelley, Kathy Whaler, Andrew Curtis, Bryne Ngwenya, Lesley Yellowlees, Dave Robertson, Tim O'Shea e Peter Mathieson foram os melhores tipos de chefes — sempre me apoiando, e jamais me reprimindo. Geoff Bromiley, Dan Goldberg, Shasta Marrero, Kate Saunders, Alex Thomas e outros jovens ousados tornaram o trabalho em Edimburgo divertido. Nick Fraser e Stig Walsh me receberam de braços abertos em seu grupo no Museu Nacional da Escócia, e Neil Clark e Jeff Liston, na comunidade mais ampla de paleontólogos escoceses. Um dos benefícios de fazer parte de um corpo docente é que posso aconselhar meus próprios estudantes, e um grupo maravilhosamente variado e talentoso já passou pelo meu laboratório: Sarah Shelley, Davide Foffa, Elsa Panciroli, Michela Johnson, Amy Muir,

AGRADECIMENTOS

Joe Cameron, Paige dePolo, Moji Ogunkanmi. Vocês provavelmente não se dão conta do quanto aprendi com cada um.

A ciência é um campo difícil; mas escrever é mais difícil ainda. Meus dois editores — Peter Hubbard, da William Morrow nos Estados Unidos, e Robin Harvie, no Reino Unido — me ajudaram a moldar minhas anedotas e divagações em uma narrativa. Alguns anos atrás, Jane von Mehren me ouviu no rádio e achou que eu poderia ter uma história para contar; ela me convenceu a escrever a proposta para um livro e tem sido uma agente incrível desde então. Também agradeço muito a Esmond Harmsworth e Chelsey Heller, da Aevitas, pela ajuda na negociação de contratos e pagamentos, bem como com direito internacional e outras coisas divertidas. Um salve para o meu camarada e artista incomparável Todd Marshall, pelas ilustrações originais que deram vida à minha prosa, e ao meu querido amigo Mick Ellison, o melhor fotógrafo de dinossauros do mundo, por ter me dado permissão para usar algumas de suas fotos incríveis. E obrigado aos dois advogados da minha família, meu pai, Jim, e meu irmão, Mike, por terem garantido que todos os contratos estivessem perfeitos, acima de qualquer dúvida.

Sempre amei escrever, e sempre contei com a ajuda de muitas pessoas. Lonny Cain, Mike Murphy e Dave Wischnowsky me deram a oportunidade de trabalhar na redação do jornal da minha cidade natal — o *Times* de Ottawa, Illinois — por quatro anos. O pânico do prazo e a excitação da caça às fontes me fizeram aprender rápido. Muitos amigos publicaram meus (frequentemente terríveis) textos da adolescência sobre dinossauros em revistas e websites, especialmente Fred Bervoets, Lynne Clos, Allen Debus e Mike Fredericks. Mais recentemente, Kate Wong, da *Scientific American*, Richard Green, da Quercus, Florian Maderspacher, da *Current Biology*, e Stephen Khan, Steven Vass e Akshat Rathi, de *The Conversation*, deram-me ao mesmo tempo uma plataforma e um grande amor pelo mundo editorial. Quando comecei a escrever este livro, tanto Neil Shubin (um dos meus professores da faculdade) quanto Ed Yong me deram conselhos muito úteis.

Eu gostaria de agradecer a muitas agências de financiamento — um número muito grande para serem mencionadas aqui — por terem regularmente rejeitado minhas solicitações de subsídios, o que me deu tempo e liberdade para escrever este livro. Por outro lado, minha sincera gratidão à Fundação Nacional da Ciência e ao Escritório de Gestão de Terras Públicas (bem como aos contribuintes americanos, responsáveis pelo seu financiamento), à National Geographic Society, à Royal Society e à Leverhulme Trust, no Reino Unido, e ao Conselho Europeu de Investigação, financiado pela União Europeia, e ao Marie Skłodowska-Curie Actions (assim como aos governos e contribuintes europeus, por trás do seu financiamento) pelo apoio que me deram. Também recebi muitos subsídios menores de diversas fontes e um grande apoio do Museu Americano de História Natural e da Universidade de Edimburgo.

Tenho a melhor família entre todas as pessoas que conheço. Meus pais, Jim e Roxanne, me permitiram arrastá-los a museus nas férias da família e garantiram que eu pudesse estudar Paleontologia na faculdade. Meus irmãos, Mike e Chris, colaboraram. Atualmente, minha mulher, Anne, também colabora. Ela tolera minha ausência durante o trabalho de campo, as vezes que preciso me esgueirar para cima para escrever e os vários amigos de copo e convidados obcecados por dinossauros que recebemos, os quais acabo atraindo inevitavelmente. Ela até leu esboços deste livro, mesmo não tendo nenhum interesse por dinossauros. Meu amor! Os pais de Anne, Peter e Mary, deixaram-me passar muito tempo em sua casa em Bristol, Inglaterra, um lugar tranquilo para escrever. Também tenho cunhadas legais: a irmã da minha mulher, Sarah, e a mulher de Mike, Stephenie.

Por fim, meu sincero agradecimento aos heróis anônimos, os caras que, com frequência, permanecem no anonimato, mas sem os

AGRADECIMENTOS

quais a nossa área acabaria extinta. Aos preparadores de fósseis, aos técnicos de campo, aos assistentes universitários, aos secretários e administradores das universidades, aos patronos que visitam museus e fazem doações às universidades, aos jornalistas especializados e escritores em ciências, aos artistas e fotógrafos, aos editores dos jornais e revisores da área, aos coletores amadores, que agem com decência e doam seus fósseis a museus, ao pessoal que administra terras públicas e processa nossas autorizações (particularmente, meus amigos do Escritório de Gestão de Terras Públicas, do Scottish Natural Heritage e do governo escocês), aos políticos e agências federais que apoiam a ciência (e enfrentam aqueles que não apoiam), aos contribuintes e eleitores que apoiam as pesquisas, a todos os professores de ciências, em todos os graus da educação, e a tantos outros.

NOTAS
SOBRE FONTES

Minha principal fonte de informações para este livro foi a experiência pessoal — os fósseis que estudei, o trabalho de campo que fiz, as coleções de museus que visitei e muitas discussões com colegas e amigos envolvidos com as ciências. Ao escrever este livro, consultei muitos dos artigos científicos que publiquei em diversos periódicos, meu compêndio *Dinosaur Paleobiology* (Hoboken, NJ: Wiley-Blackwell, 2012) e os textos de ciência popular que escrevi para a *Scientific American* e a *Conversation*. As referências que se seguem mencionam alguns materiais e fontes complementares aos quais recorri, e que indico para mais informações.

PRÓLOGO: A ERA DOURADA DA DESCOBERTA

Conto a história da minha viagem a Jinzhou para estudar o *Zhenyuanlong* em um artigo para a *Scientific American*, "Taking Wing", vol. 316, n. 1 (jan. 2017): 48-55. Junchang Lü e eu descrevemos o *Zhenyuanlong* em um artigo de 2015 para a *Scientific Reports* 5, artigo n. 11775.

CAPÍTULO 1: O SURGIMENTO DOS DINOSSAUROS

Há dois livros de ciência popular bem escritos sobre a extinção do Permiano, um do meu orientador de mestrado, Mike Benton (*When Life Nearly Died: The Greatest Mass Extinction of All Time*, Thames

& Hudson, 2003), e outro do grande paleontólogo do Smithsonian, Douglas Erwin (*Extinction: How Life on Earth Nearly Ended 250 Million Years Ago*, Princeton University Press, 2006). Zhong-Qiang Chen e Mike Benton escreveram uma revisão semitécnica da extinção e da subsequente recuperação para a *Nature Geoscience* (2012, 5: 375-83). Informações atualizadas sobre o momento e a natureza das erupções vulcânicas que causaram a extinção foram publicadas por Seth Burgess e colegas: *Proceedings of the National Academy of Sciences USA* 111, n. 9 (set. 2014): 3316-21; e *Science Advances* 1, n. 7 (ago. 2015): e1500470. Artigos técnicos excelentes sobre a extinção foram escritos por Jonathan Payne, Peter Ward, Daniel Lehrmann, Paul Wignall e minha colega de Edimburgo, Rachel Wood, e seu aluno do PhD, Matt Clarkson, a quem convenci a entrar em um comitê do corpo docente apenas alguns dias depois de ele ter terminado sua tese.

Grzegorz Niedźwiedzki publicou inúmeros artigos sobre as pegadas do Permiano-Triássico encontradas nas Montanhas de Santa Cruz. Muitos ele escreveu em parceria com os amigos Tadeusz Ptaszyński, Gerard Gierliński e Grzegorz Pieńkowski, do Instituto Geológico da Polônia. Grzegorz Pieńkowski é um cara encantador que participou do Movimento Solidariedade na década de 1980 e foi recompensado por seu ativismo político com um posto de cônsul-geral na Austrália quando os democratas assumiram o poder após a queda do comunismo. Ele gentilmente abriu sua casa de hóspedes para nós e nos alimentou com *kielbasa* quando viajávamos pelo distrito dos lagos no nordeste da Polônia a caminho da Lituânia, onde tentaríamos encontrar fósseis. Nosso trabalho conjunto sobre pegadas do *Prorotodactylus* e dos primeiros dinossauromorfos foi publicado pela primeira vez em 2010 como Stephen L. Brusatte, Grzegorz Niedźwiedzki e Richard J. Butler, "Footprints Pull Origin and Diversification of Dinosaur Stem Lineage Deep into Early Triassic", *Proceedings of the Royal Society of London Series B*, 278 (2011): 1107-13, e, mais tarde, como uma monografia mais longa com Grzegorz como autor principal em *Anatomy, Phylogeny, and Palaeobiology of Early Archosaurs and Their Kin*, ed. Sterling J. Nesbitt, Julia B. Desojo e Randall B. Irmis (Geological Society of London Special

Publications n. 379, 2013), pp. 319-51. Trabalhos importantes sobre as pegadas do Triássico de outras partes do mundo foram publicados por Paul Olsen, Hartmut Haubold, Claudia Marsicano, Hendrik Klein, Georges Gand e Georges Demathieu.

A árvore genealógica dos dinossauros e seus parentes próximos que desenvolvi durante o meu mestrado foi publicada como "The Higher--Level Phylogeny of Archosauria", *Journal of Systematic Palaeontology* 8, n. 1 (mar. 2010): 3-47.

O capítulo foca nas pegadas dos primeiros dinossauromorfos que estudei e só menciona rapidamente os fósseis dos esqueletos desses animais. Existe um registro crescente de esqueletos pertencentes a espécies como o *Silesaurus* (os "novos fósseis de répteis intrigantes" encontrados na Silésia citados no texto, estudados por Jerzy Dzik, o "professor polonês muito idoso"), *Lagerpeton, Marasuchus, Dromomeron* e *Asilisaurus*. Uma revisão semitécnica desses animais foi publicada por Max Langer e colegas em *Anatomy, Phylogeny, and Palaeobiology of Early Archosaurs and Their Kin*, pp. 157-86. O *Nyasasaurus*, a criatura curiosa que pode ser o dinossauro mais antigo, ou apenas um primo próximo, foi descrito por Sterling Nesbitt e colegas em *Biology Letters* 9 (2012), n. 20120949.

A biografia de Arthur Holmes escrita por Cherry Lewis (*The Dating Game: One Man's Search for the Age of the Earth*, Cambridge University Press, 2000) é uma boa introdução ao conceito da datação radiométrica, da história da sua descoberta e de como ela é usada na datação de rochas. O difícil assunto da datação de rochas do Triássico é discutido em um importante artigo de Claudia Marsicano, Randy Irmis e colegas (*Proceedings of the National Academy of Sciences USA*, 2015, doi: 10.1073/pnas.1512541112).

Paul Sereno, Alfred Romer, José Bonaparte, Osvaldo Reig, Oscar Alcober e seus alunos e colegas escreveram muitos artigos sobre os dinossauros de Ischigualasto e os animais que conviveram com eles. A melhor fonte de informações é a *Memoir of the Society of Vertebrate Paleontology*, de 2012, *Basal Sauropodomorphs and the Vertebrate Fossil Record of the Ischigualasto Formation (Late Triassic: Carnian—Norian) of Argentina*, que inclui uma revisão histórica das expedições de Ischigualasto e uma descrição anatômica detalhada do *Eoraptor*, ambas escritas por Sereno. Duas novidades interessantes foram publicadas exatamente quando este livro foi submetido para publicação. Primeiro, o *Pisanosaurus*, herbívoro de Ischigualasto, que discuto como um dos primeiros membros da linhagem dos dinossauros ornitísquios, foi redescrito e reclassificado como um dinossauromorfo não dinossauro e um parente próximo do *Silesaurus* (F. L. Agnolin e S. Rozadilla, *Journal of Systematic Palaeontology*, 2017, http://dx.doi.org/10.1080/14772019.2017.1352623). Portanto, é possível que atualmente não haja nenhum fóssil bom de ornitísquio do Período Triássico. Em segundo lugar, o aluno do Ph.D. de Cambridge Matthew Baron e colegas publicaram uma nova árvore genealógica dos dinossauros, colocando os terópodes e ornitísquios em seu próprio grupo (Ornithoscelida), sem os saurópodes (*Nature*, 2017, 543: 501-6). É uma excitante e controversa ideia. Fiz parte da equipe, liderada por Max Langer, que revisou os dados de Baron e requisitou a subdivisão mais tradicional ornitísquios-saurísquios (*Nature*, 2017, 551: E1—E3, doi:10.1038/nature24011). Isso sem dúvida será um grande foco de debate por muitos anos.

CAPÍTULO 2: A ASCENSÃO DOS DINOSSAUROS

Há várias revisões sobre a ascensão dos dinossauros durante o Triássico. Escrevi uma com vários colegas, entre os quais Sterling Nesbitt e Randy Irmis, do Rat Pack: Brusatte et al., "The Origin and Early Radiation of Dinosaurs", *Earth-Science Reviews* 101, n. 1-2 (jul. 2010): 68-100. Outros foram escritos por Max Langer e vários colegas: Langer et al., *Biological Reviews* 85 (2010): 55-110; Michael J. Benton et al., *Current Biology* 24, n. 2 (jan. 2014): R87—R95; Langer, *Palaeontology* 57, n. 3 (mai. 2014): 469-78; Irmis, *Earth and Environmental Science Transactions of the Royal Society of Edinburgh*, 101, n. 3-4 (set. 2010): 397-426; e Kevin Padian, *Earth and Environmental Science Transactions of the Royal Society of Edinburgh* 103, n. 3-4 (set. 2012): 423-42.

Dois livros semitécnicos excelentes sobre o Período Triássico e como os dinossauros se encaixam na maior "estrutura de ecossistemas modernos" foram escritos pelo meu amigo do Museu Nacional da Escócia, Nick

Fraser. Em 2006, Nick publicou *Dawn of the Dinosaurs: Life in the Triassic* (Indiana University Press) e, em 2010, juntou-se a Hans-Dieter Sues para escrever *Triassic Life on Land: The Great Transition* (Columbia University Press). Esses dois livros são ricamente ilustrados (o primeiro, pelo grande paleoartista Doug Henderson) e contêm referências à maior parte da literatura primária sobre a evolução dos vertebrados no Triássico. Os melhores mapas da Pangeia antiga — meticulosamente desenhados com base em muitas linhas de evidências geológicas, que podem identificar as costas antigas e determinar as posições do solo milhões de anos atrás — foram produzidos por Ron Blakey e Christopher Scotese. Ao longo do livro, recorri inúmeras vezes a eles ao explicar a separação da Pangeia.

Publicamos alguns artigos sobre nossas escavações em Portugal, inclusive uma descrição detalhada do esqueleto do *Metoposaurus* encontrado no cemitério coletivo: Brusatte et al., *Journal of Vertebrate Paleontology* 35, n. 3, artigo n. e912988 (2015): 1-23; e uma descrição do fitossauro que viveu com as "supersalamandras" — "Super Salamanders": Octávio Mateus et al., *Journal of Vertebrate Paleontology* 34, n. 4 (2014): 970-75. O estudante alemão de geologia que encontrou o primeiro espécime do Triássico no Algarve foi Thomas Schröter, e o artigo "obscuro" descrevendo fósseis que ele encontrou foi escrito por Florian Witzmann e Thomas Gassner, *Alcheringa* 32, n. 1 (mar. 2008): 37-51.

O Rat Pack — Randy Irmis, Sterling Nesbitt, Nate Smith, Alan Turner e seus colegas — publicou inúmeros artigos sobre os espécimes encontrados em Ghost Ranch, a paleoecologia da área e como suas descobertas se encaixam no contexto global da evolução dos dinossauros durante o Triássico. Entre os mais importantes, estão Nesbitt, Irmis e William G. Parker, *Journal of Systematic Palaeontology* 5, n. 2 (mai. 2007): 209-43; Irmis et al., *Science* 317, n. 5836 (20 de julho de 2007): 358-61; e Jessica H. Whiteside et al., *Proceedings of the National Academy of Sciences USA* 112, n. 26 (30 de junho de 2015): 7909-13. Edwin Colbert descreveu detalhadamente os esqueletos de *Coelophysis* de Ghost Ranch em sua monografia de 1989, *The Triassic Dinosaur Coelophysis, Museum of Northern Arizona Bulletin* 57: 1-160, e contou a história de sua descoberta em muitos de seus arrebatadores livros sobre os dinossauros feitos para o público. O artigo de Martín Ezcurra sobre o *Eucoelophysis* foi publicado em *Geodiversitas* 28, n. 4: 649-84. Sterling Nesbitt descreveu o *Effigia* em um artigo curto em 2006, em *Proceedings of the Royal Society of London, Series B*, vol. 273 (2006): 1045-48, e mais tarde como uma monografia no *Bulletin of the American Museum of Natural History* 302 (2007): 1-84.

Meu trabalho sobre a disparidade morfológica dos dinossauros e dos pseudosuchias foi publicado em dois artigos em 2008: Brusatte et al., "Superiority, Competition, and Opportunism in the Evolutionary Radiation of Dinosaurs", *Science* 321, n. 5895 (12 de setembro de 2008): 1485-88; e Brusatte et al., "The First 50 Myr of Dinosaur Evolution", *Biology Letters* 4: 733-36. Esses artigos foram escritos em parceria com Mike Benton, Marcello Ruta e Graeme Lloyd, supervisores do meu mestrado na Universidade de Bristol e alguns dos meus colegas mais confiáveis do campo atualmente. As publicações que me inspiraram, escritas por Bakker e Charig, são citadas e discutidas nesses artigos. Muitos paleontólogos especializados em invertebrados me ajudaram a desenvolver os métodos de disparidade morfológica padrão, especialmente Mike Foote (que fez parte do corpo docente da instituição onde fiz faculdade, a Universidade de Chicago, mas com quem nunca tive a sorte de fazer um curso) e Matt Wills, e eu também citei seus artigos diversas vezes no meu trabalho.

O nome Mike Benton aparece muito neste capítulo. Eu falei menos sobre Mike no texto principal do que sobre meus outros dois mentores acadêmicos, Paul Sereno e Mark Norell, provavelmente porque passei muito pouco tempo em Bristol para acumular o tipo de histórias interessantes que se encaixariam no modo de narrativa que decidi escolher. Mas isso não reflete Mike. Ele é um superastro científico cujos estudos sobre a evolução dos vertebrados e cujos populares compêndios (particularmente, *Vertebrate Palaeontology*, que teve várias edições publicadas pela Wiley-Blackwell, a mais recente em 2014) influenciaram todo o campo da paleontologia de vertebrados por décadas. Contudo, apesar de toda a admiração que lhe conferem, ele é um homem humilde e muito amado por ser o prestativo supervisor de dezenas de alunos de pós-graduação.

NOTAS SOBRE FONTES

CAPÍTULO 3: OS DINOSSAUROS SE TORNAM DOMINANTES

Os livros *Dawn of the Dinosaurs: Life in the Triassic* e *Triassic Life on Land: The Great Transition*, ambos citados acima, nas referências do capítulo 2, fornecem excelentes linhas gerais da extinção do final do Triássico. Alguns dos tópicos deste capítulo também são discutidos nos artigos sobre a evolução dos primeiros dinossauros, usados como fontes para o capítulo 2.

A erupção de lava ao final do Triássico criou uma grande quantidade de rocha basáltica (inclusive o Palisades de Nova Jersey), que hoje cobre parte dos quatro continentes. Ela é chamada de Província Magmática do Atlântico Central [CAMP, na sigla em inglês] e foi descrita por Marzoli e colegas na *Science* 284, n. 5414 (23 de abril de 1999): 616-18. O período das erupções da CAMP foi estudado por Blackburn e colegas, entre os quais Paul Olsen, na *Science* 340, n. 6135 (24 de maio de 2013): 941-45, e é seu trabalho que mostra que as erupções ocorreram em quatro grandes pulsos ao longo de 600 mil anos. O trabalho de Jessica Whiteside, nossa amiga de Portugal e de Ghost Ranch, mostrou que as extinções ocorridas em terra e no mar aconteceram ao mesmo tempo no final do Triássico e que os primeiros sinais de extinção coincidem com os primeiros fluxos de lava no Marrocos. Ver *Proceedings of the National Academy of Sciences USA* 107, n. 15 (13 de abril de 2010): 6721-25. Paul Olsen também participou dessa pesquisa como supervisor do Ph.D. de Whiteside na Universidade Columbia.

As mudanças ocorridas na transição entre o Triássico e o Jurássico no dióxido de carbono atmosférico, na temperatura global e nas comunidades vegetais foram estudadas, entre outros, por Jennifer McElwain e colegas na *Science* 285, n. 5432 (27 de agosto de 1999): 1386-90, e na *Paleobiology* 33, n. 4 (dez. 2007): 547-73; Claire M. Belcher et al., *Nature Geoscience* 3 (2010): 426-29; Margret Steinthorsdottir et al., *Palaeogeography, Palaeoclimatology, Palaeoecology* 308 (2011): 418-32; Micha Ruhl e colegas, *Science* 333, n. 6041 (22 de julho de 2011): 430-34; e Nina R. Bonis e Wolfram M. Kürschner, *Paleobiology* 38, n. 2 (mar. 2012): 240-64.

Paul Olsen tem publicado sobre as bacias rifte e os fósseis do leste da América do Norte desde alguns anos depois de suas travessuras de adolescente. Ele escreveu duas análises técnicas do sistema de bacias rifte da Pangeia (que os geólogos chamam de Supergrupo Newark), ambas em parceria com Peter LeTourneau, *The Great Rift Valleys of Pangea in Eastern North America*, vols. 1-2 (Columbia University Press, 2003), e uma análise muito útil do assunto na *Annual Review of Earth and Planetary Sciences* 25 (mai. 1997): 337-401. Em 2002, Olsen publicou um artigo importante resumindo seus anos de trabalho sobre pegadas, apresentando evidências da radiação rápida dos dinossauros depois da extinção do final do Triássico: *Science* 296, n. 5571 (17 de maio de 2002): 1305-7.

Existe uma rica literatura sobre os saurópodes. Um dos melhores livros técnicos sobre esses dinossauros icônicos foi editado por Kristina Curry Rogers e Jeff Wilson: *The Sauropods: Evolution and Paleobiology* (University of California Press, 2005). Um bom resumo técnico foi escrito por Paul Upchurch, Paul Barrett e Peter Dodson para a segunda edição da erudita enciclopédia dos dinossauros *The Dinosauria* (University of California Press, 2004), e eu escrevi uma análise menos técnica do grupo em meu compêndio de 2012, *Dinosaur Paleobiology* (Hoboken, NJ: Wiley-Blackwell). Os colegas do início da minha carreira Phil Mannion e Mike D'Emic recentemente fizeram um excelente trabalho descritivo sobre os saurópodes juntamente com seus mentores Upchurch, Barrett e Wilson.

Descrevemos as pegadas dos saurópodes de Skye em 2016: Brusatte et al., *Scottish Journal of Geology* 52: 1-9. Alguns dos primeiros registros fragmentários dos saurópodes escoceses foram apresentados por meu amigo de Glasgow Neil Clark e Dugie Ross no *Scottish Journal of Geology* 31 (1995): 171-76; por meu incomparável camarada nacionalista escocês Jeff Liston, *Scottish Journal of Geology* 40, n. 2 (2004): 119-22; e por Paul Barrett, *Earth and Environmental Science Transactions of the Royal Society of Edinburgh* 97: 25-29.

O cálculo dos pesos corporais dos dinossauros foi o foco de inúmeros estudos. Um trabalho pioneiro de J. F. Anderson e colegas foi o primeiro a reconhecer a relação entre a espessura dos ossos longos (tecnicamente, circunferência) e o peso corporal (tecnicamente, massa) em animais modernos e extintos: *Journal of Zoology* 207, n. 1 (set. 1985): 53-61. Trabalhos mais recentes de Nic Campione, David Evans e colegas refinaram essa abordagem: *BMC Biology* 10 (2012): 60 e *Methods in Ecology and Evolution* 5 (2014): 913-23. Esses métodos foram usados para estimar as massas de quase todos os dinossauros por Roger Benson e coautores: *PLoS Biology* 12, n. 5 (mai. 2014): e1001853.

O método baseado na fotogrametria para estimar a massa foi introduzido por Karl Bates e os supervisores do seu Ph.D., Bill Sellers e Phil Manning, em *PLoS ONE* 4, n. 2 (fev. 2009): e4532, e, desde então, foi ampliado em várias publicações, entre as quais Sellers et al., *Biology Letters* 8 (2012): 842-45; Brassey et al., *Biology Letters* 11 (2014): 20140984; e Bates et al., *Biology Letters* 11 (2015): 20150215. Peter Falkingham publicou um compêndio sobre como coletar dados fotogramétricos em *Palaeontologica Electronica* 15 (2012): 15.1.1T. O trabalho sobre saurópodes de que participei, liderado por Karl, Peter e Viv Allen, foi publicado na *Royal Society Open Science* 3 (2016): 150636.

Vale observar que esses dois métodos — as equações baseadas na circunferência de ossos longos e os modelos fotogramétricos — incluem fontes de erros. Esses erros tornam-se maiores para dinossauros maiores, particularmente devido ao fato de esses métodos não poderem ser validados em animais modernos, entre os quais não há nenhum que sequer chegue perto do tamanho dos saurópodes. As publicações originais citadas acima discutem extensivamente essas fontes de erros e, em muitos casos, apresentam uma gama de massas corpóreas plausíveis para cada espécie de dinossauro com base nessa compreensão da incerteza.

A biologia e a evolução dos saurópodes são os temas de uma fascinante coleção de artigos de pesquisa reunidos no livro *Biology of the Sauropod Dinosaurs: Understanding the Life of Giants,* ed. Nicole Klein e Kristian Remes (Indiana University Press, 2011). Um capítulo do livro, escrito por Oliver Rauhut e colegas, discute com detalhes a evolução da estrutura física dos saurópodes: como todos os traços característicos do grupo foram combinados ao longo de milhões de anos. A questão de por que os saurópodes conseguiram ficar tão grandes foi recentemente abordada em um artigo excelente e acessível sobre os saurópodes escrito por Martin Sander e uma equipe de pesquisadores que estudaram esse mistério durante muitos anos, financiados por uma gigante alemã das pesquisas: a *Biological Reviews* 86 (2011): 117-55.

CAPÍTULO 4: OS DINOSSAUROS E A SEPARAÇÃO DOS CONTINENTES

Para informações sobre o mural de Zallinger, conferir *House of Lost Worlds: Dinosaurs, Dynasties, and the Story of Life on Earth* (Yale University Press, 2016), de Richard Conniff, ou *The Age of Reptiles: The Art and Science of Rudolph Zallinger's Great Dinosaur Mural at Yale* (Yale Peabody Museum, 2010), de Rosemary Volpe. Ou, melhor ainda, vá ver o mural pessoalmente no Museu Peabody se tiver a chance. É uma obra de arte arrebatadora.

Existem muitos relatos populares da Guerra dos Ossos de Cope-Marsh, mas, para uma versão acadêmica e baseada em fatos, recomendo o excelente livro de John Foster, *Jurassic West: The Dinosaurs of the Morrison Formation and Their World* (Indiana University Press, 2007). Foster passou décadas escavando dinossauros pelo oeste americano, e seu livro é um resumo magistral dos dinossauros da Morrison, do mundo em que viveram e da história de sua descoberta. Usei esse livro como minha principal fonte de informações históricas neste capítulo. O livro cita inúmeras fontes primárias, inclusive os diversos artigos de pesquisa que Cope e Marsh publicaram durante seu conflito.

A história de Big Al é baseada em um relato do paleontólogo na época da Universidade de Wyoming e hoje do BLM, Brent Breithaupt, escrito para o Serviço Nacional de Parques e publicado como "The Case of 'Big Al' the *Allosaurus*: A Study in Paleodetective Partnerships", em V. L. Santucci e L. McClelland, eds., *Proceedings of the 6th Fossil Resource Conference* (National Park Service, 2001), 95-106.

Estudos interessantes foram publicados sobre o tamanho do corpo (Bates et al., *Palaeontologica Electronica*, 2009, 12: 3.14A) e as patologias

NOTAS SOBRE FONTES 303

(Hanna, *Journal of Vertebrate Paleontology*, 2002, 22: 76-90) de Big Al, e o estudo de modelagem computacional da alimentação do *Allosaurus* a que me refiro foi publicado por Emily Rayfield e colegas (*Nature*, 2001, 409: 1033-37). Informações sobre Kirby Siber foram coletadas a partir de um perfil da *Rocks & Minerals Magazine* escrito por John S. White (2015, 90: 56-61). Para uma interpretação equilibrada sobre o assunto da coleta comercial de fósseis e a venda de fósseis de dinossauros, o artigo de Heather Pringle para a *Science* (2014, 343: 364-67) é um bom ponto de partida.

Há muitos ótimos artigos de pesquisa sobre os saurópodes da Formação Morrison. O melhor ponto de partida é o capítulo sobre os saurópodes do compêndio acadêmico *The Dinosauria*, escrito por especialistas em saurópodes como Paul Upchurch, Paul Barrett e Peter Dodson (University of California Press, 2004). Nas duas últimas décadas, houve um debate considerável sobre os diferentes saurópodes e seu pescoço, que resumo em meu compêndio *Dinosaur Paleobiology*, com citações da literatura relevante, muitas das quais foram escritas por Kent Stevens e Michael Parrish. Também foram feitos diversos trabalhos sobre os hábitos alimentares dos saurópodes, entre os quais alguns dos artigos mais importantes foram escritos por Upchurch e Barrett. Eles são discutidos e resumidos tanto no meu livro-texto, quanto no artigo de 2011 de Sander et. al sobre os saurópodes citado ao final das referências do capítulo 3, logo acima. Mais recentemente, Upchurch, Barrett, Emily Rayfield e seus alunos do Ph.D. David Button e Mark Young fizeram um trabalho pioneiro de modelagem computacional com o objetivo de entender melhor como os diferentes saurópodes se alimentavam (Young et al., *Naturwissenschaften*, 2012, 99: 637-43; Button et al., *Proceedings of the Royal Society of London*, Series B, 2014, 281: 20142144).

Os capítulos em *The Dinosauria* são boas fontes de informações sobre os dinossauros do Jurássico Superior de outros continentes. Os agora famosos dinossauros do Jurássico Superior de Portugal foram extensamente estudados por Octávio Mateus, amigo que escavou comigo o cemitério de "supersalamandra" que vimos antes. Para uma revisão, ver Antunes e Mateus, *Comptes Rendus Palevol* 2 (2003): 77-95. Os dinossauros do Jurássico Superior da Tanzânia foram escavados durante uma série de expedições lideradas pela Alemanha no início da década de 1900, descritas em um relato histórico detalhado de Gerhard Maier em seu livro *African Dinosaurs Unearthed: The Tendaguru Expeditions* (Indiana University Press, 2003).

Minha fonte primária para as mudanças ocorridas durante a transição entre o Jurássico e o Cretáceo é um artigo excelente de análise escrito por Jonathan Tennant e outros (*Biological Reviews*, 2016, 92 (2017): 776-814). Fui um dos revisores desse artigo, e das muitas centenas de manuscritos que revisei, esse provavelmente foi aquele com o qual aprendi mais. Jon fez seu trabalho de Ph.D. em Londres. Os leitores que são geeks da Internet podem reconhecê-lo como um prolífico adepto do Twitter e um comunicador apaixonado pela ciência, através de blogs e outras mídias sociais.

Muitos perfis de Paul Sereno já foram publicados em livros, revistas e jornais. Alguns deles fui eu que escrevi no final da década de 1990 e início dos anos 2000, durante a minha época de tiete, mas não vou apresentar as fontes aqui só para dificultar um pouco as coisas para qualquer um de vocês que queira encontrar essas desconcertantes imitações de jornalismo. Algum dia, Paul provavelmente (espero!) escreverá sua própria história, mas, enquanto isso, há vastas informações sobre suas expedições e descobertas no website do seu laboratório (paulsereno. org). Entre algumas das descobertas mais importantes que ele fez na África, estão as seguintes, com citações curtas dos artigos científicos relevantes entre parênteses: *Afrovenator* (*Science*, 1994, 266: 267-70); *Carcharodontosaurus saharicus* and *Deltadromeus* (*Science*, 1996, 272: 986-91); *Suchomimus* (*Science*, 1998, 282: 1298-1302); *Jobaria* and *Nigersaurus* (*Science*, 1999, 286: 1342-47); *Sarcosuchus* (*Science*, 2001, 294: 1516-19); *Rugops* (*Proceedings of the Royal Society of London Series B*, 2004, 271: 1325-30). Paul e eu descrevemos o *Carcharodontosaurus iguidensis* juntos em 2007 (Brusatte e Sereno, *Journal of Vertebrate Paleontology* 27: 902-16) e o *Eocarcharia* um ano depois (Sereno e Brusatte, *Acta Palaeontologica Polonica*, 2008, 53: 15-46).

Existe uma imensa literatura de livros-texto e tutoriais sobre o desenvolvimento de árvores genealógicas (filogenia) com o uso da cladística.

NOTAS SOBRE FONTES 305

A teoria por trás do método foi desenvolvida pelo entomologista alemão Willi Hennig, que resumiu suas ideias em um artigo (*Annual Review of Entomology*, 1965, 10: 97-116) e em um livro que foi um verdadeiro marco, *Phylogenetic Systematics* (University of Illinois Press, 1966). Esses trabalhos podem ser muito densos, mas os livros-texto de Ian Kitching et al. (*Cladistics: The Theory and Practice of Parsimony Analysis*, Systematics Association, Londres, 1998), Joseph Felsenstein (*Inferring Phylogenies*, Sinauer Associates, 2003), e Randall Schuh e Andrew Brower (*Biological Systematics: Principles and Applications*, Cornell University Press, 2009) são mais acessíveis. Também apresento uma explicação geral usando os dinossauros como exemplo no capítulo sobre filogenia do meu compêndio *Dinosaur Paleobiology*.

Publiquei minha árvore genealógica dos carcarodontossauros (e seus parentes alossauros) em 2008, em um artigo escrito com Paul Sereno (*Journal of Systematic Palaeontology* 6: 155-82). Publiquei uma versão atualizada no ano seguinte, quando me juntei a outros colegas para batizar e descrever o primeiro carcarodontossauro asiático, o *Shaochilong* (Brusatte et al., *Naturwissenschaften*, 2009, 96: 1051-58). Um dos coautores do artigo foi Roger Benson, que, como eu, na época era um estudante. Roger e eu rapidamente nos tornamos amigos, visitamos juntos muitos museus (inclusive em uma viagem incrível à China em 2007) e colaboramos em inúmeros projetos de pesquisa sobre os carcarodontossauros e outros alossauros, entre os quais uma descrição monográfica do carcarodontossauro inglês *Neovenator* (Brusatte, Benson e Hutt, *Monograph of the Palaeontographical Society*, 2008, 162: 1-166). Roger me convidou para participar de mais um estudo da filogenia carcarodontossaurídeo / alossauro / terópode, no qual ele fez a maior parte do trabalho (Benson et al., *Naturwissenschaften*, 2010, 97: 71-78).

CAPÍTULO 5: O TIRANO DOS DINOSSAUROS

Este capítulo é um tipo de versão ampliada de um artigo que escrevi para a *Scientific American* de maio de 2015 (312: 34-41) sobre a história da evolução do tiranossauro. Tirei a inspiração para esse artigo de uma análise sobre a genealogia e a evolução do tiranossauro que publiquei com vários colegas em 2010 (Brusatte et al., *Science*, 329: 1481-85). Os dois são boas fontes gerais de informações sobre os tiranossauros, assim como o capítulo de Thomas Holtz no livro-texto acadêmico *The Dinosauria* (University of California Press, 2004).

Junchang Lü e eu descrevemos o *Qianzhousaurus sinensis* (Pinóquio rex) em um artigo em 2014 (Lü et al., *Nature Communications* 5: 3788). A história da sua descoberta foi recontada em um artigo para o *New York Times* escrito por Didi Kirsten Tatlow (sinosphere.blogs.nytimes.com/2014/05/08/pinocchio-rex-chinas-new-dinosaur). O "tiranossauro esquisito" *Alioramus* que estudei, e que levou Junchang a me pedir ajuda no estudo do *Qianzhousaurus,* foi descrito em uma série de artigos: Brusatte et al., *Proceedings of the National Academy of Sciences USA* 106 (2009): 17261-66; Bever et al., *PLoS ONE* 6, n. 8 (ago. 2011): e23393; Brusatte et al., *Bulletin of the American Museum of Natural History* 366 (2012): 1-197; Bever et al., *Bulletin of the American Museum of Natural History* 376 (2013): 1-72; e Gold et al., *American Museum Novitates* 3790 (2013): 1-46.

Por quase uma década, tenho estudado a genealogia dos tiranossauros e desenvolvido árvores genealógicas cada vez maiores à medida que novos fósseis de tiranossauros são encontrados. Esse trabalho foi feito em parceria com meu grande amigo e colega Thomas Carr, da Carthage College, em Kenosha, Wisconsin. Publicamos a primeira versão da árvore genealógica no artigo de análise da *Science* de 2010 mencionado acima. Em 2016, publicamos uma versão completamente renovada (Brusatte e Carr, *Scientific Reports* 6: 20252). Foi a árvore genealógica de 2016 que forneceu a estrutura para a discussão sobre a evolução neste capítulo.

A descoberta do *T. rex* foi repetida em muitos relatos populares e científicos. A melhor fonte de informações sobre Barnum Brown e sua grande descoberta é uma biografia de Brown publicada por Lowell Dingus e Mark Norell, o supervisor do meu Ph.D., em 2011 (*Barnum Brown: The Man Who Discovered Tyrannosaurus rex*, University of California Press). A citação de Lowell que usei neste capítulo vem de um

NOTAS SOBRE FONTES

website do Museu Americano de História Natural dedicado ao livro. Há uma excelente biografia de Henry Fairfield Osborn escrita por Brian Rangel, de onde tirei informações sobre sua vida (*Henry Fairfield Osborn: Race and the Search for the Origins of Man*, Ashgate Publishing, Burlington, VT, 2002).

Sasha Averianov descreveu o *Kileskus* em um artigo em 2010 (Averianov et al., *Proceedings of the Zoological Institute RAS*, 314: 42-57). Xu Xing e colegas descreveram o *Dilong* em 2004 (Xu et al., *Nature* 431: 680-84), o *Guanlong* em 2006 (Xu et al., *Nature* 439: 715-18) e o *Yutyrannus* em 2012 (Xu et al., *Nature* 484: 92-95). A descrição do *Sinotyrannus* foi escrita por Ji Qiang e colegas (Ji et al., *Geological Bulletin of China*, 2009, 28: 1369-74). Roger Benson e eu batizamos o *Juratyrant* (Brusatte e Benson, *Acta Palaeontologica Polonica*, 2013, 58: 47-54), com base em um espécime descrito por Roger alguns anos antes (Benson, *Journal of Vertebrate Paleontology*, 2008, 28: 732-50). O *Eotyrannus*, da bela Ilha de Wight, na Inglaterra, foi batizado e descrito por Steve Hutt e colegas (Hutt et al., *Cretaceous Research*, 2001, 22: 227-42).

Nosso artigo batizando e descrevendo o *Timurlengia* do Cretáceo Médio do Uzbequistão foi publicado em 2016 (Brusatte et al., *Proceedings of the National Academy of Sciences USA* 113: 3447-52). Também se juntaram a Sasha, Hans e a mim minha aluna do mestrado Amy Muir (que processou os dados da tomografia computadorizada) e Ian Butler (do corpo docente da Universidade de Edimburgo, que montou o tomógrafo personalizado que usamos para estudar o fóssil). Para informações sobre o carcarodontossauro que ainda refreava o tiranossauro durante o Cretáceo Médio, conferir os artigos que descrevem o *Siats* (Zanno e Makovicky, *Nature Communications*, 2013, 4: 2827), o *Chilantaisaurus* (Benson e Xu, *Geological Magazine*, 2008, 145: 778-89), o *Shaochilong* (Brusatte et al., *Naturwissenschaften*, 2009, 96: 1051-58) e o *Aerosteon* (Sereno et al., *PLoS ONE*, 2008, 3, n. 9: e3303).

308 ASCENSÃO E QUEDA DOS DINOSSAUROS

CAPÍTULO 6: O REI DOS DINOSSAUROS

A história controversa com que inicio o capítulo é uma conjectura, é claro, mas os detalhes são baseados em descobertas de fósseis reais (descritas mais tarde no mesmo capítulo e referenciadas abaixo), com uma dose de especulação sobre como o *T. rex*, o *Triceratops* e os hadrossaurídeos se comportavam.

Para informações gerais do *T. rex* — seu tamanho, as características de seu corpo, seu hábitat e sua idade —, consulte as referências gerais sobre os tiranossauros citadas no capítulo anterior. As estimativas de massa corpórea vêm do artigo já citado sobre a evolução do tamanho dos dinossauros de Roger Benson e colegas.

Há uma rica literatura sobre os hábitos alimentares do *T. rex*. As informações acerca do consumo diário de alimentos vêm de dois artigos importantes sobre o assunto: um escrito por James Farlow (*Ecology*, 1976, 57: 841-57) e o outro por Reese Barrick e William Showers (*Palaeontologia Electronica*, 1999, vol. 2, n. 2). A ideia de que o *T. rex* era um saprófago, o que frustra muitos paleontólogos de dinossauros (specialmente eu) sempre que ganha publicações na imprensa, foi meticulosamente derrubada por um dos melhores especialistas e entusiastas dos tiranossauros, Thomas Holtz, em *Tyrannosaurus rex: The Tyrant King* (Indiana University Press, 2008). Os ossos do fóssil do *Edmontosaurus* com um dente de *T. rex* foram descritos por uma equipe liderada por Robert DePalma (*Proceedings of the National Academy of Sciences USA*, 2013, 110: 12560-64). As famosas fezes cheias de ossos do tiranossauro foram descritas por Karen Chin e colegas (*Nature*, 1998, 393: 680-82) e o conteúdo estomacal com ossos foi descrito por David Varricchio (*Journal of Paleontology*, 2001, 75: 401-6).

A alimentação fura-puxa nos tiranossauros foi estudada em detalhes por Greg Erickson e sua equipe, tendo eles publicado vários artigos importantes sobre o assunto (por exemplo, Erickson e Olson, *Journal of Vertebrate Paleontology*, 1996, 16: 175-78; Erickson et al., *Nature*, 1996, 382: 706-8). Outros estudos importantes foram apresentados por Mason Meers (*Historical Biology*, 2002, 16: 1-2), François Therrien e

NOTAS SOBRE FONTES 309

colegas (em *The Carnivorous Dinosaurs*, Indiana University Press, 2005), e Karl Bates e Peter Falkingham (*Biology Letters*, 2012, 8: 660-64). As publicações mais importantes de Emily Rayfield sobre a construção do crânio do tiranossauro e sua deglutição foram dois artigos da metade dos anos 2000 (*Proceedings of the Royal Society of London Series B*, 2004, 271: 1451-59; e *Zoological Journal of the Linnean Society*, 2005, 144: 309-16). Ela também escreveu um compêndio muito útil sobre o Método dos Elementos Finitos (*Annual Review of Earth and Planetary Sciences*, 2007, 35: 541-76).

John Hutchinson e seus colaboradores escreveram muitos artigos de pesquisa sobre a locomoção dos tiranossauros. Os principais encontram-se nas publicações: *Nature* (2002, 415: 1018-21), *Paleobiology* (2005, 31: 676-701), *Journal of Theoretical Biology* (2007, 246: 660-80) e *PLoS ONE* (2011, 6, n. 10: e26037). Trabalhando com Matthew Carrano, John publicou um estudo importante sobre a musculatura pélvica e os membros inferiores do *T. rex* (*Journal of Morphology*, 2002, 253: 207-28). John também escreveu um compêndio geral sobre o estudo da locomoção dos dinossauros (na *Encyclopedia of Life Sciences*, Wiley-Blackwell, 2005), mas você pode encontrar seus melhores textos em seu sempre divertido blog (https://whatsinjohnsfreezer.com/).

O pulmão eficiente das aves modernas e seu funcionamento são descritos com mais detalhes no meu livro *Dinosaur Paleobiology*. Também existem alguns artigos sobre o assunto que vale a pena examinar (por exemplo, Brown et al., *Environmental Health Perspectives*, 1997, 105: 188-200; e Maina, *Anatomical Record*, 2000, 261: 25-44). As evidências fossilizadas dos sacos aéreos em ossos de dinossauros — no jargão técnico, pneumaticidade — foram meticulosamente estudadas por Brooks Britt durante seu trabalho de Ph.D. (Britt, 1993, tese de Ph.D., Universidade de Calgary). Mais recentemente, importantes trabalhos sobre o assunto foram apresentados por Patrick O'Connor e colegas (*Journal of Morphology*, 2004, 261: 141-61; *Nature*, 2005, 436: 253-56; *Journal of Morphology*, 2006, 267: 1199-1226; *Journal of Experimental Zoology*, 2009, 311A: 629-46), por Roger Benson e colaboradores (*Biological Reviews*, 2012, 87: 168-93), e por Mathew Wedel

(*Paleobiology*, 2003, 29: 243-55; *Journal of Vertebrate Paleontology*, 2003, 23: 344-57).

A pesquisa de Sara Burch sobre os braços dos tiranossauros foi descrita em sua tese (Stony Brook University, 2013) e apresentada em reuniões anuais da Sociedade da Paleontologia de Vertebrados. Atualmente, ela aguarda publicação na íntegra.

Phil Currie e sua equipe escreveram vários artigos sobre o cemitério coletivo dos *Albertosaurus*, que compuseram uma publicação especial do *Canadian Journal of Earth Sciences* (2010, vol. 47, n. 9). O trabalho de Phil sobre a caça em bandos do *Albertosaurus* e do *Tarbosaurus* foi descrito em um livro de ciência popular com o provocativo título de *Dinosaur Gangs* [Gangues de Dinossauros], de Josh Young (Collins, 2011).

Houve uma série de estudos usando a tomografia computadorizada na investigação do cérebro dos dinossauros. Há duas excelentes análises do assunto — ou tutoriais, se você preferir — escritas por Carlson et al. (*Geological Society of London Special Publication*, 2003, 215: 7-22) e Larry Witmer e colegas (em *Anatomical Imaging: Towards a New Morphology*, Springer-Verlag, 2008). Os estudos mais importantes por meio da tomografia computadorizada sobre os tiranossauros são artigos de Chris Brochu (*Journal of Vertebrate Paleontology*, 2000, 20: 1-6), de Witmer e Ryan Ridgely (*Anatomical Record*, 2009, 292: 1266-96), e da dupla Amy Balanoff e Gabe Bever e uma equipe de colaboradores (da qual faço parte) em *PLoS ONE* 6 (2011): e23393 e no *Bulletin of the American Museum of Natural History*, 2013, 376: 1-72. Ian Butler e eu publicamos nosso primeiro projeto sobre a evolução do cérebro do tiranossauro como parte da descrição do novo tiranossauro *Timurlengia*, discutida no capítulo anterior. O estudo de Darla Zelenitsky da evolução do bulbo olfatório foi publicado em 2009 (*Proceedings of the Royal Society of London Series B*, 276: 667-73). Kent Stevens publicou um trabalho sobre a visão binocular dos tiranossauros (*Journal of Vertebrate Paleontology*, 2003, 26: 321-30).

Alguns dos trabalhos recentes mais excitantes sobre os tiranossauros — e os dinossauros, de forma geral — usam a histologia óssea para entender como eles cresciam. Recomendo duas análises muito acessíveis sobre o assunto: um artigo curto escrito por Greg Erickson (*Trends in Ecology and Evolution*, 2005, 20: 677-84) e o tratado com o tamanho de um livro de Anusuya Chinsamy-Turan (*The Microstructure of Dinosaur Bone*, Johns Hopkins University Press, 2005). O artigo pioneiro de Greg sobre o crescimento dos tiranossauros foi publicado na *Nature* em 2004 (430: 772-75). Outro estudo importante sobre o tópico foi apresentado por Jack Horner e Kevin Padian (*Proceedings of the Royal Society of London Series B*, 2004, 271: 1875-80), e, mais recentemente, o brilhante polímata Nathan Myhrvold (Ph.D. em Física, ex-diretor--chefe de Tecnologia da Microsoft, inventor frequente, chef de renome e autor do aclamado *Modernist Cuisine*, além de paleontólogo especialista em dinossauros no tempo livre) escreveu um artigo revelador sobre o uso, às vezes equivocado, de técnicas estatísticas no cálculo do ritmo de crescimento dos dinossauros (*PLoS ONE*, 2013, 8, n. 12: e81917).

Thomas Carr escreveu muitos artigos sobre como o *T. rex* e outros tiranossauros mudavam à medida que cresciam. Seus trabalhos mais importantes foram publicados no *Journal of Vertebrate Paleontology* (1999, 19: 497-520) e no *Zoological Journal of the Linnean Society* (2004, 142: 479-523).

CAPÍTULO 7: DINOSSAUROS COM TUDO SOB CONTROLE

Admito que minha caracterização do Cretáceo Superior como o apogeu do sucesso dos dinossauros é um pouco subjetiva, e alguns dos meus colegas podem criticar algumas de minhas afirmações. O motivo é a dificuldade de analisar a diversidade dos registros fósseis, que às vezes está sujeita a vários vieses, muitos dos quais não entendemos. Houve muitos estudos da diversidade dos dinossauros, inclusive alguns que usam métodos estatísticos para estimar o número total de dinossauros ao longo do tempo. Eles nem sempre concordam nos detalhes, mas sempre concordam em um ponto geral: o Cretáceo Superior foi um período de diversidade em geral alta de dinossauros em termos do número de espécies registradas e/ou estimadas. Mesmo que não tenha sido o auge absoluto da diversidade dos dinossauros, provavelmente não está muito longe disso. Meus colegas e eu usamos métodos estatísticos diferentes para calcular a diversidade dos dinossauros ao longo do Cretáceo (Brusatte et al., *Biological Reviews*, 2015, 90: 628-42) e chegamos à conclusão de que o fim do Cretáceo foi ou chegou muito perto de ser o pico da riqueza de espécies durante o período. Outros estudos importantes da diversidade dos dinossauros ao longo do tempo foram publicados por Barrett et al. (*Proceedings of the Royal Society of London Series B*, 2009, 276: 2667-74); Upchurch et al. (*Geological Society of London Special Publication*, 2011, 358: 209-240); Wang e Dodson (*Proceedings of the National Academy of Sciences USA*, 2006, 103: 601-5), e Starrfelt e Liow (*Philosophical Transactions of the Royal Society of London Series B*, 2016, 371: 20150219).

Informações sobre a história do Museu Burpee podem ser encontradas no website do museu (http://www.burpee.org.) Jane — a jovem *T. rex* descoberta pelo Museu Burpee — atualmente está sendo estudada por uma equipe liderada por Thomas Carr. Ainda não foi publicada uma descrição completa, mas o fóssil já foi assunto de muitas apresentações da conferência da Sociedade da Paleontologia de Vertebrados.

Há uma grande abundância de informações sobre a Formação Hell Creek. Um bom e acessível compêndio é um artigo de análise de David Fastovsky e Antoine Bercovici (*Cretaceous Research*, 2016, 57: 368-90). Se você estiver procurando mais detalhes, a Sociedade Geológica dos Estados Unidos publicou dois volumes especiais sobre Hell Creek (Hartman et al., 2002, 361: 1-520; e Wilson et al., 2014, 503: 1-392). Lowell Dingus também escreveu um livro popular sobre Hell Creek e seus dinossauros (*Hell Creek, Montana: America's Key to the Prehistoric Past*, St. Martin's Press, 2004). Foram feitos dois levantamentos importantes sobre os dinossauros de Hell Creek, de onde tiro as porcentagens das diferentes espécies do ecossistema. O primeiro foi liderado por Peter Sheehan e Fastovsky, e publicado em uma série de artigos, inclusive dois particularmente importantes (Sheehan et al., *Science*, 1991, 254: 835-39; e White et al., *Palaios*, 1998, 13: 41-51). O segundo levantamento foi conduzido mais recentemente por Jack Horner e colegas (Horner et al., *PLoS ONE*, 2011, 6, n. 2: e16574).

NOTAS SOBRE FONTES 313

Uma das melhores fontes de informações sobre o *Triceratops* e certos ceratopsianos em geral é o livro semitécnico de Peter Dodson *The Horned Dinosaurs* (Princeton University Press, 1996). Uma análise mais técnica desses animais pode ser encontrada no capítulo de Dodson (escrito em parceria com Cathy Forster e Scott Sampson) em *The Dinosauria* (University of California Press, 2004). Outra fonte excelente de informações sobre os hadrossaurídeos de bico de pato pode ser encontrada no capítulo de Horner, David Weishampel e Forster em *The Dinosauria*, bem como em um livro técnico recente que inclui inúmeros artigos sobre o grupo (Eberth e Evans, eds., *Hadrosaurs*, Indiana University Press, 2015). Também há um capítulo sobre os paquicefalossauros com cabeça de cúpula em *The Dinosauria*, escrito por Teresa Maryańska e colegas, que é uma boa introdução a esse grupo bizarro.

Participei da equipe que descreveu a descoberta de Homer — o primeiro cemitério de *Triceratops* — na literatura científica. O artigo foi liderado por Josh Mathews, um dos estudantes que foi voluntário, junto comigo, na expedição de 2005, e também incluiu Mike Henderson e Scott Williams como coautores (*Journal of Vertebrate Paleontology*, 2009, 29: 286-90). Nesse artigo, discutimos e citamos alguns dos outros cemitérios coletivos de ceratopsianos encontrados anteriormente. Uma boa análise desses cemitérios coletivos, com citações de muitos artigos importantes, foi escrita por David Eberth (*Canadian Journal of Earth Sciences*, 2015, 52: 655-81). O próprio cemitério coletivo dos *Centrosaurus* foi descrito em um capítulo que contou com a colaboração de Eberth no livro *New Perspectives on Horned Dinosaurs* (Indiana University Press, 2007).

A melhor referência geral sobre os dinossauros da América do Sul do Cretáceo Superior (e dos continentes do sul, de forma mais geral) é o livro de Fernando Novas, *The Age of Dinosaurs in South America* (Indiana University Press, 2009). Roberto Candeiro escreveu muitos artigos especializados sobre os dinossauros brasileiros, e alguns dos seus trabalhos mais importantes sobre os dentes dos terópodes podem ser encontrados em sua tese de Ph.D. de 2007 (Universidade Federal do Rio de Janeiro) e em um artigo de 2012 (Candeiro et al., *Revista Brasileira de Geociências* 42: 323-30). Roberto, Felipe e colegas descreveram uma mandíbula de um carcarodontossaurídeo do Brasil (Azevedo et al., *Cretaceous Research*, 2013, 40: 1-12), e o artigo de Felipe descrevendo o *Austroposeidon* foi publicado em 2016 (Bandeira et al., *PLoS ONE* 11, n. 10: e0163373). Os crocodilos bizarros do Brasil foram descritos em uma série de publicações (Carvalho e Bertini, *Geologia Colombiana*, 1999, 24: 83-105; Carvalho et al., *Gondwana Research*, 2005, 8: 11-30; e Marinho et al., *Journal of South American Earth Sciences*, 2009, 27: 36-41).

Por alguma razão inconcebível, o barão Franz Nopcsa ainda não foi assunto de nenhuma biografia de destaque ou filme. Houve, contudo, alguns artigos úteis sobre ele. Os melhores são o artigo de Vanessa Veselka para a edição de julho-agosto de 2016 da *Smithsonian*, um artigo de Stephanie Pain para a *New Scientist* (2-8 de abril de 2005) e um de Gareth Dyke para a *Scientific American* (out. 2011). O paleontólogo David Weishampel — que passou muitos anos escavando dinossauros na Romênia na trilha do barão — escreveu muitas vezes sobre Nopcsa. Ele pinta um quadro evocativo do barão em seu livro de 2011 *Transylvanian Dinosaurs* (Johns Hopkins University Press) e também colaborou com Oliver Kerscher na reunião de uma série de cartas e publicações de Nopcsa, que também inclui uma breve biografia e o pano de fundo de seu trabalho científico (*Historical Biology* 25: 391-544).

O livro de Weishampel *Transylvanian Dinosaurs* também é, sem dúvida, a melhor referência geral sobre os dinossauros anões da Transilvânia. Para uma análise mais técnica, existe uma série de artigos editados por Zoltán Csiki-Sava e Michael Benton, publicados como uma edição especial da *Palaeogeography, Palaeoclimatology, Palaeoecology* em 2010 (vol. 293). Artigos de análise úteis também foram escritos por Weishampel e colegas (*National Geographic Research*, 1991, 7: 196-215) e Dan Grigorescu (*Comptes Rendus Paleovol*, 2003, 2: 97-101). Fiz parte de uma equipe liderada por Csiki-Sava que escreveu uma análise mais ampla das faunas europeias do final do Cretáceo — na verdade, os dinossauros viviam em várias ilhas nessa época, a da Transilvânia sendo a melhor estudada e mais famosa (*ZooKeys*, 2015, 469: 1-161).

NOTAS SOBRE FONTES   315

Mátyás Vremir, Zoltán Csiki-Sava, Mark Norell e eu publicamos dois artigos sobre o *Balaur bondoc*: uma breve descrição inicial na qual o batizamos (Csiki-Sava et al., *Proceedings of the National Academy of Sciences USA*, 2010, 107: 15357-61) e uma monografia mais longa em que identificamos e descrevemos cada osso com detalhes (Brusatte et al., *Bulletin of the American Museum of Natural History*, 2013, 374: 1-100). Também escrevemos em parceria com outros colegas um artigo mais amplo sobre a idade e a importância dos dinossauros da Transilvânia, enfatizando as novas descobertas (Csiki-Sava et al., *Cretaceous Research*, 2016, 57: 662-98).

CAPÍTULO 8: OS DINOSSAUROS ALÇAM VOO

Este capítulo cobre muitos dos temas que abordei em um artigo para a *Scientific American* (jan. 2017, 316: 48-55), bem como em um artigo de análise técnica sobre a evolução das primeiras aves (Brusatte, O'Connor e Jarvis, *Current Biology*, 2015, 25: R888—R898) e um ensaio para a *Science* (2017, 355: 792-94). Grande parte da inspiração para este capítulo veio do meu trabalho de Ph.D. sobre a genealogia das aves e seus parentes próximos e sobre os padrões e ritmos da evolução na transição dos dinossauros para as aves. Defendi meu Ph.D. em 2012 (*The Phylogeny of Basal Coelurosaurian Theropods and Large-Scale Patterns of Morphological Evolution During the Dinosaur-Bird Transition*, Universidade Columbia, Nova York) e o publiquei em 2014 (Brusatte et al., *Current Biology*, 2014, 24: 2386-92).

Há uma abundante literatura sobre a origem das aves e sua relação com os dinossauros. As melhores fontes gerais e acessíveis de informações são três artigos de análise escritos por Kevin Padian e Luis Chiappe (*Biological Reviews*, 1998, 73: 1-42), Mark Norell e Xu Xing (*Annual Review of Earth and Planetary Sciences*, 2005, 33: 277-99), e Xu Xing e colegas (*Science*, 2014, 346: 1253293). O livro de Mark Norell, *Unearthing the Dragon* (Pi Press, Nova York, 2005), é um dos meus favoritos de todos os tempos — uma jornada e tanto pela China para estudar dinossauros penosos, vivos nas imagens de um dos melhores artistas especializados em dinossauros, meu amigo Mick Ellison. Mais recente, *Birds of Stone* (Johns Hopkins University Press, 2016), de Luis Chiappe e Meng Qingjin, é um belo atlas de dinossauros com penas e aves primitivas da China. *Taking Wing* (Trafalgar Square, 1998), de Pat Shipman, conta a história de como os cientistas reconheceram pela primeira vez a ligação entre os dinossauros e as aves, e os debates muitas vezes acalorados que surgiram quando essa hipótese, inicialmente controversa, tornou-se a mais aceita. Huxley, Darwin, Ostrom e Bakker são todos abordados aqui. Huxley expôs a teoria da ligação entre dinossauros e aves em uma série de artigos, entre os quais trabalhos importantes publicados na *Annals and Magazine of Natural History* (1868, 2: 66-75) e no *Quarterly Journal of the Geological Society* (1870, 26: 12-31). Os debates sobre o *Archaeopteryx* são narrados em *Bones of Contention* (John Murray, 2002), de Paul Chambers, que cita a maior parte da literatura relevante publicada até o início dos anos 2000; a descrição do novo espécime dos *Archaeopteryx* feita por Christian Foth e colegas recentemente ajudou no avanço da área (*Nature*, 2014, 511: 79-82). É um dos artigos que defenderam uma representação artística da origem das asas dos terópodes. O "artista dinamarquês" é Gerhard Heilmann, que apresentou seus argumentos no livro *The Origin of Birds* (Witherby, 1926).

Robert Bakker escreveu a história do Renascimento dos Dinossauros de uma forma que só ele é capaz, tanto em seu artigo para a *Scientific American* (1975, 232: 58-79), quanto no seu livro *The Dinosaur Heresies* (William Morrow, 1986). John Ostrom publicou uma série de artigos científicos detalhados sobre a ligação entre dinossauros e aves, os mais importantes dos quais foram uma descrição monográfica meticulosa do *Deinonychus* (*Bulletin of the Peabody Museum of Natural History*, 1969, 30: 1-165), um ensaio para a *Nature* (1973, 242: 136), um artigo de análise para a *Annual Review of Earth and Planetary Sciences* (1975, 3: 55-77), e um manifesto magistral para a *Biological Journal of the Linnean Society* (1976, 8: 91-182). Também é essencial notar aqui que a análise cladística pioneira de Jacques Gauthier nos anos 1980 colocou as aves firmemente entre os terópodes (por exemplo, em *Memoirs of the California Academy of Sciences*, 1986, 8: 1-55).

NOTAS SOBRE FONTES

O primeiro dinossauro penoso — o *Sinosauropteryx* — foi inicialmente descrito por Qiang Ji e Shu'an Ji como uma ave primitiva (*Chinese Geology*, 1996, 10: 30-33). Depois, ele foi reinterpretado como um dinossauro não ave por Pei-ji Chen et al. (*Nature*, 1998, 391: 147-52) e, mais tarde, descrito com detalhes por Phil Currie (Currie e Chen, *Canadian Journal of Earth Sciences*, 2001, 38: 705-27). Logo depois da conclusão de que o *Sinosauropteryx* era um dinossauro penoso, uma equipe internacional anunciou dois outros dinossauros penosos da China (Ji et al., *Nature*, 1998, 393: 753-61), e as comportas se abriram a partir daí. A maioria dos dinossauros com penas descobertos nas duas últimas décadas foram descritos por Xu Xing e seus colegas, e estão bem resumidos em *Unearthing the Dragon*, de Norell, e em uma literatura mais recente nos artigos de análise citados acima. A preservação dos dinossauros penosos e o papel dos vulcões na sua fossilização foram estudados por muitos autores, mais recentemente e amplamente por Christopher Rogers e colegas (*Palaeogeography, Palaeoclimatology, Palaeoecology*, 2015, 427: 89-99).

A montagem da estrutura física das aves foi descrita por muitos autores. Escrevi sobre ela na minha tese de Ph.D. e no artigo para a *Current Biology* originado a partir dela (ver acima). Peter Makovicky e Lindsay Zanno cobriram o assunto em seu capítulo do livro *Living Dinosaurs* (Wiley, 2011). As expedições a Gobi do Museu Americano são relatadas em um dos meus livros favoritos sobre dinossauros de ciência popular: *Dinosaurs of the Flaming Cliffs* (Anchor, 1996), do colega nova-iorquino de Mark Norell, que dividiu a liderança da expedição com ele, também surfista do sul da Califórnia, Mike Novacek. Alguns dos artigos de pesquisa mais importantes sobre os fósseis de Gobi — ilustrando sua importância para a compreensão da biologia da ave moderna — foram a descrição de Norell et al. da ninhada do ovirraptorossauro (*Nature*, 1995, 378: 774-76) e o estudo de Balanoff et al. sobre a evolução do cérebro das aves (*Nature*, 2013, 501: 93-96). Referências básicas sobre o pulmão supereficiente e o crescimento dos dinossauros foram resumidas acima, na bibliografia dos últimos capítulos. O espetacular fóssil de um dinossauro de Liaoning, preservado na postura de uma ave dormindo, foi descrito por Xu e Norell (*Nature*, 2004, 431: 838-41), e o tecido da casca do ovo semelhante ao da ave foi identificado em um dinossauro pela primeira vez por Mary Schweitzer e colegas (*Science*, 2005, 308, n. 5727: 1456-60).

A evolução das penas dos dinossauros tem sido assunto de uma grande quantidade de pesquisas e de uma literatura extensa. A análise de Xu Xing e Yu Guo (*Vertebrata PalAsiatica*, 2009, 47: 311-29) é um bom ponto de partida. Para uma perspectiva da biologia do desenvolvimento sobre a evolução das penas, os vários excelentes artigos de Richard Prum devem ser consultados. Darla Zelenitsky e seus colegas descreveram seus ornitomimossauros penosos em 2012 (*Science*, 338: 510-14), e eu extraí detalhes de seu trabalho de campo de um artigo de 25 de outubro de 2012 para a *Calgary Herald*. Jakob Vinther apresentou pela primeira vez sua metodologia para a determinação das cores das penas de fósseis em um artigo de 2008 (*Biology Letters* 4: 522-25), que desencadeou uma série de estudos conduzidos por Vinther e outros sobre os dinossauros penosos. Toda essa excitação é analisada por Jakob em um artigo de análise para a *BioEssays* (2015, 37: 643-56) e em um artigo em primeira pessoa para a *Scientific American* (mar. 2017, 316: 50-57). As exuberantes cores dos primeiros dinossauros com asas foram identificadas por uma equipe liderada por chineses (Li et al., *Nature*, 2014, 507: 350-53), e a função de exibição das asas foi discutida em um artigo para a *Science* de Marie-Claire Koschowitz e colaboradores (2014, 346: 416-18). O esquisito *Yi qi* foi descrito por Xu e sua equipe (*Nature*, 2015, 521: 70-73).

Há uma literatura imensa — e muitas vezes complexa — sobre as habilidades de voo dos primeiros dinossauros penosos e aves. Um estudo recente de Alex Dececchi e colegas — que acharam que o *Microraptor* e o *Anchiornis* eram potencialmente capazes de realizar o voo propulsionado — é um bom começo (*PeerJ*, 2016, 4: e2159). Estudos do ponto de vista da engenharia de Gareth Dyke e colegas (*Nature Communications*, 2013, 4: 2489), e de Dennis Evangelista e colegas (*PeerJ*, 2014, 2: e632) abordam o voo planado nos terópodes com penas e analisam os trabalhos anteriores mais importantes.

NOTAS SOBRE FONTES

Meus colegas e eu apresentamos nosso argumento defendendo a rapidez da evolução morfológica nas primeiras aves em um artigo conjunto (*Current Biology*, 2014, 24: 2386-92). Os métodos que usamos no artigo foram desenvolvidos com Graeme Lloyd e Steve Wang, e descritos em um trabalho anterior (Lloyd et al., *Evolution*, 2012, 66: 330-48). Roger Benson e Jonah Choiniere também demonstraram uma explosão da especiação e da evolução dos membros por volta da transição dos dinossauros para as aves (*Proceedings of the Royal Society Series B*, 2013, 280: 20131780), e o estudo do tamanho do corpo dos dinossauros de Roger Benson (citado acima) identificou a grande redução do porte ao redor desse mesmo ponto na árvore genealógica. Muitos outros estudos recentes também examinaram as taxas da evolução durante a transição, e eles são citados e discutidos nos dois artigos acima.

Jingmai O'Connor batizou vários novos fósseis de aves da China. Dois de seus trabalhos mais importantes são a genealogia das primeiras aves (O'Connor e Zhonghe Zhou, *Journal of Systematic Palaeontology*, 2013, 11: 889-906) e seu capítulo (com Alyssa Bell e Luis Chiappe) no livro *Living Dinosaurs* (citado acima). O orientador do seu Ph.D., Luis Chiappe, também publicou vários artigos importantes sobre as primeiras aves nos últimos 25 anos.

CAPÍTULO 9: A EXTINÇÃO DOS DINOSSAUROS

Escrevi sobre a extinção dos dinossauros para a *Scientific American*, onde contei algumas das histórias deste capítulo (dez. 2015, 312: 54--59). Depois que Richard Butler e eu reunimos um grupo de colegas internacionais para nos sentarmos e tentarmos chegar a um consenso sobre a extinção dos dinossauros, publicamos um relatório na *Biological Reviews* (2015, 90: 628-42). Juntaram-se a Richard e a mim Paul Barrett, Matt Carrano, David Evans, Graeme Lloyd, Phil Mannion, Mark Norell, Dan Peppe, Paul Upchurch e Tom Williamson. Richard e eu também trabalhamos com Albert Prieto-Márquez e Mark Norell no nosso estudo de 2012 da disparidade morfológica antes da extinção (*Nature Communications*, 3: 804).

320 ASCENSÃO E QUEDA DOS DINOSSAUROS

Minha contribuição para o debate sobre a extinção dos dinossauros, no entanto, tem sido minúscula. Centenas, talvez milhares, de estudos foram publicados sobre esse que é o maior dos mistérios relacionados aos dinossauros. Não há como fazer justiça a todos aqui, então, em vez disso, recomendarei aos leitores mais curiosos o livro de Walter Alvarez *T. rex and the Crater of Doom* (Princeton University Press, 1997). É um panorama em primeira pessoa acessível, divertido e escrupuloso de como Walter e seus colegas resolveram a charada da extinção do final do Cretáceo. Ele cita todos os artigos mais importantes sobre o assunto, inclusive os que estabelecem as evidências para o impacto, os que identificaram e dataram a cratera de Chicxulub, bem como vários pontos de vista discordantes. A história que conto no início deste capítulo, embora cheia de licença artística, é baseada na sequência dos eventos do impacto descrita por Alvarez e nas evidências que ele expõe.

Muitos outros trabalhos foram publicados desde então, e muitos outros foram citados e discutidos no nosso artigo para a *Biological Reviews* de 2015. Um dos trabalhos recentes mais excitantes — recentes demais para serem discutidos em nosso artigo — é a pesquisa de Paul Renne, Mark Richards e seus colegas de Berkeley que data as Armadilhas do Decão (os vestígios dos grandes vulcões da Índia), mostra que a maioria das erupções ocorreu exatamente por volta da fronteira entre o Cretáceo e o Paleoceno, e argumenta que o impacto do asteroide pode ter disparado o sistema vulcânico. (Renne et al., *Science*, 2015, 350: 76-78; e Richards et al., *Geological Society of America Bulletin*, 2015, 127: 1507-20). O momento das erupções de Decão e sua relação com o impacto ainda estão sendo debatidos enquanto escrevo estas linhas.

É claro que qualquer um que estiver interessado na história da ciência e que ame fontes primárias deve checar o artigo original em que a equipe de Alvarez apresentou a teoria do asteroide (Luis Alvarez et al., *Science*, 1980, 208: 1095-1108), além de outros artigos de sua equipe e de Jan Smit e colegas da mesma época.

Muitos estudos independentes traçaram a evolução dos dinossauros ao longo do Mesozoico, e muitos deles concentram-se particularmente no final do Cretáceo. Além dos novos dados que apresentamos no nosso

NOTAS SOBRE FONTES

artigo para a *Biological Reviews*, os outros principais estudos recentes foram publicados por Barrett et al. (*Proceedings of the Royal Society of London Series B*, 2009, 276: 2667-74) e Upchurch et al. (*Geological Society of London Special Publication*, 2011, 358: 209-40). Estudos modernos tentam corrigir os vieses das amostras, mas essa é uma questão que não foi seriamente reconhecida até um artigo muito importante — mas, de modo estranho, amplamente esquecido — de Dale Russell de 1984 (*Nature*, 307: 360-61). David Fastovsky, Peter Sheehan e seus colegas extraíram a lição desse artigo e publicaram um estudo muito importante da diversidade de dinossauros do final do Cretáceo na metade dos anos 2000 (*Geology*, 2004, 32: 877-80). O estudo sobre a cadeia alimentar ecológica de Jonathan Mitchell foi apresentado em um artigo de 2012 (*Proceedings of the National Academy of Sciences USA*, 109: 18857-61).

Os estudos mais importantes sobre os dinossauros de Hell Creek e sobre as alterações que eles sofreram antes do impacto do asteroide incluem o da equipe de Peter Sheehan e David Fastovsky (*Science*, 1991, 254: 835-39; *Geology*, 2000, 28: 523-26), Tyler Lyson e seus colegas (*Biology Letters*, 2011, 7: 925-28) e os meticulosos catálogos de fósseis de Dean Pearson e seus colaboradores, que incluem Kirk Johnson e o falecido Doug Nichols (*Geology*, 2001, 29: 39-42; e *Geological Society of America Special Papers*, 2002, 361: 145-67).

O livro-texto para o curso de graduação de Fastovsky, que elogiei de passagem, é o excelente *Evolution and Extinction of the Dinosaurs* (Cambridge University Press), escrito em parceria com David Weishampel. O livro passou por várias edições e também está disponível em uma versão mais curta e direta para estudantes mais jovens, chamada *Dinosaurs: A Concise Natural History*.

Bernat Vila e Albert Sellés escreveram muitos artigos sobre os dinossauros dos Pireneus do final do Cretáceo. O mais geral é um estudo sobre como a diversidade dos dinossauros mudou nessa região durante o final do período, um projeto para o qual gentilmente me convidaram a contribuir (Vila, Sellés e Brusatte, *Cretaceous Research*, 2016, 57: 552-64). Outros artigos importantes incluem Vila et al., *PLoS ONE*,

2013, 8, n. 9: e72579, e Riera et al., *Palaeogeography, Palaeoclimatology, Palaeoecology*, 283: 160-71. Quando se trata da Romênia, a história do final do Cretáceo é coberta nos artigos citados para o capítulo 7, acima. Por fim, Roberto Candeiro, Felipe Simbras e eu escrevemos um artigo resumido sobre os dinossauros do Brasil do final do Cretáceo (*Annals of the Brazilian Academy of Sciences* 2017, 89: 1465-85).

A questão de por que os dinossauros que não eram aves morreram, enquanto outros animais sobreviveram, continua sendo um assunto ativo de debate. Para mim, as ideias mais importantes foram articuladas por Peter Sheehan e seus colegas sobre o assunto das cadeias alimentares baseadas em plantas *versus* detritos e ambientes de terra *versus* ambientes de água doce (por exemplo, *Geology*, 1986, 14: 868-70; e *Geology*, 1992, 20: 556-60); por Derek Larson, Caleb Brown e David Evans sobre o assunto do consumo de sementes (*Current Biology*, 2016, 26: 1325-33); por Greg Erickson e sua equipe sobre o assunto da incubação de ovos e crescimento (*Proceedings of the National Academy of Sciences USA*, 2017, 114: 540-45); e por Greg Wilson e seu mentor Bill Clemens sobre a sobrevivência dos mamíferos e a importância do porte pequeno e de dietas variadas (por exemplo, os artigos de Wilson para o *Journal of Mammalian Evolution*, 2005, 12: 53-76; e *Paleobiology*, 2013, 39: 429-69). Um importante artigo de Norman MacLeod e colegas é uma boa análise do que sobreviveu e do que morreu ao final do Cretáceo, e o que isso pode significar para mecanismos da morte (*Journal of the Geological Society of London*, 1997, 154: 265-92).

Amo a analogia dos dinossauros com a "mão de um perdedor". Eu gostaria de dizer que fui eu que a criei, mas foi Greg Erickson (até onde sei) que a usou pela primeira vez em uma citação no artigo jornalístico de Carolyn Gramling sobre o estudo de incubação dos ovos ("Dinosaur Babies Took a Long Time to Break Out of Their Shells", *Science* online, News, 2 de janeiro de 2017).

Mas é necessário fazer mais um alerta importante. A extinção dos dinossauros provavelmente é o assunto mais controverso da história da pesquisa sobre os dinossauros — pelo menos, julgando-se pelo número de hipóteses, artigos de pesquisa, debates e argumentos. O cenário que

NOTAS SOBRE FONTES

apresentei neste capítulo — de que a extinção aconteceu de repente e foi causada principalmente pelo asteroide — vem da minha profunda leitura sobre o assunto, da minha própria pesquisa primária sobre os dinossauros do fim do Cretáceo e, particularmente, do grande consenso comum descrito no nosso artigo para a *Biological Reviews*. Acredito firmemente que esse cenário é o mais consistente com as evidências que temos, tanto em termos de registros geológicos (as evidências de um impacto catastrófico são inegáveis) quanto de registros fósseis (estudos mostrando que os dinossauros continuaram bastante diversos até o fim).

Há, contudo, aqueles com pontos de vista alternativos. A intenção deste capítulo não é dissecar cada teoria sobre a extinção dos dinossauros — isso poderia, facilmente, ser o assunto de um livro inteiro —, mas vale a pena indicar exemplos da literatura com argumentos contrários à minha versão da extinção. Por muitas décadas, David Archibald e William Clemens defenderam uma extinção mais gradual, causada por mudanças na temperatura e/ou no nível do mar; Gerta Keller e seus colegas argumentaram que as erupções de Decão foram as principais culpadas; e, mais recentemente, meu amigo Manabu Sakamoto usou complexos modelos estatísticos para fazer a afirmação iconoclasta de que os dinossauros tiveram um longo declínio, durante o qual eles foram produzindo cada vez menos espécies. Mergulhe nessa literatura para saber mais e decida onde se encontram mais evidências. Há outros pontos de vista céticos ou discordantes, mas isso é tudo que direi a respeito.

EPÍLOGO: DEPOIS DOS DINOSSAUROS

Contei um pedacinho da história do Novo México em meu artigo para a *Scientific American* sobre a ascensão dos mamíferos (jun. 2016, 313: 28-35), escrito em parceria com Zhe-Xi Luo. Luo é um dos maiores especialistas do mundo no início da evolução dos mamíferos. Mais importante, ele é um cara muito generoso e encantador. Como Walter Alvarez, Luo recebeu um dos meus ousados pedidos na adolescência. Na primavera de 1999, quando fiz 15 anos, minha família e eu nos preparávamos para fazer uma viagem de Páscoa para Pittsburgh. Eu queria visitar o Museu Carnegie de História Natural, mas, não contente em ver apenas as exibições, também queria desesperadamente um passeio nos bastidores. Eu lera sobre as descobertas de Luo dos primeiros mamíferos no jornal, depois vi suas informações no website do museu, e então entrei em contato. Por uma hora, ele conduziu a mim e a minha família pelas entranhas do depósito do museu, e ainda pergunta sobre meus pais e meus irmãos sempre que nos vemos.

Meu querido amigo, colega e mentor Tom Williamson fez carreira estudando os mamíferos do Paleoceno do Novo México, assim como o início da evolução dos mamíferos placentários de forma mais geral. Sua obra de arte — resultante do seu trabalho de Ph.D. — é a monografia de 1996 sobre a anatomia, as idades e a evolução dos mamíferos do Paleoceno do Novo México (*Bulletin of the New Mexico Museum of Natural History and Science*, 8: 1-141). Nos últimos anos, Tom tem me conduzido cada vez mais ao interior do lado negro da paleontologia dos mamíferos. Estamos fazendo um trabalho de campo conjunto desde 2011 e começamos a publicar alguns artigos juntos, entre os quais uma genealogia dos marsupiais primitivos (Williamson et al., *Journal of Systematic Palaeontology*, 2012, 10: 625-51) e a descrição de uma nova espécie de mamífero herbívoro do tamanho de um castor chamado *Kimbetopsalis* (Castor Primitivo, como gostamos de chamá-lo), que viveu apenas algumas centenas de milhares de anos depois da extinção dos dinossauros (Williamson et al., *Zoological Journal of the Linnean Society*, 2016, 177: 183-208). Tom e eu atualmente estamos supervisionando uma aluna de Ph.D. que está trabalhando na extinção do Cretáceo-Paleoceno e na ascensão dos mamíferos logo em seguida: Sarah Shelley. Cuidado com ela.

ÍNDICE

A

A origem das espécies (Darwin), 224, 225-226

África
formação, 86, 121, 123, 129, 192
Sereno, expedições, 126-133
Albertosaurus, 145, 179, 184
Alioramus, 139
Allosaurus (alossauro), 116-118, 122, 132, 155
Formação Morrison, 111, 112, 113, 116, 119-120
Alvarez, Walter, 260-266
América do Norte
América do Sul
Aerosteon, 158
asteroide do Cretáceo, 255
Brasil, 57, 58, 87, 204-210
carcarodontossauros, 129, 132-133
Gondwana, 121, 123
Período Cretáceo, 129, 192
saurópodes, 208-209
análise cladística, 132
angiospermas, 203
Ankylosaurus (anquilossauro), 69, 92, 120, 124-125, 203

Apatosaurus, 113, 118, 120
Archaeopteryx, 226, 228, 248
arcossauros
linha das aves, 33, 68-69, 233
linha dos crocodilos, 33, 68-71
postura ereta, 32, 33, 34, 68
Argentina, 39-44, 56, 58, 62
Argentinosaurus, 100, 124
árvore genealógica dos dinossauros, 45
construção, 60, 130-133
dinossauromorfos, 34-35
avemetatarsalias, 33, 68
Averianov, Alexander, 146-149, 158

B

bacias (bacias rifte), 83-91
bactérias, 24, 25
Bakker, Robert, 71-72, 227-229
Balanoff, Amy, 181
Balaur bondoc, 215-216, 217
Barosaurus, 115, 118, 120
estimativa do tamanho, 99-104
Barrett, Paul, 259
Bates, Karl, 99

326 ASCENSÃO E QUEDA DOS DINOSSAUROS

Benton, Mike, 287
Bever, Gabe, 181
Brachiosaurus, 92, 100, 111, 118, 120, 124, 208
Brasil, 57, 58, 87, 204-210
Brontosaurus, 92, 123-124, 208
  Formação Morrison, 111, 112, 118, 120
  tamanho, 100, 101
Brown, Barnum, 114-115, 142-145, 179, 194
Burch, Sara, 178-179
Butler, Ian, 180
Butler, Richard, 27, 28, 29, 52-57, 268--274

C

Camarasaurus, 118, 119, 120
Camptosaurus, 115, 120
Candeiro, Roberto, 205-210
Carcharodontosaurus (carcarodontossauro), 127, 128-130, 131-133, 157-158, 159, 207
Carr, Thomas, 185-186, 200
ceratopsianos, 199, 201. Ver também *Triceratops*
Ceratosaurus (ceratossauro), 113, 119, 157
Challands, Tom, 93, 96
China
  abundância de fósseis, 121, 137
  dinossauros penosos de Liaoning, 229--233, 237-238
  aves de Liaoning, 248-249
  Sinosauropteryx, 229
  Zhenyuanlong, 11-13
  Ver também tiranossauros; Xu, Xing
clatratos, 87-88

clima
  asteroide do Cretáceo, 257, 259-260
  Cretáceo, 124, 157, 191, 267
  dinossauros do Triássico que viviam nos desertos, 59-67
  hipersazonalidade do Triássico, 67, 75
  megamonções do Triássico, 50-51, 75, 88
  sauna de dinossauros do Triássico, 50-52
  separação da Pangeia durante o Jurássico, 89-90
  separação da Pangeia durante o Triássico, 80, 87-88
  vulcões do Permiano, 21-24
  zona úmida dos dinossauros do Triássico, 57-59, 75
Coelophysis, 63, 70
Colbert, Edwin, 62, 71
convergência, 67-72
Cope, Edward Drinker, 62, 112-113
coprólitos, 25, 169
Crocodilos
  asteroide do Cretáceo, 255, 257, 275, 276
  Brasil do Cretáceo, 209
  convergência com dinossauros, 66, 68-72, 90-91
  disparidade morfológica dos dinossauros, 73-75
  espécies do Triássico, 69-70, 277
  origens dos arcossauros, 33, 68-71
  pesquisadores de, 60-61
  superam os dinossauros, 58, 72, 89-90
Csiki-Sava, Zoltán, 216, 272
Currie, Phil, 179, 229

ÍNDICE

D

Darwin, Charles, 224-227
datação radiométrica, 37-38
Deinonychus, 227-230, 232, 245
deserto de Gobi (Mongólia), 234-237
deserto de Gobi, 234-237
dicinodontes, 20, 22, 30, 40, 58, 90
Dilong, 150, 151, 154, 167
dinossauromorfos, 34-37, 39, 49, 65, 79, 102
dinossauros
  ancestrais do Cambriano, 26
  convergência com crocodilos, 65, 68--72, 91
  crescimento, 183-185
  descobertas semanais, 13, 147
  dinossauros da Transilvânia, 212-218
  dinossauros que viviam nos desertos, 59-67
  dinossauros verdadeiros, 35-37, 38, 39-45, 52, 79
  disparidade morfológica dos crocodilos, 73-75
  diversidade do Cretáceo, 193-194, 203-204, 273-274, 281
  Era dos Dinossauros, 91, 258
  Era Mesozoica, 25, 270
  estereótipos errados, 13,14
  estimativa do tamanho, 98-101
  explicações sobre o tamanho, 101-104, 172-173
  extinção do Cretáceo, 23, 157, 168, 223, 253-260, 285
  Grande Salão dos Dinossauros, 107--109
  linha do tempo, 8, 25
  maiores, 123, 165

oceanos não conquistados, 193
origens dos arcossauros, 33, 68-69
ovos e ninhos, 183, 276
pegadas de digitígrados, 34
postura ereta dos arcossauros, 32, 33, 34, 68
sobrevivência à separação da Pangeia, 91-92
uniformidade global do Jurássico, 121-122
verdadeira definição de dinossauro, 34
dióxido de carbono, 22-23, 50, 67, 87, 157, 257
Diplodocus, 92, 124, 208
  Formação Morrison, 112, 116, 118, 120
disparidade morfológica, 72-75, 269-274
divisão de nicho, 120-121

E

Edmontosaurus, 163, 202
efeito estufa, 23, 50, 67, 87, 157, 257
Effigia okeeffeae (pseudosuchia), 69-72
eficiência dos pulmões, 103, 176-177 236
Eocarcharia, 129, 131
Eodromaeus, 43, 44
Eoraptor, 42-43, 44, 49, 51, 55
Eotyrannus, 151, 156
Era Cenozoica, 8
Era dos Dinossauros, 91, 258
Era Mesozoica, 8
  censo de espécies de dinossauros, 270
  como Era dos Dinossauros, 25, 91, 275, 282, 283
  emergência dos mamíferos, 283-285
Era Paleozoica, 8
eras do gelo, 25

328 ASCENSÃO E QUEDA DOS DINOSSAUROS

Erickson, Greg, 171-172, 184
Escócia, 93-97
espinossauros, 125, 128, 157
estimativa de peso, 98-104
estimativa de tamanho, 98-104
estimativa do peso corporal, 98-104
expedições à Nigéria, 127-129, 133
expedições ao deserto do Saara, 127-133
extinção em massa
  asteroide do Cretáceo, 253-258, 275,
    282, 284-285
  dinossauros do Cretáceo, 23, 157, 168,
    223, 258, 273, 274-277
  evidências do asteroide do Cretáceo,
    268-274
  Montanhas de Santa Cruz, pegadas,
    28-30
  postura ereta e, 33
  separação da Pangeia durante o
    Triássico, 81, 85, 88, 91, 277
  transição do Cretáceo para o
    Paleoceno, 263-264, 273
  vulcões do Permiano, 21-24, 31, 51,
    55, 80, 277
extinção. *Ver* extinção em massa
Ezcurra, Martín, 66

F
Falkingham, Peter, 99
filogenia. *Ver* árvore genealógica
fitossauros, 69, 90
forças de estresse sobre esqueletos, 172-
  -173
Formação Chinle (EUA), 60-65
Formação Hell Creek (Montana)
  asteroide do Cretáceo, 253-260, 270-
    -271, 273

fósseis do Cretáceo, 194-195, 207
  Museu Burpee, expedição, 196-198,
    200-204
Formação Morrison (EUA), 110, 110-
  -113
  Guerra dos Ossos, 113-114
  Pedreira Howe, 111-112, 114-118
  predadores, 119
  saurópodes, 118, 119-122
fósseis de vestígios, 24-25
  coprólitos, 25, 169, 171
  evolução dos tipos de pegadas, 35-
    -37, 89
  pegadas da Ilha de Skye, 96-97
  pegadas das Montanhas de Santa
    Cruz, 28-32
  pegadas das Watchung Mountains,
    82-85, 89-91
  pegadas de digitígrados, 34
  pegadas do *Prorotodactylus*, 30-32,
    33-36
  postura ereta *versus* "espalhados", 32,
    33
fósseis, 24
fotogrametria, 99, 100, 175-176

G
Giganotosaurus, 129, 132, 133, 166
Gondwana, 121, 123, 129, 192
gorgonopsídeos, 20-22, 24, 30
Gorgosaurus, 145, 184
Guanlong, 149-151, 155
Guerra dos Ossos, 62, 113-116, 119

H
hadrossauros, 124, 202-203, 272-273
  Ver também *Edmontosaurus*

ÍNDICE

Hayden Quarry (Novo México), 63-65, 66-67, 68-70
Henderson, Mike, 196-204
Herrerasaurus, 41-42, 44, 45, 49, 51, 73-74
hipersazonalidade do Triássico, 67, 75
Horner, Jack, 117
Howe, Pedreira (Wyoming), 111, 114--118
Hutchinson, John, 175-176
Huxley, Thomas Henry, 226

I

Iguanodon (iguanodonte), 34, 98, 124
Ilha de Skye (Escócia), 93-97
impacto do asteroide, 253-260, 285
Alvarez, pesquisa, 260-266
como causa da extinção, 267-277
surgimento dos mamíferos, 281-285
impacto do cometa. *Ver* impacto do asteroide
impacto do meteoro. *Ver* impacto do asteroide
Índia, 57, 58, 192-193, 257, 260, 268
Irmis, Randy, 60-65
Ischigualasto (Argentina), 39-45, 51, 56, 57, 58, 93

K

Kileskus, 146-150

L

Laurásia, 121
linha do tempo da história geológica, 8
história da evolução da vida, 25-26
verdadeiros dinossauros, 39
linha do tempo geológica, 25

Lloyd, Graeme, 246
Lü, Junchang, 11-13, 139-140

M

mamíferos
ancestrais do Triássico, 56, 59, 75
asteroide do Cretáceo, 253-258, 274--277
sinapsídeos protomamíferos, 30
sobreviventes do asteroide do Cretáceo, 281-285
manto, 21-24
mapa quadriculado, 200
Mapusaurus, 129, 133
Marrocos 57, 87
Marsh, Othniel Charles, 62, 112, 116
Marshosaurus, 119
Martínez, Ricardo, 42-45, 66
Mateus, Octávio, 53-56
matriz de distância, 74-75
Megalosaurus, 34, 98
megamonções, 5, 75, 88
melanossomas, 241-242
Método dos Elementos Finitos (MEF), 173-174
Metoposaurus (anfíbio), 55, 56
Microraptor, 230, 239, 242, 243, 244, 249
Monumento Nacional dos Dinossauros (EUA), 114
morfoespaço, 74
museus
Instituto y Museo de Ciencias Naturales, 44, 66
Museu Americano de História Natural, 141-145, 216, 234-235
Museu Burpee de História Natural, 139, 195-198, 200-204,

Museu da Lourinhã, 53
Museu das Rochosas, 117
Museu Peabody, 107-109
Museu Real de Tyrrell de Paleontologia, 240
Museu Saurier, 115
Museu Staffin, 95

N

nanismo insular, 212-213
Nesbitt, Sterling, 60-65, 70-71
Newark, bacia de (Nova Jersey), 85-91
Niedźwiedzki, Grzegorz, 19, 27-32, 215
Nigersaurus, 128
Nopcsa, Franz, 210-215, 218
Norell, Mark, 197, 216, 237, 287-288

O

O'Connor, Jingmai, 247-249
oceanos
    acidez, 22, 88
    asteroide do Cretáceo, 256, 257, 260, 274-275
    clima do Cretáceo, 157, 191
    derretimento dos clatratos, 87-88
    formação do Atlântico, 80
    nível do mar durante o Cretáceo, 160, 191-192, 268, 271
    Pantalassa, 49
    répteis não dinossauros, 193
Olsen, Paul, 83-85, 88-91
Ornitholestes, 119, 122
ornitísquios
    como ancestral, 45, 56-57, 89, 93, 202
    Formação Morrison, 119
    Jurássico após separação da Pangeia, 89-90, 92

Pangeia do Triássico, 75
proliferação do Cretáceo, 123-124
pulmões e tamanho, 103
ornitomimossauros, 203, 239-240, 242
Osborn, Henry Fairfield, 141-144, 228
Ostrom, John, 227-230
oviraptor, 202, 203

P

Pachycephalosaurus (paquicefalossauro), 202
paleomagnetismo, 263
paleontologia dos invertebrados, 72
Palisades (Nova Jersey), 81-82
Pangeia, 49-52
    bacias rifte, 85-91
    carcarodontossauros e, 132-133
    convergência entre dinossauros e crocodilos, 68-72
    disparidade morfológica entre dinossauros e crocodilos, 72-75
    extinções durante a separação, 80, 85, 88, 277
    Formação Chinle, 60-64
    hipersazonalidade, 67
    Palisades, soleira, 82
    separação lenta, 121-123, 151, 160
    separação, 79-81, 85, 87-88, 89-90, 91-92
    vestígios em Portugal, 52-57
    zona úmida dos dinossauros, 57-59, 75
Panphagia, 44, 58
pareiassauros, 20, 22, 24
Parker, Bill, 61
Parque Nacional da Floresta Petrificada (EUA), 60, 61

ÍNDICE

aves
asteroide do Cretáceo, 253, 255-258, 274-276
como dinossauros, 14, 221-223, 226--230, 234, 277
cores das penas, 241-242
eficiência dos pulmões, 103, 176-177
evolução, 231-234, 235-249
ninhos, 236, 245
origens dos arcossauros, 33, 68-69, 233
origens dos terópodes, 41-42, 62, 231--233
pegadas de digitígrados, 34
peculiaridades dos predadores das ilhas, 216, 217-218
Pedreira dos Dinossauros de Cleveland--Lloyd (Utah), 114
pegadas de digitígrados, 34
pegadas. *Ver* fósseis de vestígios
penas
Archaeopteryx, 226, 228, 229
cores, 241-242
Dilong, 153-154, 167
dinossauros penosos de Liaoning, 229--232, 237-238
evolução, 237-244
ornitomimossauros, 239-240
Psittacosaurus, 155, 238
Sinosauropteryx, 229, 238
T. rex, 154, 163, 166-168
Yutyrannus, 153-155, 167
Zhenyuanlong, 12-13
Período Cambriano, 25-26
Período Cretáceo, 8
angiospermas, 203
ausência de fósseis, 156, 157

bacia brasileira, 204-210
carnívoros, 157-159
continentes, 160, 191-194
diversidade dos dinossauros, 193-194, 203-204, 273-274, 281, 285
extinção dos dinossauros, 23, 157, 168, 223, 253-260, 285
fósseis do deserto do Saara, 127-133
Paleoceno após, 263, 264-267, 273, 282
saurópodes, 123-124, 204, 208-209
transição do Jurássico, 122-125, 133, 151, 191
Ver também impacto do asteroide; Formação Hell Creek; tiranossauros
Período Jurássico, 8
abundância de fósseis, 110, 121
Archaeopteryx, 226, 232, 248
emergência dos tiranossauros, 141, 148
Era dos Dinossauros, 91
Ilha de Skye, pegadas, 96
Montanhas de Santa Cruz, pegadas, 28
mural de Zallinger, 107-109
Newark, bacia de, 85-91
saurópodes da Ilha de Skye, 93-94, 96
separação lenta da Pangeia, 121-122, 151
transição do Triássico, 85, 89
transição para o Cretáceo, 122-125, 132, 151, 191
uniformidade global, 121-122
vulcões da divisão da Pangeia, 89-92
Watchung Mountains, pegadas, 82--85, 88-91
Ver também Formação Morrison

Período Paleoceno
asteroide do Cretáceo , 263-267, 273,
282
emergência dos mamíferos, 283-285
Período Permiano, 20-21
"espalhados" *versus* postura ereta, 32,
33
extinção vulcânica em massa, 20-24,
29, 51, 55, 80-81, 277
Montanhas de Santa Cruz, pegadas,
28, 29-31
transição para o Triássico, 24, 25, 30,
51, 55
Período Triássico
bacia de Newark, 85-91
clima, 50-52, 57-60, 67, 75-76, 87-88
desafios da datação, 37-39
dinossauromorfos, 35-37, 39, 49
dinossauros que viviam nos desertos,
59-65
disparidade morfológica entre pseudosuchias e dinossauros, 72-76
Palisades, soleira, 82
Pangeia, 49-52. *Ver também* Pangeia
pegadas das Montanhas de Santa
Cruz, 28, 31-32
pegadas das Watchung Mountains,
82-85, 88-91
postura ereta, 30-32, 33, 34, 68
prossaurópodes,75, 92
pseudosuchias, 33, 69-72
transição do Permiano, 24, 25, 30,
51, 55
transição para o Jurássico, 85-86, 89
verdadeiros dinossauros, 36-37, 39-
-45, 52, 79

plantas
angiospermas, 203
asteroide do Cretáceo, 254, 256, 257-
-258, 259-260, 275
extinção durante a separação da Pangeia no Triássico, 88
extinção em massa do Permiano, 22-
-23
hipersazonalidade do Triássico, 67
Jurássico pós-vulcões, 90-91
Parque Nacional da Floresta Petrificada, 60, 61
Plateosaurus, 59, 93, 100
Polônia
Montanhas de Santa Cruz, 19-24,
28-32
Período Permiano, 19-21, 22-24
Prorotodactylus, 31-32, 33-35
evolução dos tipos de pegadas, 35-37
paleontólogo Grzegorz Niedźwiedzki,
19, 27-29
Portugal, 55-57, 87, 121
postura ereta, 30-32, 33, 34, 68
Prorotodactylus, 31-32, 33-35
prossaurópodes, 58, 75, 93, 100
pseudosuchias, 33, 69-76
convergência com dinossauros, 65,
68-72, 90-91
disparidade morfológica dos dinossauros, 72-76
pegadas desaparecem, 89, 90
superam os dinossauros, 58, 71, 89-90
Psittacosaurus, 155, 238
pterodáctilos. Ver pterossauros
pterossauros, 33, 109, 223

ÍNDICE

Q

Qianzhousaurus, 140, 160
quociente de encefalização (QE), 181
rauissúquios, 69
  Saurosuchus, 45, 58, 69-70
Rayfield, Emily, 173-174
Redschlag, Helmuth, 197-198, 200, 201
Reed, William, 112
regiões áridas, 57, 59-67
  asteroide do Cretáceo, 253-260, 273
  ausência de saurópodes, 204, 208
  bacias rifte, 85-91
  carcarodontossauros, 129, 157-158, 159
  cemitérios de dinossauros, 114-115
  dinossauromorfos, 65-66
  dinossauros penosos, 239-240
  divisão da Pangeia, 80, 82, 85, 86-87, 121
  nível do mar do Cretáceo, 160, 191-192, 194
  Tyrannosaurus rex, 138, 155, 156, 160, 167-169, 179, 191, 192, 193

R

Riker Hill Fossil Site (Nova Jersey), 84
rincossauros, 40, 58, 90
Romer, Alfred Sherwood, 40-41
Ross, Dugald, 94-97
Rússia, 21-24, 145-148
Sanjuansaurus, 44
Saturnalia, 58

S

saurópodes
  ascensão, 58, 92
  eficiência dos pulmões, 103-104

Escócia, 93-97
Formação Morrison, 118, 119-121
Jurássico depois da separação da Pangeia, 92-93
Jurássico globalmente, 121-122
Período Cretáceo, 123-125, 204, 208-209
pescoço comprido, 102, 103-104
tamanho, 92-93, 97-104
zona úmida de dinossauros da Índia, 58
Saurosuchus, 45, 58, 69-70, 73, 74
seleção natural, 223-227
Sellés, Albert, 271
Sereno, Paul
  expedições à África, 127-133
  Formação Morrison, 110-112, 113, 118
  Ischigualasto, 42, 127
  Universidade de Chicago, 43, 126, 287-288
Shaochilong, 129, 157
Siats, 157-158
Siber, Kirby, 115-118
Sibéria (Rússia), 21-24, 145-148
sinapsídeos, 30
Sinosauropteryx, 238
Sinotyrannus, 152-153, 154-155
Sinraptor, 150, 155
Smith, Nate, 60-65
soleiras, 82
Stegosaurus (estegossauro), 92, 103, 113, 120, 121, 124
Stocker, Michelle, 61
Stokesosaurus, 119, 151, 156
supersalamandras, 55-56, 86, 90

T

Tarbosaurus, 145, 179

tectônica de placas

   continentes do Cretáceo, 160, 191-194

   correntes do manto, 21

   paleomagnetismo, 263

   Pangeia, 49-52. *Ver também* bacias rifte da Pangeia, 85-91

tempo. *Ver* clima

terópodes

   Brasil do Cretáceo, 207, 209

   eficiência dos pulmões, 103, 236

   Jurássico, 92, 132, 125

   ovos e ninhos,183

   aves dos, 42, 62, 232-233, 234

   pegada em fibra de vidro da Casa Branca, 84

   penas, 167. *Ver também* penas

   tamanho do bulbo olfatório, 182-183

   Triássico, 68, 75

Terra

   asteroide do Cretáceo, 253-260, 274-277

   continentes do Cretáceo, 159-160, 191-194

   história da evolução da vida, 25-26

   linha do tempo da história geológica, 25

   Pangeia, 49-52. *Ver também* bacias rifte da Pangeia, 85-91

   transição do Jurássico para o Cretáceo, 122-125, 191

   Ver também clima

The Age of Reptiles (mural de Zallinger), 108-110

Timurlengia, 158-159

tiranossauros

   ausência no hemisfério sul, 207

   evolução, 146-160, 204

   penas, 154

Qianzhousaurus, 137-141, 160

titanossauros, 100, 124, 208-209

tomografia computadorizada, 13, 146, 158, 173, 174, 176, 180-183

Torrejonia (mamífero), 284

Triceratops, 155, 198-200, 201, 269

Turner, Alan, 60-65

Tyrannosaurus rex (tiranossauro rex)

   carnívoro, 163-165, 168-174, 177-178

   cérebro, 181-182

   comportamento de bando, 164, 179, 185-186

   crescimento, 183-187, 196

   descoberto por Brown, 114, 140, 141-145, 194

   descrição, 165-168, 171, 186-187, 204

   domínio sobre a América do Norte, 138, 155, 156, 159-160, 168, 179, 191, 192, 193

   eficiência dos pulmões, 103-104, 176-177

   especialista em braços, Burch, 178-179

   evolução do tamanho, 154-160

   extinção, 168

   órgãos dos sentidos, 182-183

   penas, 154, 163, 167

   T. Rex e a Cratera da Destruição (Alvarez), 261

   tamanho, 145, 156, 163, 165, 166, 172-173

   tomografias computadorizadas, 180-182

   velocidade, 174-176

ÍNDICE

U

Universidade de Edimburgo (Escócia), 93

Upchurch, Paul, 269

Uzbequistão, 146, 158

V

Velociraptor, 227, 236, 245

Vila, Bernat, 271

Vinther, Jakob, 241-242

Vremir, Mátyás, 214-217, 272

vulcões

asteroide do Cretáceo, 256-257, 259, 267, 271

clima do Cretáceo, 157

divisão da Gondwana, 123

divisão da Pangeia, 80-81, 85, 87, 90-92

efeitos globais do Permiano, 20-24, 31, 80, 276

monte Kilimanjaro, 86

soleiras, 82-83

W

Wang, Steve, 246

Watchung Mountains (Nova Jersey), 82-84, 88-91

Werning, Sarah, 60

Whitaker, George, 63, 70

Whiteside, Jessica, 61, 67

Wilkinson, Mark, 93

Williams, Scott, 196-204

Williamson, Tom, 282-284

Witmer, Larry, 180

X

Xu, Xing, 149-150, 153-154, 237-239

Y

Yi qi, 243

Yutyrannus, 153-155, 167

Z

Zallinger, Rudolph, 107-109

Zelenitsky, Darla, 182, 239-240

Zhenyuanlong, 12-13, 230, 231, 232, 240, 242, 245

zona úmida dos dinossauros, 57-59, 75

Este livro foi composto na tipografia Adobe
Garamond Pro, em corpo 12/15,5, e impresso
em papel off-white no Sistema Cameron da
Divisão Gráfica da Distribuidora Record.